昆明理工大学研究生教育"十二五"规划教材
昆明理工大学研究生百门核心课程教材

高等运筹学

刘文奇　编著

U0261050

科 学 出 版 社

北 京

内 容 简 介

"高等运筹学"是系统科学、应用数学、管理科学与工程、信息科学等众多学科博士、硕士研究生的一门必修的应用基础课程. 通过本书的学习, 使学生比较系统地掌握运筹学的基本理论, 了解前沿领域与某些应用背景, 培养学生应用课程所学知识解决现实工程和管理中碰到的最优化、平衡、综合评价、决策分析等问题, 使学生能够根据具体的应用问题建立运筹学模型, 提高学生的理论分析能力、数学建模及求解能力. 本书是在本科"运筹学"课程基础上, 提高理论起点, 以泛函分析、凸分析、高等概率统计为数学基础, 结合经济学、金融学、风险管理、多目标决策、多因素评价、计算机网络、无线通信等相关学科分支的应用背景, 全面提高学生的理论基础和建模水平. 内容主要包括 Hilbert 空间上的最优化理论、随机决策基础、效用理论、多准则决策与群决策、博弈论和复杂网络理论.

本书可供系统科学、应用数学、管理科学与工程、信息科学、控制科学与工程等众多学科博士、硕士研究生使用, 也可作为相关科技工程人员的参考资料.

图书在版编目 (CIP) 数据

高等运筹学/刘文奇编著. —北京: 科学出版社, 2016.6

昆明理工大学研究生教育"十二五"规划教材　昆明理工大学研究生百门核心课程教材

ISBN 978-7-03-049262-3

Ⅰ. ①高⋯　Ⅱ. ①刘⋯　Ⅲ. ①运筹学–高等学校–教材　Ⅳ. ①O22

中国版本图书馆 CIP 数据核字 (2016) 第 144268 号

责任编辑: 王胡权 / 责任校对: 高明虎
责任印制: 张　伟 / 封面设计: 迷底书装

科 学 出 版 社 出版

北京东黄城根北街 16 号
邮政编码: 100717
http://www.sciencep.com

北京京华虎彩印刷有限公司 印刷
科学出版社发行　各地新华书店经销
*
2016 年 6 月第 一 版　开本: 720×1000　B5
2016 年 6 月第一次印刷　印张: 15 3/8
字数: 302 000
定价: 59.00 元
(如有印装质量问题, 我社负责调换)

前　言

　　运筹学是一门交叉学科, 为系统科学、经济学、管理科学、金融学、信息科学和工程科学等众多学科提供理论和方法. 自诞生以来, 在应用的推动下, 运筹学迅速发展. 特别地, 近二十年来, 伴随信息技术、人工智能和复杂工程技术的兴起, 运筹学的理论和应用都取得了丰硕的成果, 运筹学学科发展对社会科学、自然科学和工程技术的支撑作用已毋庸置疑. 为此, 国内外高等教育机构不仅在大学课程中广泛设置运筹学, 而且根据不同学科的要求在研究生阶段设立"高等运筹学"课程或讲座.

　　1998 年, 国务院学位委员会首次批准设立系统科学一级学科, 考虑到系统科学需要一些运筹学的建模和分析方法, 我们就在系统科学专业的硕士研究生课程中设计了"高等运筹学"课程, 同时向应用数学、管理科学与工程等学科的研究生开放. 但是, 对于课程内容的安排, 我们一直十分犹豫. 因为国内外已经有很多优秀的运筹学教材, 而且其他学科优秀教材中也有非常精彩的运筹学内容, 加之运筹学成果丰富, 要从中选择一些内容相对固定下来也不容易. 所以, 在教学中, 我们一直采用临时编撰的讲义给学生参考. 讲义的内容基本撇开了本科运筹学的教学思维, 甚至忽略了注重算法的思路, 以适当区隔"运筹学"与"最优化方法"等课程, 以期突出运筹学学科的核心内容. 由于在使用过程中, 研究生教育改革带来的变化和学科发展, "运筹学"讲义一直在修订中, 本人更倾向借助一些参考书来补充课程的各种缺憾, 故此前没有打算把讲义成书出版.

　　运筹学的内容日益庞大, 教学时间却越来越少, 伴随本科教学改革和扩招带来的学生数学基础训练的减少, 教学中的供需矛盾更加突出, 使我们更加坚定地把算法层次的内容去掉, 以便加强理论基础部分的教学, 并尽量地提供运筹学前沿领域发展所必需的理论支持. 因此, 在早期讲授内容基础上, 非线性分析部分增加了不动点定理的分量, 目的是更好地为讲授博弈论做准备, 在适当减少决策分析的内容的同时, 增加博弈论基础部分的内容以适应工程社会化、经济管理和无线网络技术等领域研究中对博弈论知识日益增长的需要, 尤其在最后特意新增了复杂网络基础和演化博弈的内容, 算是对经典图论、网络流和复杂性科学发展的反映. 对于经典的排队论、调度理论和库存论部分, 本书不再涉及. 原因有三, 一则大多数高等院校设有组合优化等研究生课程; 二则教学时数不足; 三则全球化、网络化带来的生产制造和服务的模式及物流系统的变革, 似乎还未看清未来调度理论发展方向. 为了弥补调度方面内容的缺失, 我们在研究生讨论班上特别安排了团队中擅长该领域的青年学者进行专门指导.

但是, 不管怎么调整, 我总觉得本书最多只能算作一本参考书, 还远不是一本好的教材. 在教学过程中, 我感觉学生将书中的基本概念和证明看懂已属不易, 基本没有精力去做练习题, 故没有安排, 只是在教学中根据学生兴趣布置一些开放式题目作为课程作业. 这些开放作业的目的也只是期望引导学生对运筹学的个别内容的兴趣而设置, 学生可以选择性思考, 没有任何强制性要求和固定答案. 由于这些作业往往结合某个时髦的课题, 比如 "一带一路" "国际产能合作" "柔性制造" 等即兴布置, 故作业也未在书中列出. 作为补充, 我们建议, 可以考虑给学生选择一些实际应用的案例作为课外阅读材料.

作为硕士研究生必修的应用基础型课程用书, 本书在内容安排上也同样适用于博士研究生.

我们最终有勇气将本书付梓呈献给读者得益于昆明理工大学研究生院的推动, "高等运筹学" 教学团队获得昆明理工大学研究生百门核心课程项目的资助, 在此感谢研究生院对本书写作和教学研究的支持.

在成书之际, 感谢国家自然科学基金委员会给予我们团队的国家自然科学基金项目资助, 包括面上项目 "中国公共数据库数据质量控制的粒化方法" (61573173) 和其他三项国家自然科学基金项目 (11561036, 61562050, 71501086). 正是这些项目研究加深了我们对 "高等运筹学" 基础作用的认识.

多年来, 在本书初稿的写作和试用过程中, 历届研究生提出了有益的意见, 特别地, 黄晨晨、赵颖秀同学承担了书中部分图表的制作和校对工作, 在此感谢他们. 还要感谢科学出版社, 特别是王胡权编辑和李香叶编辑, 他们为本书的出版付出了辛勤的劳动.

尽管作者本人对选材和写作进行了精心安排, 在多年教学和科研工作中也积累了一定的经验, 但是由于水平所限, 疏漏之处在所难免. 在此恳请读者见谅并批评指正.

刘文奇

2016 年 3 月于书香大地

目　　录

第1章　非线性分析

1.1　极小化问题的基本定理

1.1.1　基本定义

极小化问题的一般提法为: K 为非空集, f 为实函数

$$\min_{x \in K} f(x) \tag{1.1.1}$$

即求一个 $\bar{x} \in K$ 使对任意 $x \in K$ 有 $f(\bar{x}) \leqslant f(x)$, 此时称 $\bar{x}$ 为问题 $(1.1.1)$ 的最优解, 简称为解.

我们知道, 若 $f(x)$ 为 $\mathbf{R}^n$ 上的连续函数且 K 为 $\mathbf{R}^n$ 的紧集(在 $\mathbf{R}^n$ 中等价于有界闭集, 如 $[a,b]^n$), 则问题 $(1.1.1)$ 有解, 其特例是闭区间上的连续函数必达最小(大)值. 这一结论在距离空间中也是对的. 在这里, 我们希望获得更一般的结论. 比如, 将函数 f 减弱为下半连续函数、凸函数, 或将 K 的紧性减弱为有界闭(对一般距离空间, 有界闭与紧性是不等价的)、闭凸等.

定义 1.1.1　设 X 为距离空间, K 为 X 的非空子集, $f: K \to \mathbf{R}$ 为实值函数, 定义广义实值函数 $f_K : X \to \mathbf{R} \bigcup \{+\infty\}$ 为

$$f_K(x) := \begin{cases} f(x), & x \in K, \\ +\infty, & x \notin K \end{cases} \tag{1.1.2}$$

显然有

(1) $K = \left\{ x \in X \mid f_K(x) < +\infty \right\}$;

(2) $\bar{x}$ 为问题 $(1.1.1)$ 的解当且仅当 $f_K(\bar{x}) = \inf\limits_{x \in K} f(x)$.

f_K 的作用是将一个条件极小化问题转化为无条件极小化问题, 即广义实值函数的普通极小化问题.

对一般 X 上的广义实值函数 $f(x)$, 称

$$\mathrm{Dom} f := \left\{ x \in X \mid f(x) < +\infty \right\}$$

为其定义域. 退化情形为 $\mathrm{Dom} f = \varnothing$, 可理解为 $f(x) \equiv +\infty$. 对前述 f_K, 有 $K = \mathrm{Dom} f_K$.

定义 1.1.2　我们称广义实值函数 f 是严格的, 是指其定义域为非空, 也就是说至少存在一点处 $f(x)$ 有限.

我们还常用函数来描述一个集合, 即得如下定义.

定义 1.1.3　设 K 为 X 的子集, 称函数 $\psi_K : X \to \mathbf{R} \bigcup \{+\infty\}$:

$$\psi_K(x) := \begin{cases} 0, & x \in K, \\ +\infty, & x \notin K \end{cases}$$

为 K 的指示函数.

应该注意到, 若 $f : X \to \mathbf{R} \cup \{+\infty\}$, $K \subseteq X$, 则 $f + \psi_K$ 将约束条件 K 吸纳到目标函数中, 即两个问题

$$\min_{x \in K} f(x) \quad 与 \quad \min\{f(x) + \psi_K(x)\}$$

同解. 后面将会用集合描述函数. 函数与集合之间的相互转化可以使我们方便地得出极小化问题解的某些有趣性质.

定义 1.1.4　设 X 为距离空间, $f : X \to \mathbf{R} \cup \{+\infty\}$, 称 $X \times \mathbf{R}$ 的子集

$$\mathrm{Ep}(f) := \big\{(x, \lambda) \in X \times \mathbf{R} \,\big|\, f(x) \leqslant \lambda \big\}$$

为 f 的附图.

易见, f 是严格的当且仅当 f 的附图是非空的. 明显有以下结论.

命题 1.1.1　设 $\{f_i\}_{i \in I}$ 是一族 X 上的广义实值函数, $\sup\limits_{i \in I} f_i$ 为其上包络, 即 $(\sup\limits_{i \in I} f_i)(x) = \sup\limits_{i \in I} f_i(x)(\forall x \in X)$, 则

$$\mathrm{Ep}(\sup_{i \in I} f_i) = \bigcap_{i \in I} \mathrm{Ep}(f_i) \tag{1.1.3}$$

定义 1.1.5　设 X 为距离空间, $f : X \to \mathbf{R} \cup \{+\infty\}$, $\lambda \in \mathbf{R}$, 称

$$S(f, \lambda) := \{x \in X \,|\, f(x) \leqslant \lambda\}$$

为 f 的 λ-下截集.

令 $\alpha := \inf\limits_{x \in X} f(x)$, M 是问题 (1.1.1) 的解集, 则

$$M = \bigcap_{\lambda > \alpha} S(f_K, \lambda) \tag{1.1.4}$$

事实上, 若 $\bar{x} \in M$, 则 $\bar{x} \in K$ 且 $f(\bar{x}) = \alpha$, 从而 $\forall \lambda > \alpha$ 有 $f(\bar{x}) = \alpha < \lambda$ 且 $f_K(\bar{x}) = f(\bar{x})$, 即 $\bar{x} \in S(f_K, \lambda)$. 反之, 若 $\bar{x} \in \bigcap\limits_{\lambda > \alpha} S(f_K, \lambda)$, 则对一切 $\lambda > \alpha$, 有 $f_K(\bar{x}) < \lambda$, 故 $f_K(\bar{x}) \leqslant \inf\limits_{\lambda > \alpha} \lambda = \alpha$, 即 $f_K(\bar{x}) = \alpha$. 所以, $\bar{x} \in M$.

由此可见, 下截集的对无限交封闭的性质可以 "遗传" 给解集 M (如闭性、紧性和凸性等).

命题 1.1.2　设 $\{f_i\}_{i \in I}$ 是一族 X 上的广义实值函数, $\sup\limits_{i \in I} f_i$ 为其上包络, 则

$$S(\sup_{i \in I} f_i, \lambda) = \bigcap_{i \in I} S(f_i, \lambda) \tag{1.1.5}$$

证明留作练习.

1.1.2　下半连续函数与下半紧函数

设 (X,d) 为距离空间，$f:X\to\mathbf{R}\bigcup\{+\infty\}$，$x_0\in\mathrm{Dom}\,f$．在距离空间中我们熟知的 f 在 x_0 点处连续的定义有等价的叙述：

$$B(x_0,\eta)=\left\{x\in X\,\big|\,d(x,x_0)<\eta\right\}$$

(1) $\forall\varepsilon>0,\exists\eta>0$，当 $x\in B(x_0,\eta)$ 时 $f(x_0)-\varepsilon\leqslant f(x)\leqslant f(x_0)+\varepsilon$；

(2) $\forall\lambda_1,\lambda_2,\lambda_1<f(x_0)<\lambda_2,\exists\eta>0$，当 $x\in B(x_0,\eta)$ 时，$\lambda_1\leqslant f(x)\leqslant\lambda_2$．

直观地讲，极限符号可以与函数符号相交换，即 $\lim\limits_{x\to x_0}f(x)=f(\lim\limits_{x\to x_0}x)$．这与我们在数学分析课程里的理解是一样的．在数学分析里，我们考虑的是实数空间 $\mathbf{R}$，对实数轴上的点的距离，形成距离空间．但由于实数集是全序集，有大小（即左右）比较．因此，我们有了左右极限和左右连续的概念．但是，在一般距离空间里，由于序的缺失，可以按 (2) 的叙述方式，引入的是上下极限和上下连续的概念．

定义 1.1.6　设 f 为定义在距离空间 X 上的广义实值函数，$x_0\in\mathrm{Dom}\,f$．若

$$\forall\lambda<f(x_0),\exists\eta>0,\text{ 当 }x\in B(x_0,\eta)\text{ 时，有 }\lambda\leqslant f(x)$$

则称 f 在 x_0 点处下半连续．若 f 在所有点处都下半连续，则称 f 下半连续．

f 在 x_0 点处上半连续阙如

$$\forall\lambda>f(x_0),\exists\eta>0,\text{ 当 }x\in B(x_0,\eta)\text{ 时，有 }\lambda\geqslant f(x)$$

但是我们这里研究的是极小化问题，因此似乎不关心上半连续．显然，

$$f\text{ 在 }x_0\text{ 点处连续}\Leftrightarrow f\text{ 在 }x_0\text{ 点处下半连续且上半连续}$$

（自己试着写证明）．

对如上 f 及 x_0，可以用引入下极限的方式，定义 f 在 x_0 处的下极限：

$$\liminf_{x\to x_0}f(x):=\sup_{\eta>0}\inf_{x\in B(x_0,\eta)}f(x)$$

稍作考察，由于 $F(\eta)=\inf\limits_{x\in B(x_0,\eta)}f(x)$ 为 η 的减函数，故

$$\liminf_{x\to x_0}f(x)=\lim_{\eta\to0^+}\inf_{x\in B(x_0,\eta)}f(x)$$

命题 1.1.3　$f:X\to\mathbf{R}\bigcup\{+\infty\},x_0\in\mathrm{Dom}\,f$．$f$ 在 x_0 处下半连续的充要条件是 $\liminf\limits_{x\to x_0}f(x)=f(x_0)$．

证明　若 f 在 x_0 处下半连续，则对任意 $\lambda<f(x_0),\exists\eta(\lambda)>0$，使当 $x\in B(x_0,\eta)$ 时 $\lambda<f(x)$，从而

$$\lambda\leqslant\inf_{x\in B(x_0,\eta(\lambda))}f(x)\leqslant\sup_{\eta(\lambda)>\eta>0}\inf_{x\in B(x_0,\eta)}f(x)\leqslant\sup_{\eta>0}\inf_{x\in B(x_0,\eta)}f(x)=\liminf_{x\to x_0}f(x)$$

取 $\lambda_n=f(x_0)-\dfrac{1}{n}$，并利用上面的不等式且取极限，立即得

$$f(x_0)\leqslant\liminf_{x\to x_0}f(x)\leqslant f(x_0),\quad\text{即}\quad f(x_0)=\liminf_{x\to x_0}f(x)$$

反之，设 $f(x_0) = \liminf\limits_{x \to x_0} f(x)$. 则有 $f(x_0) \leqslant \liminf\limits_{x \to x_0} f(x)$. 对任意 $\lambda < f(x_0)$，有

$\lambda \leqslant \liminf\limits_{x \to x_0} f(x) = \sup\limits_{\eta > 0} \inf\limits_{x \in B(x_0, \eta)} f(x)$. 由上确界的定义，$\exists \eta(\lambda) > 0$ 使 $\inf\limits_{x \in B(x_0, \eta(\lambda))} f(x) \geqslant \lambda$.

从而当 $x \in B(x_0, \eta(\lambda))$ 时，$f(x) \geqslant \lambda$. 即 f 在 x_0 处下半连续. 证毕!

命题 1.1.4 设 X 为距离空间，$f : X \to \mathbf{R} \cup \{+\infty\}$，则下列叙述等价:

(a) f 下半连续;

(b) $\mathrm{Ep}(f)$ 为 $X \times \mathbf{R}$ 中的闭集;

(c) $\forall \lambda, S(f, \lambda)$ 闭.

证明 （1）(a) $\Rightarrow$ (b). 设 f 下半连续，$\{(x_n, \lambda_n)\}_{n=1}^{\infty} \subset \mathrm{Ep}(f)$ 且 $(x_n, \lambda_n) \to (x, \lambda)$ $(n \to \infty)$. 注意，这里的 $X \times \mathbf{R}$ 中的乘积拓扑也是度量拓扑，其中收敛等价于依坐标收敛. 欲证 $(x, \lambda) \in \mathrm{Ep}(f)$. 事实上，由命题 1.1.3，$\forall x \in X$，$\liminf\limits_{x' \to x} f(x') = f(x)$. 故对给定的某个 $\eta_0 > 0$，$f(x) \leqslant \inf\limits_{x' \in B(x, \eta_0)} f(x')$. 由于 $x_n \to x(n \to \infty)$，知 $\exists N > 0$，当 $n > N$ 时，$x_n \in B(x, \eta_0)$，从而 $f(x) \leqslant f(x_n) \leqslant \lambda_n$. 又由于 $\lambda_n \to \lambda(n \to \infty)$，故有 $f(x) \leqslant \lambda$，即 $(x, \lambda) \in \mathrm{Ep}(f)$.

（2）(b) $\Rightarrow$ (c). 设 $\mathrm{Ep}(f)$ 是闭集且 $\{x_n\}_{n=1}^{\infty} \subseteq S(f, \lambda), x_n \to \lambda(n \to \infty)$. 往证 $x \in S(f, \lambda)$. 事实上，由 $x_n \to x$ 且 $\lambda_n \equiv \lambda \to \lambda(n \to \infty)$ 知 $(x_n, \lambda) \to (x, \lambda)(n \to \infty)$. 故由 $\mathrm{Ep}(f)$ 的闭性可知，$x \in S(f, \lambda)$.

（3）(c) $\Rightarrow$ (a). 设 f 的所有下截集 $S(f, \lambda)$ 为闭，$x_0 \in \mathrm{Dom} f, \lambda < f(x_0)$. 由于 $x_0 \notin S(f, \lambda)$ 且 $S(f, \lambda)$ 闭，故存在 x_0 的某个 η-邻域 $B(x_0, \eta)$ 使 $B(x_0, \eta) \bigcap S(f, \lambda) = \varnothing$. 即，当 $x \in B(x_0, \eta)$ 时，$\lambda \leqslant f(x)$. 因此，f 在 x_0 处下半连续.

推论 1.1.1 X 的子集 K 为闭集当且仅当其指示函数下半连续.

证明 事实上，$\mathrm{Ep}(\psi_K) = K \times [0, +\infty]$ 闭当且仅当 K 闭.

易得下半连续函数的系列性质，可得如下命题.

命题 1.1.5 设 $f, g, f_i (i \in I)$ 为 X 上的下半连续函数，则

(a) $f + g$ 为下半连续函数;

(b) $\forall \alpha > 0, \alpha f$ 为下半连续函数;

(c) $\inf(f, g)$ 为下半连续函数;

(d) 设 Y 也是距离空间，$A : Y \to X$ 为连续映射，则 $f \circ A$ 也是下半连续函数;

(e) $\sup\limits_{i \in I} f_i$ 也是下半连续函数.

注 （1）例如，可用 $\mathrm{Ep}(\sup\limits_{i \in I} f_i) = \bigcap\limits_{i \in I} \mathrm{Ep}(f_i)$ 解读 (e).

（2）若 $f : X \to \mathbf{R} \cup \{+\infty\}$ 为下半连续函数，则 $f_0 : \mathrm{Dom} f \to \mathbf{R}$ 也是下半连续函数. 其中，$\mathrm{Dom} f$ 的拓扑是指诱导拓扑. 反之未必，有如下结论.

命题 1.1.6 设 K 是距离空间 X 的闭子集，$f : K \to \mathbf{R}$ 为下半连续函数，则 f_K

是 X 上的下半连续函数.

证明 事实上, $S(f_K,\lambda)=S(f,\lambda)$, 而 $S(f,\lambda)$ 在 K 中闭且 K 在 X 中闭, 故 $S(f_K,\lambda)$ 在 X 中闭. 证毕!

下面介绍下半紧函数. 紧性是距离空间或一般拓扑空间的集合的几何性质. 我们熟知的有紧、相对紧和可数紧. 我们说 $A\subseteq X$ 是紧的, 是指 A 的任一开覆盖都有有限子覆盖; $A\subseteq X$ 是相对紧的, 是指 A 的闭包 cl$A$ 是紧的. 因此, 对于闭集 A, 紧和相对紧是等价的.

定义 1.1.7 设 X 为距离空间, $f:X\to \mathbf{R}\cup\{+\infty\}$ 称为下半紧函数是指其所有的 λ-下截集都是相对紧的.

定理 1.1.1 设 (X,d) 为距离空间, $f:X\to \mathbf{R}\cup\{+\infty\}$ 为下半连续且下半紧的, 且 $\mathrm{Dom}\,f\neq\varnothing$, 则 $\min f(x)$ 的解集 M 是非空且紧的.

证明 设 $\alpha=\inf f(x)(\in \mathbf{R}\cup\{+\infty\})$ 且 $\lambda_0>\alpha$. $\forall \lambda\in(\alpha,\lambda_0], \exists x_\lambda\in S(f,\lambda)\subseteq S(f,\lambda_0)$. 由于 f 下半连续, 故 $S(f,\lambda_0)$ 闭. 又由 f 下半紧知 $S(f,\lambda_0)$ 紧, 故自列紧. 所以存在 $\{x_\lambda\}_{\lambda\in(\alpha,\lambda_0)}$ 中的一个序列 $\{x_n\}_{n=1}^\infty$ 收敛于 $S(f,\lambda_0)$ 中某个点 $\bar{x}$. 又由 f 的下半连续性知

$$f(\bar{x})=\liminf_{x\to x} f(x)=\sup_{\eta>0}\inf_{x\in B(x,\eta)} f(x)\leqslant \sup_{\eta>0}\inf_{d(x_n,x)<\eta} f(x_n)\leqslant \inf_{\lambda>\alpha}\lambda=\alpha\leqslant f(\bar{x})$$

因此 $\alpha=f(\bar{x})$. 又 $M=\bigcap_{\alpha<\lambda\leqslant\lambda_0} S(f,\lambda)$ 为无限个紧集的交, 故 M 为紧集. 证毕!

推论 1.1.2 设 (X,d) 为距离空间, K 为 X 的紧子集, $f:K\to \mathbf{R}$ 下半连续且有下界, 则必达极小值, 即 $\min\limits_{x\in K} f(x)$ 有解.

证明 对 f_K 使用定理 1.1.1 即可. 事实上, f_K 下半连续(命题 1.1.6)且下半紧(因 K 紧). 证毕!

注 这个推论是数学分析中"闭区间上连续函数可达最小(最大)值"的推广. 下面的命题可以帮助我们进一步了解下半连续性.

命题 1.1.7 设 X,Y 分别为距离空间, $K\subseteq Y$ 为 Y 的紧子集, $g:X\times K\to \mathbf{R}\cup\{+\infty\}$ 下半连续, $f:X\to \mathbf{R}\cup\{+\infty\}$ 定义如

$$\forall x\in X, \quad f(x):=\inf_{y\in K} g(x,y)$$

则 f 是下半连续的.

证明 取 $\lambda\in \mathbf{R}$, 设 $\{x_n\}_{n=1}^\infty\subseteq S(f,\lambda)$ 且 $x_n\to x_0 (n\to\infty)$. 由于 $g(x,y)$ 下半连续且 K 紧, 故对每个 x_n, 存在 y_n 使 $f(x_n)=g(x_n,y_n)$. 又由于 K 紧, 故 $\{y_n\}_{n=1}^\infty$ 有收敛子列 $\{y_{n_k}\}_{n=1}^\infty$ 收敛于某个 $y_0\in K$. 从而 $\{(x_{n_k},y_{n_k})\}_{n=1}^\infty$ 收敛于 (x_0,y_0). 由于 $g(x,y)$ 下半连续, 知 $S(g,\lambda)$ 闭, 即 $(x_0,y_0)\in S(g,\lambda)$. 从而 $x_0\in S(f,\lambda)$, 因 $f(x_0)\leqslant g(x_0,y_0)\leqslant\lambda$. 证毕!

1.1.3 极小化问题的近似解与 Ekeland 定理

在定理 1.1.1 及推论 1.1.2 中, 紧性起着决定性作用, 但紧性要求是很强的. 当紧性不满足时我们可以得到问题 (1.1.1) 近似极小解的存在性定理, 这就是著名的 Ekeland 定理. 所谓 $\bar{x}$ 为问题 (1.1.1) 的 ε-近似解, 是指

$$\forall x \neq \bar{x}, \quad f(\bar{x}) < f(x) + \varepsilon d(x, \bar{x})$$

定理 1.1.2(Ekeland) 设 (X, d) 为完备的距离空间, $f: X \to \mathbf{R} \bigcup \{+\infty\}$ 为严格的、正的下半连续函数, $x_0 \in \mathrm{Dom} f, \varepsilon > 0$. 那么, 存在 $\bar{x} \in X$ 使

(i) $f(\bar{x}) + \varepsilon d(x_0, \bar{x}) \leqslant f(x_0)$;

(ii) $\forall x \neq \bar{x}, f(\bar{x}) < f(x) + \varepsilon d(x, \bar{x})$.

证明 不妨设 $\varepsilon = 1$. 作集值映射 $F: X \to \mathcal{P}(X)$, 如 $F(x) := \{y \mid f(y) + d(x, y) \leqslant f(x)\}$. 由于 f 和 $g_x(y) = d(x, y)$ 是下半连续函数, 故 $F(x)$ 是闭集. 另外, $F(x)$ 具有如下性质: ① $y \in F(y)$(自反性); ② $y \in F(x) \Rightarrow F(y) \subseteq F(x)$(传递性).

①是明显的. 至于②, 当 $x \notin \mathrm{Dom} f$ 时, $f(x) = +\infty$, $F(x) = X$, 故 $F(y) \subseteq F(x)$. 当 $x \in \mathrm{Dom} f$ 时, 取 $y \in F(x), z \in F(y)$, 即

$$f(z) + d(y, z) \leqslant f(y), \quad f(y) + d(x, y) \leqslant f(x)$$

将上述两式相加并用距离的三角不等式得

$$f(z) + d(x, z) \leqslant f(x), \quad \text{即} \; z \in F(x)$$

所以, $F(y) \subseteq F(x)$.

现在考虑极小值函数 $v: \mathrm{Dom} f \to \mathbf{R}$, $v(y) := \inf_{z \in F(y)} f(z)$. 明显有

$$\forall y \in F(x), \quad d(x, y) \leqslant f(x) - v(x) \tag{1.1.6}$$

因此 $F(x)$ 的直径满足: $\mathrm{Diam}[F(x)] \leqslant 2[f(x) - v(x)]$.

另外, 我们以 x_0 为初始点, 按下列方式产生一个迭代序列 $\{x_n\}_{n=1}^{\infty}$ 使

$$f(x_{n+1}) \leqslant v(x_n) + 2^{-n}, \quad n = 1, 2, \cdots$$

(这是可行的, 因为 $v(x)$ 是下确界). 由于 $F(x_{n+1}) \subseteq F(x_n)$, 故 $v(x_n) \leqslant v(x_{n+1})$.

另一方面, 因为总有 $v(y) \leqslant f(y)$, 所以有如下不等式:

$$v(x_{n+1}) \leqslant f(x_{n+1}) \leqslant v(x_n) + 2^{-n} \leqslant v(x_{n+1}) + 2^{-n}$$

从而有

$$0 \leqslant f(x_{n+1}) - v(x_{n+1}) \leqslant 2^{-n}, \quad n = 1, 2, \cdots \tag{1.1.7}$$

故闭集套 $\{F(x_n)\}_{n=1}^{\infty}$ 的直径趋于零. 由于 X 完备, 故存在 $\bar{x} \in X$ 使 $\bigcap_{n \geqslant 0} F(x_n) = \{\bar{x}\}$. 由 $\bar{x} \in F(x_0)$, 即得 (i). 又 $\bar{x}$ 属于所有的 $F(x_n)$, 故 $F(\bar{x}) \subseteq F(x_n)$ 且有 $F(\bar{x}) = \{\bar{x}\}$, 即当

$x \neq \bar{x}$ 时，$x \notin F(\bar{x})$，亦即 $f(x) + d(x,\bar{x}) > f(\bar{x})$，此乃 (ii). 对一般 $\varepsilon > 0$，上述证明阙如. 证毕!

推论 1.1.3 在定理 1.1.2 的条件下，假设对 $\varepsilon, \lambda > 0, x_0 \in X$ 有 $f(x_0) \leqslant \inf f(x) + \varepsilon\lambda$，则存在 $\bar{x} \in X$ 使

(i) $\forall x \in X, f(\bar{x}) \leqslant f(x)$；

(ii) $d(x_0, \bar{x}) \leqslant \lambda$；

(iii) $\forall x \in X, f(\bar{x}) \leqslant f(x) + \varepsilon d(x, \bar{x})$.

此情形下，近似解的意义更明确.

例 1.1.1 生产与消费问题. 比较简单的生产问题是生产者在资源约束的条件下追求收益最大化. 设可以用 m 种资源来生产 n 种产品，x_j 表示第 j 种产品的数量（$j = 1, 2, \cdots, n$），c_j 表示第 j 种产品的单位收益（$j = 1, 2, \cdots, n$），b_i 表示第 i 种资源的总量（$i = 1, 2, \cdots, m$），在现有技术条件下第 j 种产品对第 i 种资源的消耗系数是 a_{ij}（$i = 1, 2, \cdots, m$；$j = 1, 2, \cdots, n$）. 用矩阵表示，$x = (x_1, x_2, \cdots, x_n)^{\mathrm{T}}$，$c = (c_1, c_2, \cdots, c_n)^{\mathrm{T}}$，$b = (b_1, b_2, \cdots, b_m)^{\mathrm{T}}$，$A = (a_{ij})_{m \times n}$，则最优资源配置问题为线性规划模型 (LP)：

$$\max_{Ax \leqslant b, x \geqslant 0} c^{\mathrm{T}}x \quad \text{或} \quad \min_{Ax \leqslant b, x \geqslant 0} [-c^{\mathrm{T}}x]$$

以及资源的影子价格问题的对偶线性规划模型 (DLP)：

$$\min_{y^{\mathrm{T}}A \geqslant c^{\mathrm{T}}, y \geqslant 0} y^{\mathrm{T}}b$$

由于 (LP) 中约束条件 $D = \{x | Ax \leqslant b, x \geqslant 0\} \subseteq \mathbf{R}^n$ 是有界闭集，即是紧集（按 $\mathbf{R}^n$ 中的欧几里得 (Euclid) 距离），而 $f(x) = -c^{\mathrm{T}}x$ 连续（故下半连续）. 因此最优资源配置 x^* 和市场影子价格 y^* 都是存在的.

作为供求关系的另一方，消费者将受到财富水平 W 和市场价格 $p = (p_1, p_2, \cdots, p_n)^{\mathrm{T}}$ 约束，在此条件下消费者将追求效用 $U(x)$ 最大化，归结为消费分配问题：

$$\max_{p^{\mathrm{T}}x \leqslant W, x \geqslant 0} U(x)$$

在商品组合选择的连续性假设下，存在最优消费分配 $\bar{x}$.

1.1.4 不动点定理及其应用

很多数学模型的解的存在性和唯一性可以归结为某类映射不动点的存在性和唯一性，如各类方程、最优化问题等. 这使得不动点理论在运筹学中具有特殊的作用. 对非空集合 X 上的单值映射 $T: X \to X$，$x \mapsto Tx$，若 $T\bar{x} = \bar{x}$，则称 $\bar{x}$ 为 T 的不动点.

例 1.1.2 设 $f_j : \mathbf{R}^n \to \mathbf{R}(j = 1, 2, \cdots, n)$ 为 n 个实值函数,
$$T : \mathbf{R}^n \to \mathbf{R}^n, x \mapsto Tx = (x_1 - f_1(x), x_2 - f_2(x), \cdots, x_n - f_n(x))^{\mathrm{T}}$$
$$F(x) = (f_1(x), f_2(x), \cdots, f_n(x))^{\mathrm{T}}$$
那么
$$\bar{x} \text{ 为方程 } F(x) = 0 \text{ 的解} \Leftrightarrow \bar{x} \text{ 为 } T \text{ 的不动点}$$

例 1.1.3 设 $f : \mathbf{R}^n \to \mathbf{R}$ 为二阶光滑的实值函数, 且 Hesse 矩阵 $H = \left(\dfrac{\partial^2 f}{\partial x_i \partial x_j} \right)_{n \times n}$ 在 $\bar{x}$ 的某个邻域 A 内是正定的, ∇f 为 f 的梯度, $T : A \to A, x \mapsto Tx = x - \lambda \nabla f$, $\lambda > 0$. 那么
$$x^* \text{ 为 } \min_{x \in A} f(x) \text{ 的解} \Leftrightarrow x^* \text{ 为 } T \text{ 的不动点}$$

下面, 作为一般情形, 引入集值映射的不动点概念.

定义 1.1.8 设 X 为距离空间, $G : X \to \mathcal{P}(X)$ 为 X 到自身的集值映射, $\bar{x} \in X$, 若 $\bar{x} \in G(\bar{x})$, 则称 $\bar{x}$ 为 G 的不动点.

显然, 集值映射的不动点以单值映射不动点为其特例.

定理 1.1.3(Caristi) 设 (X, d) 为完备的距离空间, $G : X \to \mathcal{P}(X)$ 为 X 到自身的集值映射且 $G(x) \neq \varnothing$. 若存在严格的、正的下半连续函数 $f : X \to \mathbf{R}_+ \bigcup \{+\infty\}$ 满足
$$\forall x \in X, \exists y \in G(x) \text{ 使 } f(y) + d(x, y) \leqslant f(x) \tag{1.1.8}$$
则集值映射 G 具有不动点. 进一步, 如果 f 与 G 有更强的关系
$$\forall x \in X, \forall y \in G(x) \text{ 使 } f(y) + d(x, y) \leqslant f(x) \tag{1.1.9}$$
则集值映射 G 具有唯一不动点 $\bar{x}$ 且 $G(\bar{x}) = \{\bar{x}\}$.

证明 由 Ekeland 定理, 存在 $\bar{x} \in X$ 使
$$\forall x \neq \bar{x}, \quad f(\bar{x}) < f(x) + \varepsilon d(x, \bar{x})$$
(取 $0 < \varepsilon < 1$). 按条件 (1.1.8), 存在 $\bar{y} \in G(\bar{x})$ 使 $f(\bar{y}) + d(\bar{x}, \bar{y}) \leqslant f(\bar{x})$. 那么 $\bar{x} = \bar{y}$. 事实上, 倘若 $\bar{x} \neq \bar{y}$, 则
$$d(\bar{x}, \bar{y}) \leqslant f(\bar{x}) - f(\bar{y}) \leqslant \varepsilon d(\bar{x}, \bar{y})$$
矛盾! 所以, $\bar{x} \in G(\bar{x})$. 同理, 可证第二部分. 证毕!

下面我们给出 f 不必满足下半连续性但 G 有闭图像的条件下集值映射的不动点定理. 所谓集值映射 $G : X \to \mathcal{P}(Y)$ 的图像是指点集
$$\mathrm{Graph}\, G := \{(x, y) \in X \times Y \mid y \in G(x)\} \tag{1.1.10}$$

定理 1.1.4 设 (X, d) 为完备的距离空间, $G : X \to \mathcal{P}(X)$ 为 X 到自身的集值映

射且具有闭图像. 若 $f: X \to \mathbf{R}_+ \bigcup \{+\infty\}$ 满足 (1.1.8), 则 G 具有不动点.

证明　取 $x_0 \in \mathrm{Dom} f$, 作迭代序列 $\{x_n\}_{n=1}^{\infty} \subseteq X$ 满足:

$$x_{n+1} \in G(x_n), \quad d(x_{n+1}, x_n) \leqslant f(x_n) - f(x_{n+1}) \tag{1.1.11}$$

这意味着正数列 $\{f(x_n)\}_{n=1}^{\infty}$ 是递减的且有下界 0, 故收敛. 设 $f(x_n) \to \alpha (n \to \infty)$. 将 (1.1.11) 各式累加多次即得

$$d(x_p, x_q) \leqslant \sum_{n=p}^{q-1} d(x_{n+1}, x_n) \leqslant f(x_p) - f(x_q)$$

令 $p \to \infty, q \to \infty$, 有 $d(x_p, x_q) \to 0$. 因此 $\{x_n\}_{n=1}^{\infty}$ 是 Cauchy 列. 又 (X, d) 完备, 所以 $\{x_n\}_{n=1}^{\infty}$ 有极限, 设为 $\bar{x}$. 而 $(x_n, x_{n+1}) \in \mathrm{Graph} G$ 且 $\mathrm{Graph} G$ 闭, 故 $(\bar{x}, \bar{x}) \in \mathrm{Graph} G$, 即 $\bar{x} \in G(\bar{x})$, 亦即 $\bar{x}$ 为 G 的不动点. 证毕!

作为定理 1.1.4 的推论, 我们方便得到熟知的 Banach 不动点定理, 即压缩映射原理.

定理 1.1.5（Banach）　设 (X, d) 为完备的距离空间, $g: X \to X$ 为 X 到自身的压缩映射, 即

$$\exists k \in (0, 1) \text{ 使 } \forall x, y \in X, \quad d(g(x), g(y)) \leqslant k d(x, y) \tag{1.1.12}$$

则 g 有唯一的不动点.

证明　定义 $f: X \to \mathbf{R}_+ \bigcup \{+\infty\}$, $x \mapsto f(x) := \sum_{n=0}^{\infty} d(g^n(x), g^{n+1}(x))$. 由于

$$d(g^n(x), g^{n+1}(x)) \leqslant k d(g^{n-1}(x), g^n(x)) \leqslant k^2 d(g^{n-2}(x), g^{n-1}(x)) \leqslant \cdots \leqslant k^n d(x, g(x))$$

因此

$$0 \leqslant f(x) \leqslant \frac{1}{1-k} d(x, g(x)) \leqslant +\infty$$

另一方面, 注意到

$$f(x) = d(x, g(x)) + \sum_{n=1}^{\infty} d(g^n(x), g^{n+1}(x)) = d(x, g(x)) + f(g(x))$$

而 G 由 g 定义, 即 $G(x) = \{g(x)\}$ 且 g 为连续映射, 知 G 有闭图像, 从而满足定理 1.1.4 的条件, 所以 g 有不动点. 又若 $\bar{x}$ 和 $\bar{y}$ 均为 g 的不动点, 则

$$d(\bar{x}, \bar{y}) = d(g(\bar{x}), g(\bar{y})) \leqslant k d(\bar{x}, \bar{y}) \quad (0 < k < 1)$$

所以 $\bar{x} = \bar{y}$. 证毕!

接下来的 Brouwer 不动点定理在研究方程和博弈论中有重要作用.

定义 1.1.9　设 $x_0, x_1, \cdots, x_r \in \mathbf{R}^n$, 且 $x_1 - x_0, x_2 - x_0, \cdots, x_r - x_0$ 线性无关, 则称由 $x_0, x_1, \cdots, x_r$ 生成的凸包

$$\mathrm{co}\{x_0, x_1, \cdots, x_r\} = \left\{ x = \sum_{i=0}^{r} \lambda_i x_i \,\middle|\, \sum_{i=0}^{r} \lambda_i = 1, 0 \leqslant \lambda_i \leqslant 1, i = 0, 1, 2, \cdots, r \right\}$$

为 $\mathbf{R}^n$ 中以 $x_0, x_1, \cdots, x_r$ 为顶点的 r 维单纯形, 记为 $S^r(x_0, x_1, \cdots, x_r)$, 简记为 S^r.

如图 1.1.1 所示为 θ, x_1, x_2, x_3 生成的单纯形.

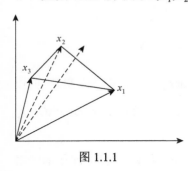

图 1.1.1

定义 1.1.10 设 $S^r(x_0, x_1, \cdots, x_r) \subseteq \mathbf{R}^n$ 为单纯形, $x = \sum_{i=0}^{r} \lambda_i x_i \in S^r$, 则称 $\lambda(x) = (\lambda_0, \lambda_1, \cdots, \lambda_r)^{\mathrm{T}}$ 为 x 关于顶点 $x_0, x_1, \cdots, x_r$ 的坐标. 对 $\{x_{j_0}, x_{j_1}, x_{j_2}, \cdots, x_{j_k}\} \subseteq \{x_0, x_1, \cdots, x_r\}$, 若 $x_{j_1} - x_{j_0}, x_{j_2} - x_{j_0}, \cdots, x_{j_k} - x_{j_0}$ 线性无关, 则称 $S^k(x_{j_0}, x_{j_1}, x_{j_2}, \cdots, x_{j_k})$ 为 S^r 的 k 维面. 若 $x = \sum_{i=0}^{r} \lambda_i x_i \in S^r$, $\lambda_{j_0}, \lambda_{j_1}, \cdots, \lambda_{j_k}$ 为 x 的非零坐标, 则

称 $S^k(x_{j_0}, x_{j_1}, x_{j_2}, \cdots, x_{j_k})$ 为 x 在 S^r 中的负荷. 将 S^r 分解为若干个单纯形, 使得其中任意两个单纯形要么不相交, 要么它们的交即为它们的公共面, 则称这些单纯形的集合为 S^r 的一个三角剖分.

定义 1.1.11 设 $S^r(x_0, x_1, \cdots, x_r) \subseteq \mathbf{R}^n$ 为单纯形, $\Lambda = \{T_1^r, T_2^r, \cdots, T_m^r\}$ 为 S^r 的一个 r 维三角剖分. φ 是这样的映射: 它将每个 $T_j^r (j = 1, 2, \cdots, m)$ 的顶点映成这个顶点在 S^r 的负荷的某个顶点. 若某个 $T_{j^*}^r = S^r(x_0^*, x_1^*, x_2^*, \cdots, x_r^*) \in \Lambda$ 满足:

$$\{\varphi(x_0^*), \varphi(x_1^*), \varphi(x_2^*), \cdots, \varphi(x_r^*)\} = \{x_0, x_1, \cdots, x_r\}$$

则称 T_j^r 与 S^r 吻合. 若某个 T_i^r 的某个 $r-1$ 维面 $V = S^{r-1}(x_0', x_1', \cdots, x_{r-1}')$ 的顶点满足:

$$\{\varphi(x_0'), \varphi(x_1'), \varphi(x_2'), \cdots, \varphi(x_{r-1}')\} = \{x_1, \cdots, x_r\}$$

则称 V 为 T_i^r 的一个特异面.

引理 1.1.1（Sperner） 单纯形 S^r 的任意三角剖分 Λ 中至少有一个 r 维单纯形与 S^r 吻合.

证明 只需证明 Λ 中有奇数个 r 维单纯形与 S^r 吻合. 我们对维数进行归纳. 当 $r = 0$, 结论显然成立. 假设 $r > 0$ 且维数为 $r-1$ 结论成立. 往证, 维数为 r 时, 结论也成立.

易知, 对 Λ 的每个单纯形 $T_j^r (j = 1, 2, \cdots, m)$, 分两种情况: ① T_j^r 与 S^r 吻合, 则 T_j^r 恰有一个特异面; ② T_j^r 不与 S^r 吻合, 则 T_j^r 要么没有特异面, 要么恰有两个特异面. 用 a_j 表示 T_j^r 的特异面个数 $(j = 1, 2, \cdots, m)$. 要证明有奇数个 Λ 中的单纯形与 S^r

吻合, 只需证明 $\sum_{j=1}^{m} a_j$ 为奇数.

对于每个 T_j^r $(j=1,2,\cdots,m)$ 的每个特异面 V (如果有的话), 若 V 不在 S^r 的任意 $r-1$ 维面上, 则 V 恰好是 Λ 中两个 r 维单纯形的公共面. 从而 V 在 $\sum_{j=1}^{m} a_j$ 被计算了两次; 若 V 在 S^r 的某个 $r-1$ 维面上, 则易知该 $r-1$ 维面只能是以 $x_1,\cdots,x_r$ 为顶点的 $r-1$ 维面 S^{r-1}, 且 V 是 Λ 的唯一一个单纯形的特异面. 为证 $\sum_{j=1}^{m} a_j$ 为奇数, 只需证明 S^{r-1} 上的特异面有奇数个. 而 S^{r-1} 上的特异面个数就是与 S^{r-1} 吻合的 $r-1$ 维单纯形的个数. 由归纳假设, 与 S^{r-1} 吻合的 $r-1$ 维单纯形有奇数个. 证毕!

引理 1.1.2(Knaster-Kuratomski-Mazurkiwicz) 设 $S^r(x_0,x_1,\cdots,x_r) \subseteq \mathbf{R}^n$ 为单纯形, $C_0,C_1,\cdots,C_r$ 为它的 $r+1$ 个闭子集, 并且
$$\forall\{x_{j_0},x_{j_1},x_{j_2},\cdots,x_{j_k}\} \subseteq \{x_0,x_1,\cdots,x_r\}$$
$$S^k(x_{j_0},x_{j_1},x_{j_2},\cdots,x_{j_k}) \subseteq C_{j_0} \bigcup C_{j_1} \bigcup C_{j_2} \bigcup \cdots \bigcup C_{j_k}$$
则 $\bigcap_{j=0}^{r} C_j \neq \varnothing$.

证明 设 $\{\Lambda_i\}_{i=1}^{\infty}$ 为 $S^r(x_0,x_1,\cdots,x_r)$ 的一个三角剖分序列, Λ_{i+1} 是对 Λ_i 的细分, 并且 Λ_i 中单纯形的最大直径 δ_i 满足 $\lim_{i\to\infty}\delta_i = 0$.

对于每个三角剖分 Λ_i, 若 x 是 Λ_i 中某个 r 维单纯形的顶点, 并设 $x_{j_0},x_{j_1},x_{j_2},\cdots,x_{j_k}$ 为 x 在 S^r 中负荷的顶点, 则由条件知, $x \in C_{j_0} \bigcup C_{j_1} \bigcup C_{j_2} \bigcup \cdots \bigcup C_{j_k}$. 于是, 存在某个 C_{j_t} $(0 \leqslant t \leqslant k)$ 使得 $x \in C_{j_t}$. 令 $\varphi_i(x) := x_{j_t}$, 这样 φ_i 就将 Λ_i 所有单纯形的顶点映射到 S^r 的顶点. 由引理 1.1.1, Λ_i 中有一个 r 维单纯形与 S^r 吻合, 记此 r 维单纯形为 $S^r(x_0^{(i)},x_1^{(i)},\cdots,x_r^{(i)})$ 且 $\varphi_i(x_j^{(i)})=x_j$. 由于 $\lim_{i\to\infty}\delta_i = 0$, 故 $\{x_j^{(i)}\}_{i=1}^{\infty}$ $(j=0,1,2,\cdots,r)$ 有收敛子列, 且有相同的极限, 设为 x^*. 由于 $C_j(j=0,1,2,\cdots,r)$ 为闭集, 故 $x^* \in C_j(j=0,1,2,\cdots,r)$. 所以 $\bigcap_{j=0}^{r} C_j \neq \varnothing$. 证毕!

定理 1.1.6(Brouwer 不动点定理) 设 $S \subset \mathbf{R}^n$ 同胚于一个单纯形 S^r, $\psi: S \to S$ 为连续映射, 则存在 $x^* \in S$ 使得 $\psi(x^*)=x^*$.

证明 设 S 本身是 r 维单纯形, 即 $S = S^r(x_0,x_1,\cdots,x_r)$. 对 $x \in S = S^r$, $\lambda(x)=(\lambda_0(x),\lambda_1(x),\cdots,\lambda_r(x))^{\mathrm{T}}$ 为 x 的坐标. 令
$$C_j = \left\{x \in S \middle| \lambda_j(\psi(x)) \leqslant \lambda_j(x)\right\} \quad (j=0,1,2,\cdots,r)$$

由 $\psi, \lambda_j (j = 0, 1, 2, \cdots, r)$ 的连续性知, $C_j (j = 0, 1, 2, \cdots, r)$ 为 S 的闭子集. 下面证明 $C_j (j = 0, 1, 2, \cdots, r)$ 满足引理 1.1.2 的条件.

$\forall \{x_{j_0}, x_{j_1}, x_{j_2}, \cdots, x_{j_k}\} \subseteq \{x_0, x_1, \cdots, x_r\}$, S 的 k 维面 $S^k (x_{j_0}, x_{j_1}, x_{j_2}, \cdots, x_{j_k})$ 上的点 x, 满足:

$$\lambda_j(x) = 0 \quad \left(\forall j \notin \{j_0, j_1, j_2, \cdots, j_r\}\right)$$

从而,

$$\sum_{i=0}^{k} \lambda_{j_i}(x) = \sum_{j=0}^{r} \lambda_j(x) = 1 = \sum_{j=0}^{r} \lambda_j(\psi(x)) \geqslant \sum_{i=0}^{k} \lambda_{j_i}(\psi(x))$$

所以, 至少存在一个 $\lambda_{j_i}(x) \geqslant \lambda_{j_i}(\psi(x))$, 即 $x \in C_{j_i}$. 故 $S^k(x_{j_0}, x_{j_1}, x_{j_2}, \cdots, x_{j_k}) \subseteq C_{j_0} \bigcup C_{j_1} \bigcup C_{j_2} \bigcup \cdots \bigcup C_{j_k}$.

由引理 1.1.2 知, $\bigcap_{j=0}^{r} C_j \neq \varnothing$. 即存在 $x^* \in S$ 使

$$\lambda_j(\psi(x)) \leqslant \lambda_j(x), \quad j = 0, 1, 2, \cdots, r$$

又因为

$$\sum_{j=0}^{r} \lambda_j(\psi(x^*)) = 1 = \sum_{j=0}^{r} \lambda_j(x^*)$$

所以 $\lambda_j(\psi(x^*)) = \lambda_j(x^*)$, $j = 0, 1, 2, \cdots, r$, 即 $\psi(x^*) = x^*$.

假设 S 本身不是 r 维单纯形, 但与一个 r 维单纯形 $S^r(x_0, x_1, \cdots, x_r)$, 即存在双射 $f: S \to S^r$, 且 f, f^{-1} 均连续. 定义 $\mu = (f \circ \psi \circ f^{-1}): S^r \to S^r$, 则 μ 连续, 故有不动点 $y^* \in S^r$. 令 $x^* = f^{-1}(y^*) \in S$, 则

$$x^* = f^{-1}(y^*) = f^{-1}(\mu(y^*)) = (f^{-1} \circ (f \circ \psi \circ f^{-1}))(y^*)$$
$$= ((f^{-1} \circ f) \circ \psi)(f^{-1}(y^*)) = \psi \circ (f^{-1}(y^*)) = \psi(x^*)$$

所以, $x^* = f^{-1}(y^*)$ 为 ψ 的不动点. 证毕!

1.2　凸分析基础

1.2.1　凸函数

在极小化问题的研究中凸性起着重要的作用. 特别在经济分析中, 经济学家们根据"理性人"的假设导出各种要素组合空间和效用函数的各种凸性, 以此讨论市场条件下资源最佳配置或市场失灵等. 另外, 在人工智能领域中广泛存在的模式识别, 要求待分类的样本数据集具备某种凸集的可分离性.

定义 1.2.1　设 X 为实线性空间, $K \subseteq X$, $f: X \to \mathbf{R} \bigcup \{+\infty\}$, $\mathbf{N}$ 为自然数集. 我们称 K 为 X 的凸子集, 是指

$$\forall x_1, x_2 \in K, \ \forall \lambda \in [0,1], \quad \lambda x_1 + (1-\lambda)x_2 \in K$$

若 $\forall n \in \mathbf{N}$, $\forall x_1, x_2, \cdots, x_n \in X$, $\forall \lambda_1, \lambda_2, \cdots, \lambda_n \in \mathbf{R}$, $0 \leqslant \lambda_i \leqslant 1 (i = 1, 2, \cdots, n)$, $\sum_{i=1}^{n} \lambda_i = 1$ 有

$$f\left(\sum_{i=1}^{n} \lambda_i x_i\right) \leqslant \sum_{i=1}^{n} \lambda_i f(x_i) \tag{1.2.1}$$

则称 f 为凸函数. 若 $-f$ 为凸函数, 则称 f 为凹函数. 若 f 既凸又凹, 则称 f 是仿射的.

命题 1.2.1 设 X 为实线性空间, $K \subseteq X, f: X \to \mathbf{R} \bigcup \{+\infty\}$, 则下述条件等价:

(1) f 为凸函数;

(2) $\forall x, y \in X, \forall \alpha \in [0,1], \ f[\alpha x + (1-\alpha)y] \leqslant \alpha f(x) + (1-\alpha)f(y)$;

(3) f 的附图在 $X \times \mathbf{R}$ 中凸.

证明 (1) $\Rightarrow$ (2) 是显然的.

(2) $\Rightarrow$ (3). 设 $(x, \lambda), (y, \mu) \in \mathrm{Ep}(f)$. 由于 $f(x) \leqslant \lambda, f(y) \leqslant \mu$ 知,

$$f(\alpha x + (1-\alpha)y) \leqslant \alpha f(x) + (1-\alpha)f(y) \leqslant \alpha \lambda + (1-\alpha)\mu \tag{1.2.2}$$

因此, $(\alpha x + (1-\alpha)y, \alpha \lambda + (1-\alpha)\mu) \in \mathrm{Ep}(f)$. 故 $\mathrm{Ep}(f)$ 为 $X \times \mathbf{R}$ 中的凸集.

(3) $\Rightarrow$ (1). 设 $\mathrm{Ep}(f)$ 为 $X \times \mathbf{R}$ 中的凸集. 由于 $X \times \mathbf{R}$ 中的点 $(x_i, f(x_i)) \in \mathrm{Ep}(f)$ $(i = 1, 2, \cdots, n)$, 且 $\mathrm{Ep}(f)$ 凸, 所以 $\sum_{i=1}^{n} \lambda_i (x_i, f(x_i)) = \left(\sum_{i=1}^{n} \lambda_i x_i, \sum_{i=1}^{n} \lambda_i f(x_i)\right) \in \mathrm{Ep}(f)$, 即 $f\left(\sum_{i=1}^{n} \lambda_i x_i\right) \leqslant \sum_{i=1}^{n} \lambda_i f(x_i)$. 证毕!

推论 1.2.1 线性空间 X 的子集 K 为凸集的充要条件是 K 的指示函数 $\psi_K(x)$ 为凸函数.

命题 1.2.2 设 $f, g, f_i (i \in I)$ 为 X 上的广义实值凸函数, 则

(a) $f + g$ 为凸函数;

(b) $\forall \alpha > 0, \alpha f$ 为凸函数;

(c) 设 Y 为实线性空间, $A: Y \to X$ 为线性映射, 则 $f \circ A$ 也是凸函数;

(d) $\sup_{i \in I} f_i$ 也是凸函数;

(e) 若 $\varphi: \mathbf{R} \to \mathbf{R}$ 为凸的增函数, 则 $\varphi \circ f$ 也是凸函数.

证明 结论是明显的. 如 (d), 只因 $\mathrm{Ep}(\sup_{i \in I} f_i) = \bigcap_{i \in I} \mathrm{Ep}(f_i)$ 及命题 1.2.1, 即可. 证毕!

另外, 注意到有如下命题.

命题 1.2.3 设 X 为实线性空间, $f: X \to \mathbf{R} \bigcup \{+\infty\}$ 为凸函数, 则所有下截集 $S(f, \lambda)$ 是 X 中的凸集.

相反的命题是不真的. 若所有下截集 $S(f,\lambda)$ 是 X 中的凸集, 则称 f 是拟凸的. 事实上, $\mathbf{R}$ 上所有的连续增(减)函数都是拟凸的, 但未必是凸的.

定义 1.2.2 设 X 是实线性空间, $f:X\to\mathbf{R}\bigcup\{+\infty\}$ 是严格的, 若对任意的不同的两个点 $x,y\in\mathrm{Dom}\,f$, 有

$$f\left(\frac{x+y}{2}\right)<\frac{f(x)+f(y)}{2} \tag{1.2.3}$$

则称 f 是弱凸的.

式 (1.2.3) 是我们在高等数学或数学分析里见过的凸函数的定义, 经常作为最优化问题的解唯一性的充分条件.

命题 1.2.4 设 X 是实线性空间, $f:X\to\mathbf{R}\bigcup\{+\infty\}$ 是一个严格的凸函数, 则极小化问题 $\min f(x)$ 的解集 M 是凸集; 若 f 是弱凸的, 则 $\min f(x)$ 的解唯一.

证明 设 $\alpha=\inf f(x)$. 因为 $M=\bigcap_{\lambda>\alpha}S(f,\lambda)$, 故 M 为凸集. 又若 f 是严格凸的, $\bar{x}$ 和 $\bar{y}$ 是 M 中两个不同的点, 则 $\alpha=f\left(\dfrac{\bar{x}+\bar{y}}{2}\right)<\dfrac{f(\bar{x})+f(\bar{y})}{2}=\alpha$, 矛盾. 证毕!

命题 1.2.5 设 X 和 Y 为两个实线性空间, $g:X\times Y\to\mathbf{R}\bigcup\{+\infty\}$ 为凸函数, 则 $f:X\to\mathbf{R}\bigcup\{+\infty\},x\mapsto f(x):=\inf_{y\in Y}g(x,y)$ 是凸函数.

证明 给定 $\varepsilon>0$, $\alpha\in(0,1)$, $x_1,x_2\in X$. 若 x_1,x_2 中至少有一点不属于 $\mathrm{Dom}\,f$, 则

$$f(\alpha x_1+(1-\alpha)x_2)\leqslant \alpha f(x_1)+(1-\alpha)f(x_2)$$

显然成立.

现在考虑 $x_1,x_2\in\mathrm{Dom}\,f$, 则 $\exists y_1,\ y_2\in Y$ 使 $g(x_i,y_i)\leqslant f(x_i)+\varepsilon$. 由于 g 凸有

$$g(\alpha x_1+(1-\alpha)x_2,\alpha y_1+(1-\alpha)y_2)\leqslant \alpha f(x_1)+(1-\alpha)f(x_2)+\varepsilon$$

又 $f(\alpha x_1+(1-\alpha)x_2)\leqslant g(\alpha x_1+(1-\alpha)x_2,\alpha y_1+(1-\alpha)y_2)$, 故

$$f(\alpha x_1+(1-\alpha)x_2)\leqslant \alpha f(x_1)+(1-\alpha)f(x_2)+\varepsilon$$

令 $\varepsilon\to0$, 即得

$$f(\alpha x_1+(1-\alpha)x_2)\leqslant \alpha f(x_1)+(1-\alpha)f(x_2)$$

即 f 凸. 证毕!

下面的命题在多目标凸优化问题研究中有用.

命题 1.2.6 设 X 是实线性空间, $f_i:X\to\mathbf{R}\bigcup\{+\infty\}$ $(i=1,2,\cdots,n)$ 是 n 个凸函数, 映射 $F:K=\bigcap_{i=1}^{n}\mathrm{Dom}\,f_i\to\mathbf{R}^n,x\mapsto F(x):=(f_1(x),\cdots,f_n(x))$, 则 $F(K)+\mathbf{R}_+^n$ 和 $F(K)+\overset{0}{\mathbf{R}}{}_+^n$ 都是凸集. 其中, $\mathbf{R}_+^n=\left\{(u_1,u_2,\cdots,u_n)\in\mathbf{R}^n\,\big|\,u_i\geqslant0,1\leqslant i\leqslant n\right\}$, $\overset{0}{\mathbf{R}}{}_+^n$ 为 $\mathbf{R}_+^n$ 的内

部, 即 $\overset{0}{\mathbf{R}}{}^n_+ = \left\{ (u_1, \cdots, u_n) \in \mathbf{R}^n \, \middle| \, u_i > 0, 1 \leqslant i \leqslant n \right\}.$

证明 我们仅证第二点. 取 $y_1, y_2 \in F(K) + \overset{0}{\mathbf{R}}{}^n_+$, 记 $y_i = F(x_i) + u^{(i)}(i=1,2)$, 其中 $x_i \in K(i=1,2)$, $u^{(i)} \in \overset{0}{\mathbf{R}}{}^n_+$, $\alpha \in (0,1)$, 则 $y = \alpha y_1 + (1-\alpha) y_2 = F(x) + u.$ 其中

$$x = \alpha x_1 + (1-\alpha) x_2$$

$$u = \alpha u^{(1)} + (1-\alpha) u^{(2)} + \alpha F(x_1) + (1-\alpha) F(x_2) - F(\alpha x_1 + (1-\alpha) x_2)$$

由 $f_i(i=1,2,\cdots,n)$ 的凸性知, $\alpha F(x_1) + (1-\alpha) F(x_2) - F(\alpha x_1 + (1-\alpha) x_2)$ 的分量非负, 故 u 的分量为正, 即 $y \in F(K) + \overset{0}{\mathbf{R}}{}^n_+$.

下面列举一些凸函数的例子.

(1) 线性空间上的范数和半范数是凸函数;

(2) 线性空间上的次可加、正齐次函数是正齐次凸函数;

(3) 设 $(X, (\cdot,\cdot))$ 为内积空间, $f(x) := \frac{1}{2}(x,x) = \frac{1}{2}\|x\|^2$, 则 f 是凸函数且严格凸.

事实上, 对 $\alpha, \beta \in [0,1]$, $\alpha + \beta = 1$, 因为

$$\|x - \alpha y - \beta z\|^2 = \|\alpha(x-y) + \beta(x-z)\|^2$$
$$= \alpha^2 \|x-y\|^2 + \beta^2 \|x-z\|^2 + 2\alpha\beta((x-y),(x-z))$$

而

$$\|y-z\|^2 = \|y-x+x-z\|^2 = \|x-y\|^2 + \|x-z\|^2 - 2((x-y),(x-z))$$

用 $\alpha\beta$ 乘第二式加到第一式, 整理得

$$\|x-\alpha y - \beta z\|^2 = \alpha\|x-y\|^2 + \beta\|x-z\|^2 - \alpha\beta\|y-z\|^2$$

令 $x = \theta$, 得

$$f(\alpha y + \beta z) = \alpha f(y) + \beta f(z) - \alpha\beta\|y-z\|^2 \leqslant \alpha f(y) + \beta f(z)$$

即 $f(x)$ 为凸函数.

又当 $\alpha = \frac{1}{2}$, 且 $y \neq z$ 时,

$$f\left(\frac{y+z}{2}\right) \leqslant \frac{1}{2} f(y) + \frac{1}{2} f(z) - \frac{1}{4}\|y-z\|^2 < \frac{1}{2}[f(y) + f(z)]$$

故 $f(x)$ 弱凸.

下面将证明在某一点连续的凸函数在该点的某个邻域内是 Lipschitz 的.

定义 1.2.3 设 $(X, \|\cdot\|)$ 为赋范线性空间, Ω 为 X 的开子集, $f: \Omega \to \mathbf{R}$, 我们称 f 在 $x \in \Omega$ 处是局部 Lipschitz 的是指 f 在 x 的一个邻域上具有 Lipschitz 性.

定理 1.2.1 设 $(X, \|\cdot\|)$ 是赋范线性空间, $f: X \to \mathbf{R} \bigcup \{+\infty\}$ 是严格的凸函数, 则下列叙述等价:

(1) f 在 $\mathrm{Dom} f$ 内一个开子集上有界;

(2) f 在 Dom$f$ 内部是局部 Lipschitz 函数.

证明　(2) $\Rightarrow$ (1) 是明显的.

(1) $\Rightarrow$ (2). 设 f 在 $\bar{B}(x_0,\eta)\subseteq \mathrm{Dom}\,f$ 上有界 $a(<+\infty)$. 对 $\forall x\in X$, 令 $y:=\dfrac{x_0-(1-\theta)x}{\theta}$, $\theta:=\dfrac{\|x-x_0\|}{\eta+\|x-x_0\|}$, 则 $0<\theta<1$, 且

$$\|y-x_0\|=\left\|\frac{x_0-(1-\theta)x}{\theta}-x_0\right\|=\left\|\frac{(1-\theta)x_0-(1-\theta)x}{\theta}\right\|$$

$$=\frac{1-\theta}{\theta}\|x-x_0\|=\frac{\eta}{\|x-x_0\|}\|x-x_0\|=\eta$$

从而 $f(y)\leqslant a$, 且

$$f(x_0)=f(\theta y+(1-\theta)x)\leqslant \theta a+(1-\theta)f(x),\quad \text{即}\ f(x_0)\leqslant\frac{\theta}{1-\theta}(a-f(x_0))+f(x)$$

代入 θ 的值有

$$\forall x,\quad f(x_0)-f(x)\leqslant \frac{a-f(x_0)}{\eta}\|x-x_0\| \tag{1.2.4}$$

现在又取 $x\in\bar{B}(x_0,\eta)$, $y':=\dfrac{x-(1-\theta')x_0}{\theta'}$, $\theta':=\dfrac{\|x-x_0\|}{\eta}(\leqslant 1)$, 则 $\|y'-x_0\|\leqslant\eta$, 故 $f(y')\leqslant a$, 由 f 的凸性,

$$f(x)=f(\theta'y'+(1-\theta')x_0)\leqslant \theta'a+(1-\theta')f(x_0)$$

代入 θ' 的值得

$$\forall x\in\bar{B}(x_0,\eta),\quad f(x)-f(x_0)\leqslant \frac{a-f(x_0)}{\eta}\|x-x_0\| \tag{1.2.5}$$

式 $(1.2.4),(1.2.5)$ 意味着

$$\forall x\in\bar{B}(x_0,\eta),\quad \left|f(x)-f(x_0)\right|\leqslant \frac{a-f(x_0)}{\eta}\|x-x_0\| \tag{1.2.6}$$

所以 $f(x)$ 在 x_0 处连续.

往证 f 在 $B(x_0,\beta)$ $(\beta<\eta)$ 上是 Lipschitz 的. 取一个整数 $n>\dfrac{\|x-x_0\|}{\eta-\beta}$, 在 $B(x_0,\beta)$ 中的两个点 x_1, x_2 并在 x_1, x_2 之间插入几个等分点, 即

$$y_j:=x_1+\frac{j}{n}(x_1-x_2),\quad j=0,1,\cdots,n$$

注意到 $\{y_j\}_{j=1}^n\subset B(x_0,\beta)$ 且 $B(y_j,\eta-\beta)\subseteq B(x_0,\eta)$, 因此在每个 $B(y_j,\eta-\beta)$ 上 f 有上界 a, 由不等式 $(1.2.6)$, 用 y_j 代替 x_0, $\eta-\beta$ 代入 η 得

$$\left| f(y_{j+1}) - f(y_j) \right| \leqslant \frac{a - f(y_j)}{\eta - \beta} \parallel y_{j+1} - y_j \parallel$$

$$\left(\text{因为} \parallel y_{j+1} - y_j \parallel = \frac{\parallel x_1 - x_0 \parallel}{n} \leqslant \eta - \beta \right).$$

另一方面, 由式 (1.2.6), 得

$$f(x_0) - f(y_j) \leqslant \frac{a - f(x_0)}{\eta} \parallel y_j - x_0 \parallel \leqslant a - f(x_0)$$

从而

$$\left| f(y_{j+1}) - f(y_j) \right| \leqslant \frac{2(a - f(x_0))}{\eta - \beta} \parallel y_{j+1} - y_j \parallel$$

又由 $\parallel x_1 - x_2 \parallel = \sum_{j=0}^{n-1} \parallel y_{j+1} - y_j \parallel$, 有

$$\left| f(x_1) - f(x_2) \right| \leqslant \sum_{j=0}^{n-1} \left| f(y_{j+1}) - f(y_j) \right| \leqslant \frac{2(a - f(x_0))}{\eta - \beta} \parallel x_1 - x_2 \parallel$$

所以 f 在 $B(x_0, \beta)$ 上是 Lipschitz 的.

最后, 证明 f 在 $\mathrm{Dom} f$ 内部每点的某个邻域内都是 Lipschitz 的. 按上述证明, 只要证明对每个 $x_1 \in \mathrm{IntDom} f$, 存在 x_1 的一个邻域使 f 在此邻域上有界.

事实上, 令 $B(x_1, \gamma) \subseteq \mathrm{Dom} f$, 取 $\lambda = \dfrac{\gamma / 2}{\gamma / 2 + \parallel x_1 - x_0 \parallel}$ (有 $0 < \lambda < 1$), 易见

$$x_2 := x_0 + \frac{1}{1 - \lambda}(x_1 - x_0) = \frac{1}{1 - \lambda} x_1 + \frac{-\lambda}{1 - \lambda} x_0 \in B(x, \gamma)$$

实际上

$$\parallel x_2 - x_1 \parallel = \left\| \left(\frac{1}{1 - \lambda} - 1 \right) x_1 - \frac{-\lambda}{1 - \lambda} x_0 \right\| = \frac{\lambda}{1 - \lambda} \parallel x_1 - x_0 \parallel$$

$$= \frac{\dfrac{\gamma / 2}{\gamma / 2 + \parallel x_1 - x_0 \parallel}}{1 - \dfrac{\gamma / 2}{\gamma / 2 + \parallel x_1 - x_0 \parallel}} \parallel x_1 - x_0 \parallel = \gamma / 2 < \gamma$$

并且在 $B(x_1, \lambda \eta)$ 上, f 有上界 $\lambda a + (1 - \lambda) f(x_2)$. 实际上, 若 $y \in B(x_1, \lambda \eta)$, 则 $z = \dfrac{1}{\lambda}(y - (1 - \lambda) x_2) \in B(x_0, \eta)$, 故 $f(z) \leqslant a$, 再由 f 的凸性有

$$f(y) = f(\lambda z + (1 - \lambda) x_2) \leqslant \lambda f(z) + (1 - \lambda) f(x_2) \leqslant \lambda a + (1 - \lambda) f(x_2)$$

证毕!

推论 1.2.2　若 $f : \mathbf{R}^n \to \mathbf{R} \bigcup \{+\infty\}$ 为凸函数且 $\mathrm{IntDom} f \neq \varnothing$, 则 f 在 $\mathrm{IntDom} f$ 上是局部 Lipschitz 函数.

证明　设 $B(x_0,\eta) \subseteq \mathrm{Dom}\, f$. 可以在 $B(x_0,\eta)$ 中找到几个点 $x_1,\cdots,x_n$ 使向量 $x_1-x_0,\cdots,x_n-x_0$ 线性无关. 记 $S=\mathrm{Int}(\mathrm{co}\{x_1,\cdots,x_n\})=\left\{\sum_{i=1}^n \lambda_i x_i \,\middle|\, 0<\lambda_i<1, i=1,2,\cdots,n, \sum_{i=1}^n \lambda_i=1\right\}$, 则 S 为开集凸 $S \subseteq \mathrm{Dom}\, f$. 从 f 的凸性知, f 在开集 S 上具有上界 $\max_{1\leqslant i\leqslant n} f(x_i)$. 由定理 1.2.1 知 f 在 $\mathrm{IntDom}\, f$ 上是局部 Lipschitz 函数. 证毕!

利用 Baire 定理还可以得到另一个推论.

推论 1.2.3　设 X 为 Hilbert 空间, $f:X \to \mathbf{R} \bigcup \{+\infty\}$ 为下半连续函数且 $\mathrm{IntDom}\, f \neq \varnothing$, 则 f 在 $\mathrm{IntDom}\, f$ 上是局部 Lipschitz 函数.

1.2.2　逼近定理

我们来考虑极小化问题

$$f_\lambda(x) := \min_{y\in X}\left[f(y) + \frac{1}{2\lambda}\|y-x\|^2 \right] \tag{1.2.7}$$

其中 X 为 Hilbert 空间, $\lambda>0$, $f:X \to \mathbf{R}\bigcup\{+\infty\}$.

定理 1.2.2　设 $f:X \to \mathbf{R}\bigcup\{+\infty\}$ 是严格的凸的下半连续函数, 则问题 (1.2.7) 有唯一解 $J_\lambda(x)$, 即

$$f_\lambda(x) = f(J_\lambda x) + \frac{1}{2\lambda}\|J_\lambda x-x\|^2$$

并且, $J_\lambda x$ 为式 (1.2.7) 的解, 当且仅当 $J_\lambda x$ 满足变分不等式

$$\forall y\in X, \quad \frac{1}{\lambda}(J_\lambda x-x, J_\lambda x-y) + f(J_\lambda x) - f(y) \leqslant 0 \tag{1.2.8}$$

证明　(a) 显然, 若 $f(x)\geqslant 0$, 则 $f_\lambda(x)\geqslant 0$. 最佳逼近定理就属于这种情况 (其中 $f=\psi_k$). 若 f 是非正的, 那么存在一个连续线性泛函 $p\in X^*$ 及 $a\in \mathbf{R}$ 使

$$\forall y\in X, \quad f(y) \geqslant \langle p,y\rangle + a \tag{1.2.9}$$

(可以用反证法证明此结论).

由 Cauchy-Schwarz 不等式, 知

$$\langle p, x-y\rangle \leqslant \frac{1}{\lambda}\|\lambda p\|\|x-y\| \leqslant \frac{\lambda}{2}\|p\|^2 + \frac{1}{2\lambda}\|y-x\|^2$$

从而

$$f(y) + \frac{1}{2\lambda}\|y-x\|^2 \geqslant \langle p,y-x\rangle + a + \langle p,x\rangle + \frac{1}{2\lambda}\|y-x\|^2 \geqslant a + \langle p,x\rangle - \frac{\lambda}{2}\|p\|^2$$

因此,

$$f_\lambda(x) \geqslant a + \langle p,x\rangle - \frac{\lambda}{2}\|p\|^2 > -\infty$$

(b) 往证 (1.2.7) 的解 $\bar{x}$ 满足:

$$\forall y \in X, \quad \frac{1}{\lambda}(\bar{x} - x, \bar{x} - y) + f(\bar{x}) - f(y) \leqslant 0 \tag{1.2.10}$$

$$\left(\text{这里 } f_\lambda(x) = f(\bar{x}) + \frac{1}{2\lambda} \| \bar{x} - x \|^2 \right).$$

取 $z = \bar{x} + \theta(y - \bar{x}) = \theta y + (1 - \theta)\bar{x}$, $\theta \in (0,1)$, 则

$$f(\bar{x}) + \frac{1}{2\lambda} \| \bar{x} - x \|^2 \leqslant f(\bar{x} + \theta(y - \bar{x})) + \frac{1}{2\lambda} \| \bar{x} + \theta(y - \bar{x}) - x \|^2$$

$$\leqslant (1 - \theta)f(\bar{x}) + \theta f(y) + \frac{1}{2\lambda}(\bar{x} - x, y - \bar{x}) + \frac{\theta^2}{2\lambda} \| y - \bar{x} \|^2$$

所以

$$f(\bar{x}) - f(y) + \frac{1}{\lambda}(\bar{x} - x, \bar{x} - y) \leqslant \frac{\theta}{2\lambda} \| y - \bar{x} \|^2$$

令 $\theta \to 0$, 即得 $f(\bar{x}) - f(y) + \frac{1}{\lambda}(\bar{x} - x, \bar{x} - y) \leqslant 0$.

(c) 反之, 设 $\bar{x}$ 满足式 (1.2.10). 注意到

$$\frac{1}{2} \| \bar{x} - x \|^2 - \frac{1}{2} \| y - x \|^2 \leqslant (\bar{x} - x, \bar{x} - y)$$

故有 $\forall y \in X$,

$$f(\bar{x}) + \frac{1}{2\lambda} \| \bar{x} - x \|^2 - f(y) - \frac{1}{2\lambda} \| y - x \|^2 \leqslant f(\bar{x}) - f(y) + \frac{1}{\lambda}(\bar{x} - x, \bar{x} - y) \leqslant 0$$

(d) 下证问题

$$\min_{y \in X} \left[f(y) + \frac{1}{2\lambda} \| y - x \|^2 \right]$$

解的存在性. 为此我们考虑极小化序列 $\{x_n\}_{n=1}^\infty$, 即满足:

$$f(x_n) + \frac{1}{2\lambda} \| x_n - x \|^2 \leqslant f_\lambda(x) + \frac{1}{n} \tag{1.2.11}$$

对此有 $\| x_n - x \|^2 \leqslant 2\lambda \left[f_\lambda(x) + \frac{1}{n} - f(x_n) \right]$.

由平行四边形公式, 有

$$2(\| x_n - x \|^2 + \| x_m - x \|^2) = \| x_n - x + x_m - x \|^2 + \| x_n - x - (x_m - x) \|^2$$

$$= \| x_n - x_m \|^2 + 4 \left\| \frac{x_n + x_m}{2} - x \right\|^2$$

即

$$\| x_n - x_m \|^2 = 2 \| x_n - x \|^2 + 2 \| x_m - x \|^2 - 4 \left\| \frac{x_n + x_m}{2} - x \right\|^2 \tag{1.2.12}$$

从而

$$\|x_n - x_m\|^2 \leqslant 4\lambda\left(\frac{1}{n} + \frac{1}{m} + 2f_\lambda(x) - f(x_m) - f(x_n)\right) + 8\lambda\left(f\left(\frac{x_n + x_m}{2}\right) - f_\lambda(x)\right)$$

$$= 4\lambda\left(\frac{1}{n} + \frac{1}{m} + 2f\left(\frac{x_n + x_m}{2}\right) - f(x_n) - f(x_m)\right)$$

$$\leqslant 4\lambda\left(\frac{1}{n} + \frac{1}{m}\right) \to 0 \quad (n, m \to \infty)$$

$\Bigg($ 这里应该注意, 由于 $f(y) + \dfrac{1}{2\lambda}\|y - x\|^2 \geqslant f_\lambda(x)$, 故

$$f\left(\frac{x_n + x_m}{2}\right) + \frac{1}{2\lambda}\left\|\frac{x_n + x_m}{2} - x\right\|^2 \geqslant f_\lambda(x)$$

即

$$\left\|\frac{x_n + x_m}{2} - x\right\|^2 \geqslant 2\lambda\left[f_\lambda(x) - f\left(\frac{x_n + x_m}{2}\right)\right]$$

即

$$-4\left\|\frac{x_n + x_m}{2} - x\right\|^2 \leqslant -8\lambda\left[f_\lambda(x) - f\left(\frac{x_n + x_m}{2}\right)\right]\Bigg)$$

所以, $\{x_n\}_{n=1}^\infty$ 为 X 中的 Cauchy 列. 由 X 的完备性, $\exists \bar{x} \in X$, 使 $x_n \to \bar{x}(n \to \infty)$. 再由 f 的下半连续性知,

$$f(\bar{x}) + \frac{1}{2\lambda}\|\bar{x} - x\|^2 \leqslant \liminf_{x_n \to x}\left(f(x_n) + \frac{1}{2\lambda}\|x_n - x\|^2\right) \leqslant f_\lambda(x)$$

从而

$$f_\lambda(x) = f(\bar{x}) + \frac{1}{2\lambda}\|\bar{x} - x\|^2$$

即 $\bar{x}$ 为 (1.2.7) 的解.

(e) 最后证 (1.2.7) 的解的唯一性. 设 $\bar{x}, \bar{y}$ 为 (1.2.7) 的两个解, 则由变分不等式 (1.2.8) 知

$$f(\bar{x}) - f(\bar{y}) + \frac{1}{\lambda}(\bar{x} - x, \bar{x} - \bar{y}) \leqslant 0$$

$$f(\bar{y}) - f(\bar{x}) + \frac{1}{\lambda}(\bar{y} - x, \bar{y} - \bar{x}) \leqslant 0$$

两式相加得 $\dfrac{1}{\lambda}\|\bar{x} - \bar{y}\|^2 \leqslant 0$, 即 $\bar{x} = \bar{y}$. 证毕!

注　映射 $J_\lambda: X \to X$, $x \to J_\lambda x$ 和 $I - J_\lambda: X \to X$, $x \to (I - J_\lambda)x = x - J_\lambda x$ 都是连续映射. 事实上, 我们有下面的命题.

命题 1.2.7 映射 J_λ 和 $I-J_\lambda$ 具有如下性质:

(i) $(J_\lambda x - J_\lambda y, x-y) \geqslant \|J_\lambda x - J_\lambda y\|^2$;

(ii) $((I-J_\lambda)x - (I-J_\lambda)y, x-y) \geqslant \|(I-J_\lambda)x - (I-J_\lambda)y\|^2$.

证明 由关于 $J_\lambda x$ 的变分不等式得

$$f(J_\lambda x) - f(J_\lambda y) + \frac{1}{\lambda}(J_\lambda x - x, J_\lambda x - J_\lambda y) \leqslant 0$$

交换 x 与 y 的位置又得

$$f(J_\lambda y) - f(J_\lambda x) + \frac{1}{\lambda}(J_\lambda y - y, J_\lambda y - J_\lambda x) \leqslant 0$$

两式相加得

$$(J_\lambda x - J_\lambda y - (x-y), J_\lambda x - J_\lambda y) \leqslant 0 \tag{1.2.13}$$

此即

$$\|J_\lambda x - J_\lambda y\|^2 \leqslant (J_\lambda x - J_\lambda y, x-y)$$

往证第二个不等式, 因为

$$\|x-y\|^2 = \|x - J_\lambda x - (y - J_\lambda y) + (J_\lambda x - J_\lambda y)\|^2$$
$$= \|(I-J_\lambda)x - (I-J_\lambda)y\|^2 + \|J_\lambda x - J_\lambda y\|^2 + 2((I-J_\lambda)x - (I-J_\lambda)y, J_\lambda x - J_\lambda y)$$

由式 (1.2.13), 有

$$\|x-y\|^2 \geqslant \|(I-J_\lambda)x - (I-J_\lambda)y\|^2 + \|J_\lambda x - J_\lambda y\|^2$$

所以

$$((I-J_\lambda)x - (I-J_\lambda)y, x-y) = (x - y - (J_\lambda x - J_\lambda y), x-y)$$
$$= (x-y, x-y) - (J_\lambda x - J_\lambda y, x-y)$$
$$\geqslant \|(I-J_\lambda)x - (I-J_\lambda)y\|^2 + \|J_\lambda x - J_\lambda y\|^2 - \|J_\lambda x - J_\lambda y\|^2$$
$$= \|(I-J_\lambda)x - (I-J_\lambda)y\|^2$$

此即第二个不等式. 证毕!

定理 1.2.3（最佳逼近定理） 设 K 是 Hilbert 空间 X 的闭凸子集, Jx 是极小化问题

$$\min_{y \in K} \|x-y\|$$

的唯一解（即 $\|x - Jx\| = d(x,K) = \inf_{y \in K} \|x-y\|$）的充要条件是:

(i) $Jx \in K$;

(ii) 满足变分不等式 $(Jx - x, Jx - y) \leqslant 0$.

证明 取 $f = \psi_k$ 为 K 的指示函数, 而由于 ψ_K 下半连续性及 $f_\lambda(x) = \frac{1}{2\lambda}d(x,K)^2$,

应用定理 1.2.2 即得. 证毕!

称 Jx_0 为 x_0 在 K 上的投影. 我们进一步研究这个极小化问题并看到:

(1) $\lim\limits_{\lambda \to 0} J_\lambda x = x$, 当 $x \in \mathrm{Dom}\, f$;

(2) $\lim\limits_{\lambda \to 0} f_\lambda x = f(x)$;

(3) $\lim\limits_{\lambda \to \infty} f_\lambda x = \inf\limits_{x \in X} f(x)$;

(4) f_λ 是凸的可微函数且 $\nabla f_\lambda(x) = \dfrac{x - J_\lambda x}{\lambda}$.

推论 1.2.4 设 M 是 Hilbert 空间 X 的闭线性子空间, 则 $\forall y \in X, \exists$ 唯一 $x_0 \in M$, 使得 $\| y - x_0 \| = \inf\limits_{x \in M} \| x - y \|$ (图 1.2.1).

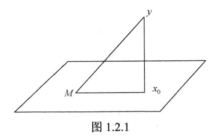

图 1.2.1

例 1.2.1(函数逼近) 在 $L^p[0, 2\pi]$ 空间中给定一个周期函数 f . 一个周期函数的逼近问题是: 给定了一组余弦函数 $\varphi_i(t) = \cos i\pi t \ (i = 1, 2, \cdots, n)$, 用 $\sum\limits_{i=1}^{n} \lambda_i \varphi_i(t)$ 去逼近, 则存在最佳逼近 $\sum\limits_{i=1}^{n} \lambda_i^* \varphi_i(t)$.

例 1.2.2(最小二乘法) 实际观测问题. 许多实际实验观测数据处理中, 已知量 y 与量 $x_1, x_2, \cdots, x_n$ 之间呈线性关系 $y = \sum\limits_{j=1}^{n} \lambda_j x_j$. 但事先这些线性系数 $\lambda_1, \lambda_2, \cdots, \lambda_n$ 是不知道的. 为了确定这些系数, 进行 m 次观测, 获得样本

$$y^{(i)}, x_1^{(i)}, x_2^{(i)}, \cdots, x_n^{(i)} \quad (i = 1, 2, \cdots, m)$$

如果观测数据绝对精确, 原则上只要观察 $m = n$ 次, 就可以用线性方程组解出系数 $\lambda_1, \lambda_2, \cdots, \lambda_n$. 但是, 在实际中, 任何观测都不可能没有误差, 因此为了尽量找准线性关系, 需要的观测次数 $m > n$. 于是方程的个数大于未知数的个数. 今按下述意义确定系数: 求 $\lambda_1, \lambda_2, \cdots, \lambda_n$, 使得

$$\max_{(\alpha_1, \alpha_2, \cdots, \alpha_n)} \sum_{i=1}^{m} \left| y^{(i)} - \sum_{j=1}^{n} \alpha_j x_j^{(i)} \right|^2 = \sum_{i=1}^{m} \left| y^{(i)} - \sum_{j=1}^{n} \lambda_j x_j^{(i)} \right|^2$$

这个问题可以看成在 $\mathbf{R}^m$ 中, 求 $y = (y^{(1)}, y^{(2)}, \cdots, y^{(m)})$ 在线性子空间 $M = \mathrm{span}\{x_1, x_2, \cdots, x_n\}$ (其中, $x_j = (x_j^{(1)}, x_j^{(2)}, \cdots, x_j^{(m)}), j = 1, 2, \cdots, n$)的最佳逼近.

1.2.3 分离定理

在本节中, 我们用最佳逼近定理导出一些有用的结论, 如分离定理.

定理 1.2.4(分离定理) 设 X 为 Hilbert 空间, K 为 X 的非空闭凸子集, $x_0 \notin K$, 则存在连续线性泛函 $p \in X^*$ 及 $\varepsilon > 0$ 使

$$\sup_{y \in K}\langle p, y\rangle \leqslant \langle p, x_0\rangle - \varepsilon \tag{1.2.14}$$

证明 设 Jx_0 为 x_0 在 K 上的投影, 则 Jx_0 满足变分不等式

$$\langle Jx_0 - x_0, Jx_0 - y\rangle \leqslant 0, \quad \forall y \in K$$

由此导出

$$0 \geqslant (Jx_0 - x_0, Jx_0 - y) = (Jx_0 - x_0, Jx_0 - x_0 + x_0 - y) = \| Jx_0 - x_0 \|^2 + (Jx_0 - x_0, x_0 - y)$$

即

$$\| Jx_0 - x_0 \|^2 \leqslant (x_0 - Jx_0, x_0 - y), \quad \forall y \in K$$

由于 $x_0 \notin K$, 故 $\| Jx_0 - x_0 \|^2 > 0$, 现取

$$\langle p, x\rangle := (x_0 - Jx_0, x), \quad \varepsilon = \| Jx_0 - x_0 \|^2$$

则 $\forall y \in K$

$$\varepsilon \geqslant \langle p, x_0 - y\rangle = (Jx_0 - x_0, y - x_0) = -\langle p, y\rangle + \langle p, x_0\rangle$$

即 $\sup_{y \in K}\langle p, y\rangle \leqslant \langle p, x_0\rangle - \varepsilon$ (图 1.2.2). 证毕!

注 令 $a := \langle p, x_0\rangle - \sup_{y \in K}\langle p, y\rangle$, $b = \langle p, x_0\rangle - \dfrac{a}{2} =$

$\sup_{y \in K}\langle p, y\rangle + \dfrac{a}{2}$, 则超平面

$$H = \{x \in X \mid \langle p, x\rangle = b\}$$

分离 x_0 与 K. 这是因为

$$\langle p, x_0\rangle > b \text{ 且 } \langle p, y\rangle \leqslant b \quad (\forall y \in K)$$

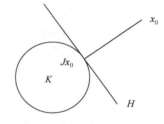

图 1.2.2

若 X 是有限维空间, 则不需要 K 闭也有类似结论, 此即弱分离定理, 这个定理是很有用的, 因为证明 K 闭通常较难.

定理 1.2.5(弱分离定理) 设 K 为有限维 Hilbert 空间 X 的非空凸子集, $x_0 \notin K$, 则 $\exists p \in X^*$ 使

$$p \neq 0 \quad \text{且} \quad \sup_{y \in K}\langle p, y\rangle \leqslant \langle p, x_0\rangle \tag{1.2.15}$$

证明 设 K 不是闭集, 显然 K 中有限个点的凸包是闭凸集, 从而可与 x_0 分离. $\forall x \in K$, 令

$$F_x = \{p \in X^* \mid p(x) \leqslant p(x_0), \| p \| = 1\} \tag{1.2.16}$$

我们注意到 $\bigcap\limits_{x\in K} F_x$ 中的 p 即符合 (1.2.15). 往证 $\bigcap\limits_{x\in K} Fx$ 不空.

由于 X 是有限维空间, 故 X^* 也是有限维空间, 从而 X^* 的单位球面 $S^* := \left\{ p \in X^* \mid \| p \|_* = 1 \right\}$ 是紧集.

(a) 显然 F_x 为闭集.

(b) 任取 $x_1, \cdots, x_n \in K$, 可知 $\bigcap\limits_{i=1}^{n} F_{x_i} \neq \varnothing$. 事实上, 考虑 $x_1, \cdots, x_n$ 的凸组合 $M := \left\{ \sum\limits_{i=1}^{n} \lambda_i x_i \,\Big|\, \lambda_i \geqslant 0, \sum\limits_{i=1}^{n} \lambda_i = 1 \right\}$, 由 K 的凸性知 $M \subseteq K$ 且 $x_0 \notin M$. 而 M 闭凸, 用分离定理可知存在 $p \in X^*$ 使 $\sup\limits_{y\in M}\langle p, y \rangle < \langle p, x_0 \rangle$. 而 $x_i \in M$, 故 $\langle p, x_i \rangle \leqslant \langle p, x_0 \rangle$, 所以 $p \in F_{x_i}$ ($i = 1, 2, \cdots, n$), 即 $\bigcap\limits_{x\in K} F_x$ 中有限交不空.

下面用反正法证明 $\bigcap\limits_{x\in K} F_x \neq \varnothing$. 倘若 $\bigcap\limits_{x\in K} F_x = \varnothing$, 则 $\bigcup\limits_{x\in K} F_x^c = X^*$, 即 $S^* \subset \bigcup\limits_{x\in K} F_x^c$.

由 S^* 紧知, 存在有限个 $x_1, \cdots, x_n$, 使 $S^* \subset \bigcup\limits_{i=1}^{n} F_{x_i}^c$, 又

$$F_x' = \left\{ p \in X^* \mid \| p \|_* = 1, \langle p, x \rangle > \langle p, x_0 \rangle \right\} \subseteq F_x^c$$

故 $S^* = \bigcup\limits_{i=1}^{n} F_x'$, 从而有 $\bigcup\limits_{i=1}^{n} F_{x_i} = S - \bigcup\limits_{i=1}^{n} F_{x_i}' = \varnothing$, 矛盾. 证毕!

下面我们将证明两个凸集的可分离性.

设 X 是 Hilbert 空间, $M, N \subseteq X$, 记 $M - N := \left\{ x - y \mid x \in M, y \in N \right\}$, 则 $M \bigcap N = \varnothing \Leftrightarrow \theta \notin M - N$.

注意到

$$\sup_{z \in M-N} \langle p, z \rangle = \sup_{x \in M}\langle p, x \rangle - \inf_{y \in Z}\langle p, y \rangle$$

立即得到下列推论.

推论 1.2.5 设 X 是 Hilbert 空间, M, N 为 X 的非空不交子集.

(a) 若 $M - N$ 为闭凸集, 则存在 $p \in X^*$ 及 $\varepsilon > 0$ 使

$$\sup_{x \in M}\langle p, x \rangle \leqslant \inf_{y \in N}\langle p, y \rangle - \varepsilon \tag{1.2.17}$$

(b) 若 X 为有限维空间且 $M - N$ 为凸集, 则存在 $p \in X^*$ 使

$$p \neq 0 \quad \text{且} \quad \sup_{x \in M}\langle p, x \rangle \leqslant \inf_{y \in N}\langle p, y \rangle \tag{1.2.18}$$

证明 只需对 θ 和 $M - N$ 应用分离定理即可. 证毕!

下面我们给出分离定理的一个重要应用, 即著名的 Kuhn-Tucker 定理.

设 X 是 Hilbert 空间, C 是 X 的凸子集, $f, g_1, g_2, \cdots, g_n$ 是定义在 C 上的严格的凸函数. 考虑下列条件极小化问题

$$\min_{x\in C, g_i(x)\leqslant 0,\forall i} f(x), \quad 即 \quad \min_{x\in C}\left\{f(x)\big|g_i(x)\leqslant 0, i=1,2,\cdots,n\right\} \tag{1.2.19}$$

其中 $g_i(x)\leqslant 0(i=1,2,\cdots,n)$ 成为约束条件. 由于可行解集 $D=\left\{x\in C\big|g_i(x)\leqslant 0, i=1,2,\cdots,n\right\}$ 是凸集, 目标函数也是凸的, 故称此类问题为凸规划. 我们知道, 在多元微分学中, 可以借助 Lagrange 乘子法, 把条件吸收进来成为无条件极小化问题. 现在我们也希望这样做, 即寻求条件来确定参数 $\lambda_1^*, \lambda_2^*, \cdots, \lambda_n^*$, 使得: 若 x_0 是问题 (1.2.19) 的解, 则

$$f(x_0)+\sum_{i=1}^n \lambda_i^* g_i(x_0)=\min_{x\in C}\left\{f(x)+\sum_{i=1}^n \lambda_i^* g_i(x)\right\} \tag{1.2.20}$$

即 x_0 是问题

$$\min_{x\in C}\left\{F(x)=f(x)+\sum_{i=1}^n \lambda_i^* g_i(x)\right\} \tag{1.2.21}$$

的解.

实际上, 式 (1.2.20) 等价于不等式组

$$\forall x\in C, \forall \lambda\in \mathbf{R}^n, \quad f(x_0)+\sum_{i=1}^n \lambda_i^* g_i(x_0)\leqslant f(x)+\sum_{i=1}^n \lambda_i^* g_i(x) \tag{1.2.22}$$

当 $\lambda_0^*>0$ 时, 不等式组 (1.2.21) 等价于

$$\forall x\in C, \quad \lambda_0^* f(x_0)+\sum_{i=1}^n \lambda_i^* g_i(x_0)\leqslant \lambda_0^* f(x)+\sum_{i=1}^n \lambda_i^* g_i(x) \tag{1.2.23}$$

定义 $\mathbf{R}^{n+1}$ 中两个集合

$$E:=\left\{(t_0,t_1,t_2,\cdots,t_n)\big|t_0<f(x_0),t_i<0,i=1,2,\cdots,n\right\}$$

$$F:=\left\{(t_0,t_1,t_2,\cdots,t_n)\big|\exists x\in C, t_0\geqslant f(x), t_i\geqslant g_i(x)\geqslant 0, i=1,2,\cdots,n\right\}$$

显然, E,F 为凸集且 $E\bigcap F=\varnothing$. 应用凸集分离定理, 存在 $\mathbf{R}^{n+1}$ 上的线性函数

$$p\neq \theta^*: p(t)=\lambda_0^* t_0+\lambda_1^* t_1+\cdots+\lambda_n^* t_n, \quad (\lambda_0^*,\lambda_1^*,\cdots,\lambda_n^*)\neq 0$$

分离 E,F. 因 $\forall x\in C,\forall \xi_i\geqslant 0(i=0,1,2,\cdots,n)$, $(f(x_0),g_1(x_0),g_2(x_0),\cdots,g_n(x_0))\in E$, 而 $(f(x)+\xi_0,g_1(x)+\xi_1,g_2(x)+\xi_2,\cdots,g_n(x)+\xi_n)\in F$, 所以

$$\lambda_0^* f(x_0)+\sum_{i=1}^n \lambda_i^* g_i(x_0)\leqslant \sup_{x\in E}[\lambda_0^* t_0+\lambda_1^* t_1+\cdots+\lambda_n^* t_n]\leqslant \inf_{y\in F}[\lambda_0^* t_0+\lambda_1^* t_1+\cdots+\lambda_n^* t_n]$$

$$\leqslant \lambda_0^*(f(x)+\xi_0)+\sum_{i=1}^n \lambda_i^*(g_i(x)+\xi_i)$$

将 $x=x_0$ 代入上式, 得对 $\forall \xi_i\geqslant 0\ (i=0,1,2,\cdots,n)$, 有 $\sum_{i=0}^n \lambda_i^* \xi_i\geqslant 0$. 故得 $\lambda_i^*\geqslant 0$ $(i=0,1,2,\cdots,n)$.

另外, $(f(x_0),0,0,\cdots,0)\in E$, $(f(x_0),g_1(x_0),g_2(x_0),\cdots,g_n(x_0))\in E$, 再取 $\xi_i=0(i=0,1,2,\cdots,n)$ 得

$$\lambda_0^* f(x_0) \leqslant \lambda_0^* f(x_0) + \sum_{i=1}^{n} \lambda_i^* g_i(x_0), \quad 即 \quad \sum_{i=1}^{n} \lambda_i^* g_i(x_0) \geqslant 0$$

由假设 $g_i(x_0) \leqslant 0 \ (i=1,2,\cdots,n)$ 及 $\lambda_i^* \geqslant 0 (i=0,1,2,\cdots,n)$, 得 $\lambda_i^* g_i(x_0) = 0 (i=1,2,\cdots,n)$. 即

$$g_i(x_0) < 0 \Rightarrow \lambda_i^* = 0$$

也就是说, 使 $g_i(x_0) < 0$ 的第 i 个约束条件实际不起作用.

最后, 若存在 $\hat{x} \in C$, 使 $g_i(\hat{x}) < 0 (i=1,2,\cdots,n)$, 则不等式 (1.2.23) 中的 λ_0^* 满足 $\lambda_0^* > 0$. 事实上, 倘若 $\lambda_0^* = 0$, 则 $\sum_{i=1}^{n} \lambda_i^* g_i(\hat{x}) \geqslant 0$. 因为 $(\lambda_0^*, \lambda_1^*, \cdots, \lambda_n^*) \neq 0$, 所以 $(\lambda_1^*, \cdots, \lambda_n^*) \neq 0$. 即存在 i_0 使 $g_{i_0}(\hat{x}) = 0$. 矛盾!

综上所述, 我们得到如下定理.

定理 1.2.6(Kuhn-Tucker) 设 X 是 Hilbert 空间, C 是 X 的凸子集, $f, g_1, g_2, \cdots, g_n$ 是定义在 C 上的严格的凸函数, 且若存在 $\hat{x} \in C$, 使 $g_i(\hat{x}) < 0 (i=1,2,\cdots,n)$. 那么条件极小化问题 (1.2.19) 的解 x_0 的必要条件是: 存在非负实数 $\lambda_1^*, \cdots, \lambda_n^*$ 使

$$f(x_0) = \min_{x \in C} \left\{ f(x) + \sum_{i=1}^{n} \lambda_i^* g_i(x) \right\}$$

且 $\lambda_i^* g_i(x_0) = 0 \ (i=1,2,\cdots,n)$.

1.2.4 单位分解定理

下面介绍单位分解定理.

定义 1.2.4 设 X 是 Hilbert 空间, $f: X \to \mathbf{R}$ 为连续实函数, 若 $S \subseteq X$ 为满足

$$x \notin S \Rightarrow f(x) = 0$$

的最小闭集, 则称 S 为 f 的支撑集, 记为 $\mathrm{supp}(f)$.

显然, 若 $f(x) \neq 0$, 则 $x \in \mathrm{supp}(f)$.

定义 1.2.5 设 X 是 Hilbert 空间, $\{A_i\}_{i=1}^{n}$ 为 X 的有限开覆盖, $f_i: X \to [0,1]$ $(i=1,2,\cdots,n)$ 为满足:

(1) $\forall x \in X, \sum_{i=1}^{n} f_i(x) = 1$;

(2) $\mathrm{supp}(f_i) \subset A_i, i=1,2,\cdots,n$

的连续实函数, 则称 $\{f_i\}_{i=1}^{n}$ 为开覆盖 $\{A_i\}_{i=1}^{n}$ 的单位分解.

命题 1.2.8 设 X 是 Hilbert 空间, $M, N \subseteq X$, M 和 N 为非空、不相交的闭集. 那么存在连续函数 $g: X \to [0,1]$, 使得

$$\forall x \in M, \quad g(x) = 0; \quad \forall x \in N, \quad g(x) = 1$$

证明　由于 M 和 N 为非空、不相交的闭集, 故 $d(x, M) + d(x, N) > 0$. 定义

$$g(x) := \frac{d(x, M)}{d(x, M) + d(x, N)}$$

为 X 到 $[0,1]$ 的连续函数, 且满足:

$$\forall x \in M, \quad g(x) = 0; \quad \forall x \in N, \quad g(x) = 1$$

证毕!

命题 1.2.9　设 X 是 Hilbert 空间, $A, B \subseteq X$, A 和 B 为 X 的开覆盖, 即 $X = A \bigcup B$. 那么存在开集 W 使

$$\overline{W} \subseteq A \quad 且 \quad X = W \bigcup B$$

证明　若 $A = X$, 则取 $W = E$. 若 $B = X$, 则取 $W = \varnothing$. 设 $A \neq X$ 且 $B \neq X$. 那么

$$A^c \bigcap B^c = (A \bigcup B)^c = X^c = \varnothing$$

即 A^c, B^c 为不相交闭集. 由命题 1.2.8 知, 存在连续函数 $g: X \to [0,1]$, 使得

$$\forall x \in A^c, \quad g(x) = 0; \quad \forall x \in B^c, \quad g(x) = 1$$

取 $W := \{x \in X \mid g(x) > 1/2\}$, 则 W 为开集, 且

$$(\overline{W})^c = \{x \in X \mid g(x) \geqslant 1/2\}^c = \{x \in X \mid g(x) < 1/2\} \supseteq A^c$$

故 $\overline{W} \subseteq A$. 若 $x \notin B$, 则 $g(x) = 1$, 有 $x \in W$. 所以, $X = W \bigcup B$. 证毕!

命题 1.2.10　设 X 是 Hilbert 空间, $\{A_i\}_{i=1}^n$ 为 X 的有限开覆盖, 则存在 X 的有限开覆盖 $\{W_i\}_{i=1}^n$ 满足:

$$\overline{W_i} \subseteq A_i, \quad i = 1, 2, \cdots, n$$

证明　当 $m = 1$ 时, 存在开集 W_1 使

$$\overline{W_1} \subseteq A_1 \quad 且 \quad X = W_1 \bigcup B_1 = W_1 \bigcup \left(\bigcup_{i=2}^n A_i \right)$$

假设当 $m = k - 1$, 存在开集 $\{W_i\}_{i=1}^{k-1}$ 使

$$\overline{W_i} \subseteq A_i, \quad i = 1, 2, \cdots, k-1, \quad 且 \quad X = \left(\bigcup_{i=1}^{k-1} W_i \right) \bigcup \left(\bigcup_{i=k}^n A_i \right)$$

当 $m = k$ 时, 取

$$B_k = \left(\bigcup_{i=1}^{k-1} W_i \right) \bigcup \left(\bigcup_{i=k+1}^n A_i \right)$$

则 $X = A_k \bigcup B_k$. 从而存在开集 W_k 使

$$\overline{W_k} \subseteq A_k \quad 且 \quad X = W_k \bigcup B_k$$

因此, 我们有 k 个开集 $\{W_i\}_{i=1}^k$, 使

$$\overline{W_i} \subseteq A_i, \quad i=1,2,\cdots,k, \quad \text{且} \quad X = \left(\bigcup_{i=1}^{k} W_i \right) \cup \left(\bigcup_{i=k+1}^{n} A_i \right)$$

由数学归纳法, 存在 X 的有限开覆盖 $\{W_i\}_{i=1}^{n}$ 满足:

$$\overline{W_i} \subseteq A_i, \quad i=1,2,\cdots,n$$

证毕!

定理 1.2.7(单位分解定理)　设 X 是 Hilbert 空间, $\{A_i\}_{i=1}^{n}$ 是 X 的有限开覆盖, 则存在连续函数族 $\{g_i\}_{i=1}^{n}$ 为开覆盖 $\{A_i\}_{i=1}^{n}$ 的单位分解.

证明　由于 $\{A_i\}_{i=1}^{n}$ 为 X 的有限开覆盖, 由命题 1.2.10 知, 存在 X 的有限开覆盖 $\{W_i\}_{i=1}^{n}$ 满足

$$\overline{W_i} \subseteq A_i, \quad i=1,2,\cdots,n, \quad \bigcup_{i=1}^{n} W_i = X$$

由于 $\bigcap_{i=1}^{n} W_i^c = \left(\bigcup_{i=1}^{n} W_i \right)^c = X^c = \varnothing$, 所以

$$\sum_{i=1}^{n} d(x, W_i^c) > 0, \quad \forall x \in X$$

定义

$$g_i(x) := \frac{d(x, W_i^c)}{\sum\limits_{k=1}^{n} d(x, W_k^c)}, \quad i=1,2,\cdots,n$$

则有

$$\forall x \in X, \quad 0 \leqslant g_i(x) \leqslant 1, \quad i=1,2,\cdots,n, \quad \sum_{i=1}^{n} g_i(x) = 1$$

由于 W_i^c 为闭集, 故 $\forall x \notin W_i^c, g_i(x) > 0$, 即 $\forall x \in W_i, g_i(x) > 0$. 所以 $\mathrm{supp}(g_i) \subseteq W_i \subseteq \overline{W_i}$. 证毕!

应该注意到, 单位分解定理在一般的距离空间中也是对的.

1.3　共轭函数与凸极小化问题

1.3.1　Hilbert 空间上的凸下半连续函数的特征

1949 年丹麦数学家 Fenchel 引入了共轭函数的概念, 并证明了著名的 Fenchel 定理.

定义 1.3.1　设 X 是 Hilbert 空间, $f: X \to \mathbf{R} \cup \{+\infty\}$ 是严格的广义实值函数,

定义 $f^*: X^* \to \mathbf{R} \cup \{+\infty\}$,如

$$\forall p \in X^*, \quad f^*(p) = \sup_{x \in X}[\langle p,x \rangle - f(x)] \tag{1.3.1}$$

称 f^* 为 f 的共轭函数. 再定义 f^{**} 如下:

$$f^{**}: X \to \mathbf{R} \cup \{+\infty\}, \quad \forall x \in X, \quad f^{**}(x) = \sup_{p \in X^*}[\langle p,x \rangle - f^*(p)]$$

则称 f^{**} 是 f 的二次共轭函数.

注意到: (1) Fenchel 不等式: $\forall x \in X, \forall p \in X^*, \langle p,x \rangle \leqslant f(x) + f^*(p)$;

(2) $\forall x \in X, f^{**}(x) \leqslant f(x)$.

如图 1.3.1 所示, 共轭函数有一个经济上的解释: 将 X 视为商品的组合空间, X^* 为价格空间(其上的每一个元素对应于一个线性连续函数), f 可视为成本函数, 则 $\langle p,x \rangle - f(x)$ 为利润函数, 而共轭函数就是最大利润函数, 它将每一个价格下最大利润显示出来.

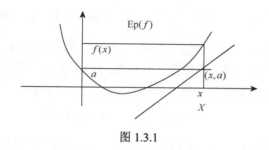

图 1.3.1

定理 1.3.1　设 X 为 Hilbert 空间, $f: X \to \mathbf{R} \cup \{+\infty\}$ 是严格的, 则 $f = f^{**}$ 当且仅当 f 是凸的下半连续函数(此时 f^* 也是严格的).

证明　必要性: 设 $f = f^{**}$, 则

$$f(x) = \sup_{p \in X^*}[\langle p,x \rangle - f^*(x)]$$

又 $g_p(x) = \langle p,x \rangle - f^*(p)$ 为凸的下半连续函数, 而 f 为 $\{g_p(x)\}_{p \in X^*}$ 的包络, 故 f 是凸的下半连续函数.

充分性: 设 f 为凸的下半连续函数, $a \in \mathbf{R}, a < f(x)$, 则 $(x,a) \notin \mathrm{Ep}(f)$, 由于 f 为凸的下半连续函数, 故 $\mathrm{Ep}(f)$ 为 $X \times \mathbf{R}$ 中的闭凸集, 而 $X \times \mathbf{R}$ 中定义 $((x,a),(y,b)) = (x,y) + ab$ 也成为 Hilbert 空间, 在 $X \times \mathbf{R}$ 中对 (x,a) 和 $\mathrm{Ep}(f)$ 使用凸集分离定理知, 存在 $(p,b) \in X^* \times \mathbf{R} = (X \times \mathbf{R})^*$, 使

$$\forall y \in \mathrm{Dom} f, \forall \lambda \geqslant f(y), \quad \langle (p,b),(y,\lambda) \rangle = \langle p,y \rangle - b\lambda \leqslant \langle p,x \rangle - ba - \varepsilon \tag{1.3.2}$$

注意到 $b \geqslant 0$. 事实上, 若 $b < 0$, 则取 $y \in \mathrm{Dom} f, \lambda = f(y) + \mu$, 我们有

$$-b\mu \leqslant \langle p, x-y \rangle + b(f(y)-a) - \varepsilon < +\infty$$

令 $\mu \to +\infty$, 得出矛盾.

若 $b>0$, 则可证 $a < f^{**}(x)$. 事实上, 用 b 除不等式 (1.3.2), 并记 $\overline{p} = \dfrac{p}{b}$,

$\lambda = f(y)$, 得

$$\forall y \in \mathrm{Dom}f, \quad \langle \overline{p}, y \rangle - f(y) \leqslant \langle \overline{p}, x \rangle - a - \frac{\varepsilon}{b}$$

对变量 y 取上确界, 得 $f^*(\overline{p}) < \langle \overline{p}, x \rangle - a$. 这意味着

(1) $\overline{p} \in \mathrm{Dom}f^*$;

(2) $a < \langle \overline{p}, x \rangle - f^*(p) \leqslant f^{**}(x)$.

往证 $f = f^{**}$.

情形 I : $x \in \mathrm{Dom}f$, 此时 $b>0$. 事实上, 在不等式 (1.3.2) 中, 取 $y=x, \lambda = f(x)$,

即得 $b \geqslant \dfrac{\varepsilon}{f(x)-a} > 0$. 再从上面得结论知, 存在 $\overline{p} \in \mathrm{Dom}f^*$, 使对 $\forall a < f(x)$, 有

$a \leqslant f^{**}(x) \leqslant f(x)$ (Fenchel 不等式). 令 $a \to f(x)^-$, 即得 $f^{**}(x) = f(x)$.

情形 II : $f(x) = +\infty$. 设 a 是任意大的正数, 有 $a < f(x)$. 若式 (1.3.2) 中 $b>0$, 则

如前所述, $a \leqslant f^{**}(x)$. 若式 (1.3.2) 中 $b=0$, 则由式 (1.3.2) 知

$$\forall y \in \mathrm{Dom}f, \quad \langle p, y-x \rangle + \varepsilon \leqslant 0 \tag{1.3.3}$$

因为对一切 $y \in \mathrm{Dom}f, \langle p, y-x \rangle - f(x) < \langle p, x \rangle + \varepsilon$, 故 $f^*(p) < +\infty$, 即 $p \in \mathrm{Dom}f^*$.

所以 $\mathrm{Dom}f^* \neq \varnothing$. 取 $\overline{p} \in \mathrm{Dom}f^*$, 由 Fenchel 不等式得

$$\langle \overline{p}, y \rangle - f^*(\overline{p}) - f(y) \leqslant 0 \tag{1.3.4}$$

(注: 前面的分离定理用了这一结论). 令 $\mu > 0$, 用 μ 乘 (1.3.3) 加到式 (1.3.4), 可得

$$\langle \overline{p} + \mu p, y \rangle - f(y) \leqslant f^*(\overline{p}) + \mu \langle p, x \rangle - \mu\varepsilon$$

对 y 取上确界得

$$f^*(\overline{p} + \mu p) \leqslant f^*(\overline{p}) + \mu \langle p, x \rangle - \mu\varepsilon$$

亦即

$$\langle \overline{p}, x \rangle + \mu\varepsilon - f^*(\overline{p}) \leqslant \langle \overline{p} + \mu p, x \rangle - f^*(\overline{p} + \mu p) \leqslant f^{**}(x)$$

令 $\mu = \dfrac{a + f^*(\overline{p}) - \langle \overline{p}, x \rangle}{\varepsilon} > 0$ (因 a 为任意大的正数, 而 $f^*(\overline{p}) - \langle \overline{p}, x \rangle$ 有限, 故 $\mu > 0$,

满足要求), 从而, $a \leqslant f^{**}(x)$, 由 a 的任意性知, $f^{**}(x) = +\infty$.

综上所述, $f(x) = f^{**}(x)$. 证毕!

1.3.2 Fenchel 定理

Fenchel 对偶定理和前面所讲的逼近定理、凸集分离定理构成了凸分析的基本框架.

设 X,Y 为 Hilbert 空间, $A \in L(X,Y), f: X \to \mathbf{R} \cup \{+\infty\}, g: Y \to \mathbf{R} \cup \{+\infty\}$, 我们将研究极小化问题:

$$\min_{x \in X}\{f(x) + g(Ax)\} \qquad (1.3.5)$$

注意到, 只有当 $\theta \in A\mathrm{Dom}f - \mathrm{Dom}g$ 时, 极小化问题的目标函数 $f + g \circ A$ 才是严格的. 此时, $v = \inf_{x \in X}[f(x) + g(Ax)] < +\infty$.

引入 (1.3.5) 的对偶问题:

$$\min_{q \in Y^*}\{f^*(-A^*q) + g^*(q)\} \qquad (1.3.6)$$

其中 $A: X \to Y$, $A^*: Y^* \to X^*$, $q \to A^*q$ $((A^*q)(x) = q(Ax))$, f^* 是 f 的共轭函数, g^* 是 g 的共轭函数.

因为只有当 $\theta^* \in A^*\mathrm{Dom}g^* + \mathrm{Dom}f^*$ 时, (1.3.6) 的目标值为有限, 故这里只考虑这种情形.

记 $v = \inf_{x \in X}[f(x) + g(Ax)], v_* = \inf_{q \in Y^*}[f^*(-A^*q) + g^*(q)]$, 由 Fenchel 不等式知

$$f(x) + g(Ax) + f^*(-A^*q) + g^*(q) \geq \langle -A^*q, x \rangle + \langle q, Ax \rangle = 0$$

所以

$$v + v_* \geq 0 \qquad (1.3.7)$$

另外, 由基本假设

$$\theta \in A\mathrm{Dom}f - \mathrm{Dom}g, \quad \theta^* \in A^*\mathrm{Dom}g^* + \mathrm{Dom}f^*$$

可知 v 和 v_* 是有限数.

只要将 $\theta \in A\mathrm{Dom}f - \mathrm{Dom}g$ 稍加强, 就可证明 $v + v_* = 0$, 这便是如下定理.

定理 1.3.2(Fenchel) 设 X,Y 为实的 Hilbert 空间, $A \in L(X,Y), f: X \to \mathbf{R} \cup \{+\infty\}$, $g: Y \to \mathbf{R} \cup \{+\infty\}$ 是严格的、凸的下半连续函数且

$$\theta \in A\mathrm{Dom}f - \mathrm{Dom}g, \quad \theta^* \in A^*\mathrm{Dom}g^* + \mathrm{Dom}f^*$$

若 $\theta \in \mathrm{Int}(A\mathrm{Dom}f - \mathrm{Dom}g)$, 则

(1) $v + v_* = 0$;

(2) $\exists \overline{q} \in Y^*$, 使 $f^*(-A^*\overline{q}) + g^*(\overline{q}) = v_*$.

若 $\theta^* \in \mathrm{Int}(A^*\mathrm{Dom}g^* + \mathrm{Dom}f^*)$, 则

(1) $v + v_* = 0$;

(2) $\exists \overline{x} \in X$, 使 $f(\overline{x}) + g(A\overline{x}) = v$.

证明　(a) 若 Y 是有限维的空间, 定义映射:

$$\varphi: \mathrm{Dom}f \times \mathrm{Dom}g \to Y \times \mathbf{R}; \quad (x,y) \mapsto \varphi(x,y) = (Ax - y, f(x) + g(y)) \qquad (1.3.8)$$

考虑到

(i) $(\theta, v) \in Y \times \mathbf{R}$;

(ii) 锥 $Q = \{\theta\} \times (0, +\infty) \subset Y \times \mathbf{R}$. (所谓 M 是以 x_0 为顶点的锥是指 $\forall x \in M$, $\lambda > 0$, $x_0 + \lambda(x - x_0) \in M$, 不指定顶点时, 是指以零点为顶点.)

根据命题 1.2.6 及 A 的线性性和 f 与 g 的凸性, 知 $\varphi(\mathrm{Dom}f \times \mathrm{Dom}g) + Q$ 是 $Y \times \mathbf{R}$ 中的凸子集.

现证明 $(\theta, v) \notin \phi(\mathrm{Dom}f \times \mathrm{Dom}g) + Q$. 若 $(\theta, v) \in \phi(\mathrm{Dom}f \times \mathrm{Dom}g) + Q$, 则存在 $x \in \mathrm{Dom}f$ 和 $y \in \mathrm{Dom}g$, 使

$$Ax - y = \theta \quad 且 \quad v > f(x) + g(y) = f(x) + g(Ax)$$

这是不可能的!

由于 Y 是有限维空间, 按弱分离定理知, 存在 $(p, a) \in Y^* \times \mathbf{R}$, 使

(i) $(p, a) \neq 0$;

(ii)

$$av = \langle (p,a), (\theta, v) \rangle \leqslant \inf_{x \in \mathrm{Dom}f, y \in \mathrm{Dom}g} [a(f(x) + g(y)) + \langle p, Ax - y \rangle] + \inf_{\lambda > 0} \lambda a \qquad (1.3.9)$$

因 $\inf\limits_{x \in \mathrm{Dom}f, y \in \mathrm{Dom}g} [a(f(x) + g(y)) + \langle p, Ax - y \rangle]$ 是有限数, 故由 (ii) 得 $\inf\limits_{\lambda > 0} \lambda a > -\infty$, 从而, $a \geqslant 0$ (否则, 令 $\lambda \to +\infty$, 即得 $\inf\limits_{\lambda > 0} \lambda a > -\infty$).

又倘若 $a = 0$, 则由 (ii) 知 $0 \leqslant \inf\limits_{x \in \mathrm{Dom}f, y \in \mathrm{Dom}g} \langle p, Ax - y \rangle = \inf\limits_{z \in A\mathrm{Dom}f - \mathrm{Dom}g} \langle p, z \rangle$, 而由条件 $\theta \in \mathrm{Int}(A\mathrm{Dom}f - \mathrm{Dom}g)$, $\exists B(\theta, \eta) \subseteq A\mathrm{Dom}f - \mathrm{Dom}g$, 从而 $0 \leqslant \inf\limits_{x \in \mathrm{Dom}f, y \in \mathrm{Dom}g} \langle p, z \rangle \leqslant \inf\limits_{z \in B(\theta, \eta)} \langle p, z \rangle \leqslant -\eta\|p\|$, 故 $p = \theta^*$. 矛盾!

因此 $a > 0$. 用 a 除 (1.3.9) 且取 $\bar{p} = \dfrac{p}{a}$, 得

$$
\begin{aligned}
v &\leqslant \inf_{x \in \mathrm{Dom}f, y \in \mathrm{Dom}g} [f(x) + g(y) + \langle \bar{p}, Ax - y \rangle] \\
&= \inf_{x \in \mathrm{Dom}f, y \in \mathrm{Dom}g} [\langle A^*\bar{p}, x \rangle - \langle \bar{p}, y \rangle + f(x) + f(y)] \\
&= -\sup_{x \in \mathrm{Dom}f, y \in \mathrm{Dom}g} [\langle -A^*\bar{p}, x \rangle + \langle \bar{p}, y \rangle - f(x) - g(y)] \\
&= -\sup_{x \in \mathrm{Dom}f, y \in \mathrm{Dom}g} [\langle -A^*\bar{p}, x \rangle - f(x)] - \sup_{y \in \mathrm{Dom}g} [\langle \bar{p}, y \rangle - g(y)] \\
&= -\sup_{x \in X} [\langle -A^*\bar{p}, x \rangle - f(x)] - \sup_{y \in Y} [\langle \bar{p}, y \rangle - g(y)] \\
&= -f^*(\bar{p}) - g^*(\bar{p})
\end{aligned}
$$

即 $f^*(\bar{p}) + g^*(\bar{p}) \leqslant -v$, 故 $v_* \leqslant v$.

另一方面, 前面已证明 $v_* \geqslant -v$, 所以 $v_* = -v$. 故

$$-v = -\inf_{x \in X}[f(x) + g(Ax)] = \sup_{x \in X}[-f(x) - g(Ax)] = f^*(-A^*\bar{p}) + g^*(\bar{p}) = v_*$$

即 $\bar{p}$ 为对偶问题的解. 至于第二个论断, 只需用 g^* 代 f, 用 $-A^*$ 代 A 即可得.

(b) Y 是无限维空间的情形.

我们作 $\psi: \mathrm{Dom} f^* \times \mathrm{Dom} g^* \to \mathbf{R} \times X^*, \psi(p,q) = (f^*(p) + g^*(q), p + A^*q)$. 考虑集合

$$M = \psi(\mathrm{Dom} f^* \times \mathrm{Dom} g^*) + \mathbf{R}_+ \times \{\theta^*\}, \quad \text{其中} \quad \mathbf{R}_+ = \{k \mid k \geqslant 0\}$$

①易证 M 为凸集, 往证 M 是闭集. 事实上, 设 $\{(v_n, r_n)\}_{n=1}^{\infty} \subseteq M$, 且 $(v_n, r_n) \to (v_*, r_*) \in \mathbf{R} \times X^*$, 则存在 $p_n \in X^*, q_n \in Y^*$, 使

$$v_n \geqslant f^*(p_n) + g^*(q_n), \quad r_n = p_n + A^*q_n, \quad n = 1, 2, \cdots$$

由 $\theta \in \mathrm{Int}(A\mathrm{Dom} f - \mathrm{Dom} g)$ 知, $\{q_n\}$ 为弱有界 (即点点有界) 列. 这里因为: 按 $\theta \in \mathrm{Int}(A\mathrm{Dom} f - \mathrm{Dom} g)$, $\exists r > 0$, 使 $B(\theta, r) \subseteq \mathrm{Dom} g - A\mathrm{Dom} f$, 因此对一切 $z \in Y$, $\exists x \in \mathrm{Dom} f, y \in \mathrm{Dom} g$, 使 $\dfrac{r}{\|z\|} z = y - Ax$, 从而

$$\begin{aligned}
\frac{r}{\|z\|} \langle q_n, z \rangle &= \langle q_n, y \rangle - \langle A^*q_n, x \rangle \\
&= \langle q_n, y \rangle - \langle p_n, x \rangle - \langle r_n, x \rangle \\
&\leqslant g^*(q_n) + f^*(p_n) + g(y) + f(x) - \langle r_n, x \rangle \\
&\leqslant g(y) + f(x) + v_n - \langle r_n, x \rangle
\end{aligned}$$

而 $\{v_n\}_{n=1}^{\infty}$ 和 $\{\langle r_n, x \rangle\}_{n=1}^{\infty}$ 收敛, 故 $\forall z \in Y, \sup\limits_{n \geqslant 1} \langle q_n, z \rangle < +\infty$, 即 $\{q_n\}_{n=1}^{\infty}$ 点点有界. 再由共鸣定理知 $\{q_n\}_{n=1}^{\infty}$ 有界. 又由于 Y^* 的自反性知, 其中有界序列必有弱收敛子列 (见根据吉田耕作《泛函分析 (中译本)》第 107 页). 设 $\{q_n\}_{n=1}^{\infty}$ 的子列 $\{q_{n_k}\}_{k=1}^{\infty}$ 弱收敛于 q_*, 从而 $\{p_{n_k} = r_{n_k} - A^*q_{n_k}\}_{k=1}^{\infty}$ 弱收敛于 $p_* = r - q_*$.

因为 f^*, g^* 是下半连续的 (由于 $f^*(p)$ 为 $\{\langle p, x \rangle - f(x)\}_{x \in X}$ 的上包络, 故 $f^*(p)$ 是下半连续的). 所以,

$$\begin{aligned}
f^*(p_*) + g^*(q_*) &\leqslant \sup_{\eta > 0} \inf_{p \in B(p_*, \eta)} f^*(p) + \sup_{\lambda > 0} \inf_{q \in B(q_*, \lambda)} g^*(q) \\
&\leqslant \liminf_{n \to \infty} f^*(p_n) + \liminf_{n \to \infty} g^*(q_n) \\
&\leqslant \liminf_{n \to \infty} [f^*(p_n) + g^*(q_n)] \\
&\leqslant \lim_{n \to} v_n \\
&= v_*
\end{aligned}$$

故

$$f^*(p_*) + g^*(q_*) \leqslant v_*, \quad r_* = p_* + A^* q$$

即 $(v_*, r_*) \in \psi(\mathrm{Dom}f^* \times \mathrm{Dom}g^*) + \mathbf{R}_+ \times \{\theta^*\}$，所以，$M$ 为闭集.

②下证: $(-v, \theta^*) \in \psi(\mathrm{Dom}f^* \times \mathrm{Dom}g^*) + \mathbf{R}_+ \times \{\theta^*\} = M$.

若 $(-v, \theta^*) \notin \psi(\mathrm{Dom}f^* \times \mathrm{Dom}g^*) + \mathbf{R}_+ \times \{\theta^*\}$，则由于 M 为闭凸集, 由分离定理知存在 $(-\alpha, -\overline{x}) \in \mathbf{R} \times X, \varepsilon > 0$ 使

$$-\alpha v \leqslant \inf_{(p,q)}[\alpha(f^*(p) + g^*(q)) + \langle p + A^* q, -\overline{x} \rangle] + \inf_{\theta > 0} \alpha\theta - \varepsilon \tag{1.3.10}$$

仿前所证, 可证得 $\alpha \geqslant 0$. 若 $\alpha = 0$, 则 $0 \leqslant \inf_{(p,q) \in \mathrm{Dom}f^* \times \mathrm{Dom}g^*} \langle p + A^* q, \overline{x} \rangle - \varepsilon$.

又因为 $\theta^* \in A^* \mathrm{Dom}g^* + \mathrm{Dom}f^*$, 故存在 $p \in \mathrm{Dom}f^*, q \in \mathrm{Dom}g^*$, 使 $p + A^* q = \theta^*$, 从而 $0 \leqslant -\varepsilon$. 这是不可能的, 故 $\alpha > 0$. 对式 (1.3.10) 两边同除 α, 并令 $x = \dfrac{\overline{x}}{\alpha}$, $\eta = \dfrac{\varepsilon}{\alpha}$, 得

$$
\begin{aligned}
-v &\leqslant \inf_{(p,q)}\left[f^*(p) + g^*(q) - \langle p, x \rangle - \langle q, Ax \rangle \right] - \eta \\
&= -\sup_{(p,q)}[\langle p, x \rangle + \langle q, Ax \rangle - f^*(p) - g^*(q)] - \eta \\
&= -f(x) - g(Ax) - \eta \\
&\leqslant -v - \eta
\end{aligned}
$$

这是不可能的. 所以 $(-v, \theta^*) \in M = \psi(\mathrm{Dom}f^* \times \mathrm{Dom}g^*) + \mathbf{R}_+ \times \{\theta^*\}$. 这意味着存在 $\overline{q} \in \mathrm{Dom}g^*$, 使 $-A^*\overline{q} \in \mathrm{Dom}f^*$, 且 $-v \geqslant f^*(-A^*\overline{q}) + g^*(\overline{q}) \geqslant v_* \geqslant -v$.

所以, $-v = v_* = f^*(-A^*\overline{q}) + g^*(\overline{q})$. 证毕!

1.3.3　共轭函数的性质

命题 1.3.1　设 X 为 Hilbert 空间, $f, g : X \to \mathbf{R} \cup \{+\infty\}$ 是严格的广义实值函数, 则

(1) $f \leqslant g \Rightarrow g^* \leqslant f^*$;

(2) 若 $A \in L(X, X)$ 为同构线性算子, 则 $(f \circ A)^* = f^* \circ A^{*-1}$;

(3) 若 $g(x) := f(x - x_0) + \langle p_0, x \rangle + a$, 则 $g^*(p) = f^*(p - p_0) + \langle p, x_0 \rangle - (a + \langle p_0, x_0 \rangle)$;

(4) 若 $g(x) := f(\lambda x)$, 则 $g^*(p) = f^*\left(\dfrac{1}{\lambda} p\right)$;

(5) 若 $h(x) := \lambda f(x)$, 则 $h^*(p) = \lambda f^*\left(\dfrac{1}{\lambda} p\right)$.

证明　选证 (2). $(f \circ A)^*(p) = \sup_{x \in X}[\langle p, x \rangle - f(Ax)] = \sup_{y \in X}[\langle A^{*-1}p \rangle - f(y)] = f^*(A^{*-1}p)$. 证毕!

命题 1.3.2　设 X,Y 为实的 Hilbert 空间，$f:X\times Y\to \mathbf{R}\bigcup\{+\infty\}$ 为严格的、凸的函数，$g:Y\to \mathbf{R}\bigcup\{+\infty\},y\mapsto g(y):=\inf\limits_{x\in X}f(x,y)$，则

$$g^*(q)=f^*(\theta^*,q) \tag{1.3.11}$$

证明

$$
\begin{aligned}
g^*(q) &= \sup_{y\in Y}[\langle q,y\rangle-\inf_{x\in X}f(x,y)]\\
&= \sup_{y\in Y}\sup_{x\in X}[\langle\theta^*,x\rangle+\langle q,y\rangle-f(x,y)]\\
&= \sup_{(x,y)\in X\times Y}[\langle(\theta^*,q),(x,y)\rangle-f(x,y)]\\
&= f^*(\theta^*,q)
\end{aligned}
$$

证毕！

命题 1.3.3　设 X,Y 为实的 Hilbert 空间，$B\in L(Y,X)$，$f:X\to\mathbf{R}\bigcup\{+\infty\}$，$g:Y\to\mathbf{R}\bigcup\{+\infty\}$ 为严格的、凸的函数，$h:X\to\mathbf{R}\bigcup\{+\infty\},x\mapsto h(y):=\inf\limits_{x\in Y}[f(x-By)+g(y)]$，则

$$h^*(p)=f^*(p)+g^*(B^*p) \tag{1.3.12}$$

证明

$$
\begin{aligned}
h^*(p) &= \sup_{x\in X}[\langle p,x\rangle-\inf_{y\in Y}(f(x-By)+g(y))]\\
&= \sup_{x\in X}\sup_{y\in Y}[\langle p,x\rangle-f(x-By)-g(y)]\\
&= \sup_{(x,y)\in X\times Y}[\langle p,x\rangle-f(x-By)-g(y)]\\
&= \sup_{(z,y)\in X\times Y}[\langle p,z+By\rangle-f(z)-g(y)]\\
&= \sup_{(z,y)\in X\times Y}[\langle p,z\rangle+\langle p,By\rangle-f(z)-g(y)]\\
&= \sup_{(z,y)\in X\times Y}[\langle p,z\rangle+\langle B^*p,y\rangle-f(z)-g(y)]\\
&= \sup_{z\in X}[\langle p,z\rangle-f(z)]+\sup_{y\in Y}[\langle B^*p,y\rangle-g(y)]\\
&= f^*(p)+g^*(B^*p)
\end{aligned}
$$

证毕！

命题 1.3.4　设 X,Y 为实的 Hilbert 空间，$A\in L(X,Y)$，$f:X\to\mathbf{R}\bigcup\{+\infty\}$，$g:Y\to\mathbf{R}\bigcup\{+\infty\}$ 为严格的、凸的下半连续函数且 $\theta\in\mathrm{Int}(A\mathrm{Dom}f-\mathrm{Dom}g)$，则对一切 $p\in A^*\mathrm{Dom}g^*+\mathrm{Dom}f^*$，存在 $\bar{q}\in Y^*$ 使

$$(f+g\circ A)^*(p)=f^*(p-A^*\bar{q})+g^*(\bar{q})=\inf_{q\in Y^*}[f^*(p-A^*q)+g^*(q)] \tag{1.3.13}$$

证明　首先，$\sup\limits_{x\in X}[\langle p,x\rangle - f(x) - g(Ax)] = -\inf\limits_{x\in X}[f(x) - \langle p,x\rangle + g(Ax)]$．对 $F(x) =$ $f(x) - \langle p,x\rangle$ 而言，其定义域与 $f(x)$ 相同，且其共轭函数为 $F^*(q) = f^*(p+q)$．现在对 $F(x)$ 和 $g(y)$ 应用 Fenchel 定理，即知存在 $\bar{q}\in Y^*$ 使

$$(f + g\circ A)^*(p) = f^*(p - A^*\bar{q}) + g^*(\bar{q}) = \inf\limits_{q\in Y^*}[f^*(p - A^*q) + g^*(q)]$$

证毕!

命题 1.3.5　设 X,Y 为实的 Hilbert 空间，$A\in L(X,Y)$，$g:Y\to \mathbf{R}\bigcup\{+\infty\}$ 为严格的、凸的下半连续函数且 $\theta\in \text{Int}(\text{Im}A - \text{Dom}g)$，则对一切 $p\in A^*\text{Dom}g^*$，存在 $\bar{q}\in\text{Dom}g^*$ 使

$$A^*\bar{q} = p \quad \text{且} \quad (g\circ A)^*(p) = g^*(\bar{q}) = \inf\limits_{A^*q = p} g^*(q)$$

证明　在命题 1.3.4 中取 $f(x)\equiv 0$，则

$$f^*(p) = \begin{cases} 0, & p = \theta^*, \\ +\infty, & p\neq \theta^*, \end{cases} \quad f^*(p - A^*q) = \begin{cases} 0, & p = A^*q, \\ +\infty, & p\neq A^*q \end{cases}$$

应用命题 1.3.4 的结果即可. 证毕!

命题 1.3.6　设 X,Y 为实的 Hilbert 空间，$A\in L(X,Y)$，$f:X\to\mathbf{R}\bigcup\{+\infty\}$，$g:Y\to\mathbf{R}\bigcup\{+\infty\}$ 为严格的、凸的下半连续函数，$e(x,y) = f(x) + g(Ax + y)$，$\theta\in\text{Int}(\text{Dom}g - A\text{Dom}f)$，则对一切 $(p,q)\in X^*\times Y^*$ 有

$$e^*(p,q) = f^*(p - A^*q) + g^*(q) \tag{1.3.14}$$

证明　定义 $C:X\times Y\to X\times Y, (x,y)\mapsto C(x,y) := (x,Ax+y)$，则 $C\in L(X,Y)$．再定义 $h:X\times Y\to\mathbf{R}\bigcup\{+\infty\}$, $(x,y)\mapsto h(x,y) := f(x) + g(y)$, 则 $\text{Dom}h = \text{Dom}f\times\text{Dom}g$，有

$$e(x,y) = f(x) + g(Ax + y) = h(C(x,y))$$

又 C 的共轭线性算子 C^* 为

$$C^*:X^*\times Y^*\to X^*\times Y^*, \quad (p,q)\mapsto C^*(p,q) := (p + A^*q, q)$$

事实上，

$$\langle (p,q), C(x,y)\rangle = \langle (p,q),(x,Ax+y)\rangle = \langle p,x\rangle + \langle q,Ax+y\rangle = \langle p,x\rangle + \langle q,y\rangle + \langle q,Ax\rangle$$
$$= \langle p,x\rangle + \langle A^*q,x\rangle + \langle q,y\rangle = \langle p + A^*q,x\rangle + \langle q,y\rangle = \langle (p+A^*q,q),(x,y)\rangle$$

应用命题 1.3.1 知，

$$e^*(p,q) = (h\circ C)^*(p,q) = (h^*\circ C^{*-1})(p,q) = h^*(C^{*-1}(p,q))$$

又由 $C^*(p',q') = (p,q)$ 得

$$\begin{cases} p' + A^*q' = p, \\ q' = q, \end{cases} \quad \text{即} \quad \begin{cases} p' = p - A^*q, \\ q' = q, \end{cases} \quad \text{亦即} \quad C^{*-1}(p,q) = (p - A^*q, q)$$

所以

$$e^*(p,q) = h^*(p - A^*q, q)$$

$$= \sup_{(x,y)\in X\times Y} [\langle (p - A^*q, q), (x,y)\rangle - h(x,y)]$$

$$= \sup_{(x,y)\in X\times Y} [(\langle p - A^*q, x\rangle - f(x)) + (\langle q, y\rangle - g(y))]$$

$$= \sup_{x\in X}[(\langle p - A^*q, x\rangle - f(x))] + \sup_{y\in Y}[\langle q, y\rangle - g(y)]$$

$$= f^*(p - A^*q) + g^*(q)$$

证毕!

利用命题 1.3.2 和命题 1.3.6 可得如下推论.

推论 1.3.1 在命题 1.3.6 的假设下, 设 $h(y) := \inf_{x\in X}[f(x) + g(Ax + y)]$, 则

$$h^*(q) = f^*(-A^*q) + g^*(q) \tag{1.3.15}$$

命题 1.3.7 设 X 为实的 Hilbert 空间, $A\in L(X, X^*)$, 则

(i) $A = A^*$;

(ii) $\langle Ax, x\rangle \geqslant \delta \| x\|^2, \forall x\in X$;

(iii) $\operatorname{Im} A$ 在 X^* 中闭. 又设 $f : X \to \mathbf{R}_+, x \mapsto f(x) := \frac{1}{2}\langle Ax, x\rangle$, 则

$$f^*(p) = \begin{cases} \frac{1}{2}\langle p, x\rangle, & p\in \operatorname{Im} A, x\in A^{-1}, \\ +\infty, & 其他 \end{cases}$$

证明留作练习.

1.3.4 支撑函数

集合的指示函数是一类特殊的函数, 其共轭函数也有其特殊性, 我们称之为支撑函数.

定义 1.3.2 设 X 为 Hilbert 空间, $K\subseteq X$, ψ_K 为 K 的指示函数, 则称 ψ_K 的共轭函数 $\psi_K^* : X^* \to \mathbf{R}\bigcup\{+\infty\}$ 为 K 的支撑函数, 记为 σ_K 或 $\sigma(K, \cdot)$, 即

$$\forall p\in X^*, \quad \sigma_K(p) := \sigma(K, p) := \sup_{x\in K}\langle p, x\rangle \tag{1.3.16}$$

称 $\operatorname{Dom}\sigma_K$ 为 K 的阻碍锥, 记为 $b(K)$.

例 1.3.1 从定义可以简单地看出, ①若 K 是单点集 $\{x_0\}$, 则 $\sigma_K(p) = \langle p, x_0\rangle$; ②若 K 为单位闭球 $\overline{B}(\theta, 1)$, 则 $\sigma_K(p) = \| p\|_*$; ③若 K 为一个锥, 则 $\sigma_K(p) = \psi_{K^-}(p)$ 且 $b(K) = K^-$, 其中 K^- 为 K 的负极锥, 即 $K^- = \{p\in X^* | \forall x\in K, \langle p, x\rangle \leqslant 0\}$; ④若 K 为线性子空间, 则 $\sigma_K(p) = \psi_{K^\perp}(p)$ 且 $b(K) = K^\perp$, 其中 $K^\perp$ 为 K 的正交子空间, 即

$K^{\perp}=\left\{p\in X^{*}\,\middle|\,\forall x\in K,\langle p,x\rangle=0\right\}$；⑤若 $\theta\in K$，则 $\sigma_{K}\geqslant 0$；⑥若 K 是对称的，则 σ_{K} 也是对称的，即 $\sigma_{K}(-p)=\sigma_{K}(p)$.

命题 1.3.8 设 X 为 Hilbert 空间，K 为 X 的非空子集，则 K 的支撑函数 $\sigma_{K}:X^{*}\to\mathbf{R}\cup\{+\infty\}$ 是凸的、正齐次的、下半连续函数；反之，若函数 $\sigma:X^{*}\to\mathbf{R}\cup\{+\infty\}$ 是凸的、正齐次的、下半连续函数，则 σ 是

$$K_{\sigma}:=\left\{x\in X\,\middle|\,\forall p\in X^{*},\langle p,x\rangle\leqslant\sigma(p)\right\} \tag{1.3.17}$$

的支撑函数.

证明 第一个结论是明显的. 往证第二个结论. 由于 σ 是正齐次的，故 $\forall p\in X^{*},\lambda>0,\sigma(\lambda p)=\lambda\sigma(p)$. 令 $p=\theta^{*}$，得 $\sigma(\theta^{*})=\lambda\sigma(\theta^{*})(\forall\lambda>0)$. 所以 $\sigma(\theta^{*})=0$. 我们来计算 σ 的共轭函数. 若 $x\in K_{\sigma}$，则对 $\forall p\in X^{*},\langle p,x\rangle-\sigma(p)\leqslant 0$. 从而

$$0\geqslant\sigma^{*}(x)=\sup_{p\in X^{*}}[\langle p,x\rangle-\sigma(p)]\geqslant\langle\theta^{*},x\rangle-\sigma(\theta^{*})=-\sigma(\theta^{*})=0$$

因此 $\sigma^{*}(x)=0$.

若 $x\notin K_{\sigma}$，则存在 $p_{0}\in X^{*}$，使 $\langle p_{0},x\rangle-\sigma(p_{0})>0$，从而 $\langle\lambda p_{0},x\rangle-\sigma(\lambda p_{0})=\lambda[\langle p_{0},x\rangle-\sigma(p_{0})]>0$. 所以

$$\sigma^{*}(x)=\sup_{p\in X^{*}}[\langle p,x\rangle-\sigma(p)]\geqslant\sup_{\lambda>0}\langle\lambda p_{0},x\rangle-\sigma(\lambda p_{0})=\sup_{\lambda>0}\lambda[\langle p_{0},x\rangle-\sigma(p_{0})]=+\infty$$

综上所述，σ^{*} 是 K_{σ} 的指示函数 $\psi_{K_{\sigma}}$. 再由定理 1.3.3 知，$\sigma^{**}=\sigma$. 故 $\sigma(p)=\sigma^{**}(p)=\psi_{K_{\sigma}}^{*}$，即 σ 为 K_{σ} 的支撑函数. 证毕!

定理 1.3.3 设 X 为 Hilbert 空间，K 为 X 的闭凸子集，则

$$K=\left\{x\in X\,\middle|\,\forall p\in X^{*},\langle p,x\rangle\leqslant\sigma_{K}(p)\right\} \tag{1.3.18}$$

若 K 是 X 的闭凸锥，则 $K=(K^{-})^{-}$；若 K 是 X 的闭线性子空间，则 $K=(K^{\perp})^{\perp}$.

证明 K 是 X 的闭凸子集，故其指示函数 ψ_{K} 是凸的、下半连续函数，故 $\psi_{K}=(\psi_{K}^{*})^{*}=\sigma_{K}^{*}$. 因此 ψ_{K}^{*} 是 $K_{\sigma_{K}}$ 的支撑函数，即 $K=K_{\sigma_{K}}=\left\{x\in X\,\middle|\,\forall p\in X^{*},\langle p,x\rangle\leqslant\sigma_{K}(p)\right\}$. 后两个结论可从例 1.3.1 直接得出. 证毕!

1.4 凸函数的次微分

1.4.1 次微分的概念

对于抽象的空间上的泛函可定义各种不同的微分，这里所讲的次微分就是其中的一种.

命题 1.4.1 设 X 为 Hilbert 空间，$f:X\to\mathbf{R}\cup\{+\infty\}$ 是严格的凸函数，$x_{0}\in\mathrm{Dom}f$，$v\in X$，则

$$Df(x_0)(v) = \lim_{h \to 0^+} \frac{f(x_0 + hv) - f(x_0)}{h} \tag{1.4.1}$$

存在(可以是有限数, $+\infty, -\infty$), 且满足:

$$f(x_0) - f(x_0 - v) \leqslant Df(x_0)(v) \leqslant f(x_0 + v) - f(x_0) \tag{1.4.2}$$

进一步, 对固定的 x_0, $Df(x_0) : X \to \mathbf{R} \bigcup \{+\infty\}$, $v \mapsto Df(x_0)(v)$ 是凸的、正的齐次泛函.

证明　(a) $m(h) = \dfrac{f(x_0 + hv) - f(x_0)}{h}$ 是增函数. 事实上, 若 $0 < h_1 \leqslant h_2$, 则 $0 < \dfrac{h_1}{h_2} \leqslant 1$. 再由 f 的凸性知,

$$
\begin{aligned}
f(x_0 + h_1 v) - f(x_0) &= f\left(\frac{h_1}{h_2}(x_0 + h_2 v) + \left(1 - \frac{h_1}{h_2}\right)x_0\right) - f(x_0) \\
&\leqslant \frac{h_1}{h_2} f(x_0 + h_2 v) + \left(1 - \frac{h_1}{h_2}\right)f(x_0) - f(x_0) \\
&= \frac{h_1}{h_2} f(x_0 + h_2 v) - \frac{h_1}{h_2} f(x_0)
\end{aligned}
$$

即

$$\frac{f(x_0 + h_1 v) - f(x_0)}{h_1} \leqslant \frac{f(x_0 + h_2 v) - f(x_0)}{h_2}$$

因此, 微商

$$\frac{f(x_0 + hv) - f(x_0)}{h} \quad (h > 0)$$

有极限 $(+\infty, -\infty$ 或有限数). 记为

$$Df(x_0)(v) = \inf_{h>0} \frac{f(x_0 + hv) - f(x_0)}{h} \tag{1.4.3}$$

(b) 取 $h = 1$, 得

$$Df(x_0)(v) \leqslant f(x_0 + v) - f(x_0)$$

注意到, $x_0 = \dfrac{1}{1+h}(x_0 + hv) + \dfrac{h}{1+h}(x_0 - v)$ 和 f 的凸性, 有

$$f(x_0) \leqslant \frac{1}{1+h} f(x_0 + hv) + \frac{h}{1+h} f(x_0 - v)$$

这意味着, 对一切 $h > 0$,

$$f(x_0) - f(x_0 - v) \leqslant \frac{f(x_0 + hv) - f(x_0)}{h}$$

令 $h \to 0$, 得

$$f(x_0) - f(x_0 - v) \leqslant Df(x_0)(v)$$

(c) 显然, $Df(x_0)(v)$ 是正齐次的. 下证 $Df(x_0)(v)$ 是凸函数.

$$f(x_0 + h(\lambda v_1 + (1-\lambda)v_2) - f(x_0) = f[\lambda(x_0 + hv_1) + (1-\lambda)(x_0 + hv_2)] - \lambda f(x_0) - (1-\lambda)f(x_0)$$
$$\leqslant \lambda[f(x_0 + hv_1) - f(x_0)] + (1-\lambda)[f(x_0 + hv_2) - f(x_0)]$$

两边同除 $h > 0$，并令 $h \to 0^+$，可得

$$Df(x_0)(\lambda v_1 + (1-\lambda)v_2) \leqslant \lambda Df(x_0)(v_1) + (1-\lambda)Df(x_0)(v_2)$$

即 $Df(x_0)(v)$ 是凸函数. 证毕.

定义 1.4.1　我们称上述 $Df(x_0)(v)$ 为 f 在 x_0 处的沿方向 v 的右导数，称函数 $Df(x_0)(v)$ 为 f 在 x_0 处的右导函数. 若 $Df(x_0)(v)$ 为线性泛函，则称 f 在 x_0 处 Gâteau 可微，此时设

$$\forall v, \quad \langle \nabla f(x_0), v \rangle = Df(x_0)(v)$$

称 $\nabla f(x_0)$ 为 f 在 x_0 处的梯度.

一般地，$Df(x_0)(v)$ 未必是线性的，但是都是凸的、正齐次的. 因此，按命题 1.3.8，只要 $Df(x_0)(v)$ 是下半连续的，就可知 $Df(x_0)(v)$ 是闭凸集 $K_{Df(x_0)} = \{p \in X^* \mid \forall x \in X, \langle p, v \rangle \leqslant Df(x_0)(v)\}$ 的支撑函数. 下面将以 $K_{Df(x_0)}$ 引出次微分的定义.

定义 1.4.2　设 X 为 Hilbert 空间，$f : X \to \mathbf{R} \cup \{+\infty\}$ 为严格的凸函数，

$$\partial f(x_0) = \{p \in X^* \mid \forall v \in X, \langle p, v \rangle \leqslant Df(x_0)(v)\}$$

称 $\partial f(x_0)$ 为 f 在 x_0 处的次微分，其每一个元素称为 f 的次梯度，若 $\partial f(x) \neq \varnothing$，则称 f 在 x 处次可微.

次微分总是一个闭凸集，也许是一个空集（当至少有一个方向上 $Df(x_0)(v) = -\infty$ 时）.

次微分的概念是梯度的推广，当 f 在 x_0 处 Gâteau 可微时，次微分退化为单点集，$\partial f(x_0) = \{\nabla f(x_0)\}$；当右导数是严格的、下半连续函数时，按命题 1.3.8 有

$$Df(x_0)(v) = \sigma(\partial f(x_0), v)$$

下面的命题给出了次梯度的本质.

命题 1.4.2　设 X 为 Hilbert 空间，$f : X \to \mathbf{R} \cup \{+\infty\}$，$x \in \mathrm{Dom} f$，$\partial f(x_0) \neq \varnothing$，下列的命题等价：

(1) $p \in \partial f(x)$；

(2) $\langle p, x \rangle = f(x) + f^*(p)$；

(3) $f(x) - \langle p, x \rangle \leqslant \inf_{y \in X}[f(y) - \langle p, y \rangle], \forall x \in X$.

证明　因 $f^*(p) = \inf_{y \in X}[f(x) - \langle p, y \rangle]$，故 $\langle p, x \rangle - f(x) \leqslant f^*(p), \forall x \in X$.

(2) $\Rightarrow$ (3).　$\langle p, x \rangle = f(x) + f^*(p) \Rightarrow \langle p, x \rangle - f(x) \geqslant f^*(p) \Rightarrow f(x) - \langle p, x \rangle \leqslant -f^*(p) = -\sup_{y \in X}[\langle p, y \rangle - f(y)] = \inf_{y \in X}[f(y) - \langle p, y \rangle]$.

(3) $\Rightarrow$ (2). $f(x) - \langle p,x \rangle \leqslant \inf\limits_{y \in X}[f(y) - \langle p,y \rangle] \Rightarrow f(x) - \langle p,x \rangle \leqslant -f^*(p) \Rightarrow \langle p,x \rangle -$

$f(x) \geqslant f^*(p)$. 又对一切 $x \in X$, 有 $\langle p,x \rangle - f(x) \leqslant f^*(p)$. 所以, $\langle p,x \rangle = f(x) + f^*(p)$.

(1) $\Rightarrow$ (3). 设 $p \in \partial f(x)$, 由式 (1.4.2) 知

$$\forall v \in X, \quad \langle p,v \rangle \leqslant Df(x)(v) \leqslant f(x+v) - f(x)$$

令 $v = y - x$, 得

$$\langle p, y - x \rangle \leqslant f(y) - f(x), \quad 即 \quad f(x) - \langle p,x \rangle \leqslant f(y) - \langle p,y \rangle$$

故 $f(x) - \langle p,x \rangle \leqslant \inf\limits_{y \in X}[f(y) - \langle p,y \rangle], \forall x \in X$.

(3) $\Rightarrow$ (1). 设 $f(x) - \langle p,x \rangle \leqslant \inf\limits_{y \in X}[f(y) - \langle p,y \rangle], \forall x \in X$, 令 $y = x + hv$, 得

$$f(x) - \langle p,x \rangle \leqslant f(x+hv) - \langle p, x+hv \rangle, \quad 即 \quad \langle p,v \rangle \leqslant \frac{f(x+hv) - f(x)}{h}, \quad \forall v \in X$$

令 $h \to 0^+$, 即得 $\langle p,v \rangle \leqslant Df(x)(v), \forall v \in X$. 即 $p \in \partial f(x)$. 证毕!

注　由 (2) 和 (1) 的等价性可以看出共轭函数在刻画次微分方面是非常简单有用的.

更进一步, 我们有以下结论.

推论 1.4.1　设 X 为 Hilbert 空间, $f: X \to \mathbf{R} \cup \{+\infty\}$ 为下半连续函数, 则有对偶关系

$$p \in \partial f(x) \Leftrightarrow x \in \partial f^*(p) \tag{1.4.4}$$

证明　由命题 1.4.2 中 (2) $\Leftrightarrow$ (3), 知

$$p \in \partial f(x) \Leftrightarrow \langle p,x \rangle = f(x) + f^*(p) \Leftrightarrow \langle \hat{x}, p \rangle = f(\hat{x}) + f^*(p) \Leftrightarrow \hat{x} \in \partial f^*(p) \Leftrightarrow x \in \partial f^*(p)$$

证毕!

如果我们定义一个集值映射 $\partial f: X \to \mathcal{P}(X^*)$; $x \mapsto \partial f(x)$, 则按式 (1.4.4), 可以定义一个集值映射 $\partial f^{-1}: X^* \to \mathcal{P}(X), p \mapsto \partial f^{-1}(p) := \{x \mid p \in \partial f(x)\}$. 从而式 (1.4.4) 可以写为

$$x \in \partial f^{-1}(p) \Leftrightarrow p \in \partial f(x) \tag{1.4.5}$$

推论 1.4.1 表明, f 的次微分运算 $\partial f: X \to P(X^*), x \mapsto \partial f(x)$ 的逆运算是其共轭函数 f^* 的次微分运算 $\partial f^*: X^* \to \mathcal{P}(X), p \mapsto \partial f^*(p) = \{x \mid p \in \partial f(x)\}$.

我们来回顾一下 Legendre 变换. 设 Ω_1 为 $\mathbf{R}^n$ 的一个开子集, Ω_2 为 $\mathbf{R}^n$ 的另外的一个开子集, f 为 $\mathbf{R}^n$ 上的可微的函数, 则

$$\nabla f: \Omega_1 \to \Omega_2, (x_1, x_2, \cdots x_n) \mapsto \left(\frac{\partial f}{\partial x_1}, \frac{\partial f}{\partial x_2}, \cdots, \frac{\partial f}{\partial x_n} \right)$$

为同胚. 定义在 Ω_2 上的 $g:\Omega_2\to\mathbf{R}$, $p\mapsto\langle p,(\nabla f)^{-1}(p)\rangle-f\big((\nabla f)^{-1}p\big)$, 取 $x=(\nabla f)^{-1}(p)$, 则

$$\langle p,x\rangle=g(p)+f(x)\quad\text{且}\quad g(p)=f^*(p)\big|_{\Omega_2}$$

这和命题 1.4.2 中(2)的形式一致. 因此(1.4.5)式是 Legendre 变换的推广, 这是 Fenchel 首先看到的.

事实上, 设 $p\in\Omega_2$, $x\in\partial f^*(p)$, 则由命题 1.4.2 的(2)知, x 是函数 $F(y)=\langle p,y\rangle-f(y)$ 的极大值点, 又因为 f 在 x 可微, 故

$$0=\nabla[\langle p,y\rangle-f(y)](x)=p-\nabla f(x),\quad\text{即}\quad p=\nabla f(x)$$

另一方面

$$f^*(p)=\langle p,x\rangle-f(x)=\langle p,(\nabla f)^{-1}(p)\rangle-f\big((\nabla f)^{-1}(p)\big)=g(p)$$

1.4.2　凸的连续函数的次可微性

定理 1.4.1　设 X 为 Hilbert 空间, $f:X\to\mathbf{R}\cup\{+\infty\}$ 为严格的凸函数, 且 f 在其定义域内部 IntDom$f$ 连续, 则 f 在 IntDom$f$ 具有右导数且

$$Df(x)(u)=\lim_{y\to x,h\to 0^+}\sup\frac{f(y+hu)-f(x)}{h}\qquad(1.4.6)$$

更进一步

(1) $Df:\text{IntDom}f\times X\to\mathbf{R},(x,u)\mapsto Df(x)(u)$ 是下半连续函数;

(2) $\exists c>0$, 使

$$\forall u\in X,\quad |Df(x)(u)|\leqslant c\|u\|\qquad(1.4.7)$$

证明　设 $x\in\text{IntDom}f$, 由于 f 在其定义域内部 IntDom$f$ 连续, 故 f 在 x 的某个邻域 $B(x,\delta)$ 上有界. 又存在充分小的 $\alpha>0$, 使 $x+\alpha u,x-\alpha u\in B(x,\delta)$, 从而 $f(x+\alpha u),f(x-\alpha u)$ 为有限数. 又

$$Df(x)(u)=\lim_{h\to 0^+}\frac{f(x+hu)-f(x)}{h}$$

且 $m(h)=\frac{1}{h}[f(x+hu)-f(x)]$ 为增函数 $(h>0)$, 故

$$Df(x)(u)\leqslant\frac{f(x+\alpha u)-f(x)}{\alpha}$$

另一方面, 因 $x=\frac{1}{1+h}(x+\alpha hu)+\frac{h}{1+h}(x-\alpha u)$ 及 f 的凸性, 可知

$$\frac{h}{1+h}f(x)+\frac{1}{1+h}f(x)=f(x)\leqslant\frac{1}{1+h}f(x+\alpha hu)+\frac{h}{1+h}f(x-\alpha u)$$

从而

$$\frac{h}{1+h}[f(x)-f(x-\alpha u)]\leqslant\frac{1}{1+h}[f(x+\alpha hu)-f(x)]$$

$$\Rightarrow f(x)-f(x-\alpha u)\leqslant\frac{f(x+\alpha hu)-f(x)}{h}=\alpha\cdot\frac{f(x+\alpha hu)-f(x)}{\alpha h}$$

$$\Rightarrow\frac{1}{\alpha}[f(x)-f(x-\alpha u)]\leqslant\frac{f(x+\alpha hu)-f(x)}{\alpha h}$$

$$\Rightarrow\frac{1}{\alpha}[f(x)-f(x-\alpha u)]\leqslant Df(x)(u)$$

综上所述, 得

$$\frac{1}{\alpha}[f(x)-f(x-\alpha u)]\leqslant Df(x)(u)\leqslant\frac{1}{\alpha}[f(x+\alpha u)-f(x)]$$

因此, $Df(x)(u)$ 为有限数, 即 f 在 $\mathrm{Int\,Dom}f$ 上右可导.

又由定理 1.2.1 知, $f(x)$ 在 $B(x,\delta)$ 上 Lipschitz, 即存在 $c>0$, 使

$$|f(y)-f(z)|\leqslant c\|y-z\|,\quad\forall y,z\in B(x,\delta)$$

所以

$$|Df(x)(u)|\leqslant\left|\frac{f(x+\alpha u)-f(x)}{\alpha}\right|\leqslant\frac{c\|\alpha u\|}{\alpha}=c\|u\|$$

即 $Df(x)(u)$ (u 是变量) 是 Lipschitz 函数, 从而是连续的.

往证

$$Df(x)(u)=\lim_{y\to x,h\to 0^+}\sup\frac{f(y+hu)-f(x)}{h}$$

设 $D_cf(x)(u)=\lim\limits_{y\to x,h\to 0^+}\sup\dfrac{f(y+hu)-f(x)}{h}$, 显然有 $Df(x)(u)\leqslant D_cf(x)(u)$.

作函数 $F(h,y)=\dfrac{f(y+hu)-f(y)}{h}$, 则 $F(h,y)$ 在 (λ,x) 连续. 从而, 对 $\forall\varepsilon>0$,

$\exists\eta>0$, 当 $|h-\lambda|\leqslant\eta$ 且 $\|y-x\|\leqslant\eta$ 时, 有 $\dfrac{f(y+hu)-f(y)}{h}\leqslant\dfrac{f(x+\lambda u)-f(x)}{\lambda}+\varepsilon$, 即

$$\sup_{\|y-x\|\leqslant\eta,|h-\lambda|\leqslant\eta}\frac{f(y+hu)-f(y)}{h}\leqslant\frac{f(x+\lambda u)-f(x)}{\lambda}+\varepsilon$$

又 $\dfrac{f(y+hu)-f(y)}{h}$ 为 h 的增函数, 所以

$$\sup_{\|y-x\|\leqslant\eta,0<h\leqslant\lambda+\eta}\frac{f(y+hu)-f(y)}{h}\leqslant\sup_{\|y-x\|\leqslant\eta,|h-\lambda|\leqslant\eta}\frac{f(y+hu)-f(y)}{h}\leqslant\frac{f(x+\lambda u)-f(x)}{\lambda}+\varepsilon$$

令 $\lambda\to 0^+$, 即得

$$D_cf(x)(u)\leqslant Df(x)(u)+\varepsilon$$

由 ε 的任意性得 $D_c f(x)(u) \leqslant Df(x)(u)$. 所以, $D_c f(x)(u) = Df(x)(u)$.

因为 $Df(x)(u) = \lim\limits_{h \to 0^+} \dfrac{f(x+hu)-f(x)}{h} = \inf\limits_{h>0} \dfrac{f(x+hu)-f(x)}{h}$ 是 $\left\{ \dfrac{f(x+hu)-f(x)}{h} \right\}_{h>0}$

的包络. 而对每一个 h, $\dfrac{f(x+hu)-f(x)}{h}$ 是 (x,u) 的连续函数, 故 $Df(x)(u)$ 为

(x,u) 的上半连续函数. $\left(\right.$ 这是因为 $-Df(x)(u) = -\inf\limits_{h>0} \dfrac{f(x+hu)-f(x)}{h} =$

$\sup\limits_{h>0} \dfrac{f(x)-f(x+hu)}{h}$ 为下半连续的 $\left.\right)$. 证毕!

定理 1.4.2 设 X 为 Hilbert 空间, $f: X \to \mathbf{R} \bigcup \{+\infty\}$ 为严格的凸函数, 且 f 在其定义域内部 $\mathrm{IntDom}f$ 连续, 则 $\forall x \in \mathrm{IntDom}f$, $\partial f(x)$ 有界, 且 $Df(x)(u)$ 为 u 的下半连续函数.

证明 由于 $x \in \mathrm{IntDom}f$, $|Df(x)(u)| \leqslant c\|u\|$, $Df(x)(u)$ 为 u 的下半连续函数, 所以, $Df(x)(u) = \sigma(\partial f(x), u) = \sup\limits_{p \in \partial f(x)} \langle p, u \rangle \leqslant c\|u\|$. 又

$$c\|u\| = \|cu\| = \sup\limits_{\|p\|=1} |\langle p, cu\rangle| = \sup\limits_{\|p\|=1} |\langle cp, u\rangle| = \sup\limits_{\|p\|=c} |\langle p, u\rangle| \leqslant \sup\limits_{\|p\|\leqslant c} |\langle p, u\rangle| = \sigma(B(\theta^*, c), u)$$

所以, $\partial f(x) \subseteq B(\theta^*, c)$, 即 $\partial f(x)$ 有界. 证毕!

推论 1.4.2 设 X 为 Hilbert 空间, $f: X \to \mathbf{R} \bigcup \{+\infty\}$ 为严格的凸函数, 且 f 在 $\mathrm{IntDom}f$ 连续, $x \in \mathrm{IntDom}f$, f 在 x 处 Gâteau 可微的充要条件是 $\partial f(x)$ 为单点集.

1.4.3 凸的下半连续函数的次可微性

当凸函数仅为下半连续函数时, 我们仍可以证明 f 在 $\mathrm{Dom}f$ 的一个稠密的子集上是次可微的.

定理 1.4.3 设 X 为 Hilbert 空间, $f: X \to \mathbf{R} \bigcup \{+\infty\}$ 为严格的凸的下半连续函数, 则

(1) f 在 $\mathrm{Dom}f$ 的某个稠密子集上是次可微的;

(2) 对所有的 $\lambda > 0, x \in X, x^* \in y^* + \lambda \partial f(y)$ 有解 (记为 $(I^* + \partial f(\cdot))^{-1}(x)$) 且 $(I^* + \lambda \partial f(\cdot))^{-1} = J_\lambda$ 故 $(I^* + \lambda \partial f(\cdot))^{-1}$ 为常数为 1 的 Lipschitz 映射.

证明 先证 (2), 对任意的 $\lambda > 0, x \in X$, 由定理 1.2.2 知, 极小化问题 (1.2.7)

$$\min_{y \in X} \left[f(y) + \frac{1}{2\lambda} \|y - x\|^2 \right]$$

有唯一的解 $J_\lambda x$, 且满足变分不等式

$$\forall y \in X, \quad \left(\frac{1}{\lambda}(x - J_\lambda x), J_\lambda x - y \right) \geqslant f(J_\lambda x) - f(y) \tag{1.4.8}$$

即

$$\forall y \in X, \quad \lambda f(y) - \lambda f(J_\lambda x) \geqslant (x - J_\lambda x, y - J_\lambda x)$$

令 $y' = J_\lambda x + hy (h > 0)$，得

$$\lambda f(J_\lambda x + hy) - \lambda f(J_\lambda x) \geqslant (x - J_\lambda x, hy)$$

所以

$$D(\lambda f)(J_\lambda x)(y) = \lim_{h \to 0^+} \frac{\lambda f(J_\lambda x + hy) - \lambda f(J_\lambda x)}{h} \geqslant \lim_{h \to 0^+} \frac{(x - J_\lambda x, hy)}{h} = (x - J_\lambda x, y)$$

$$(1.4.9)$$

由 Riesz 表示定理，$\forall x \in X, p_x(y) = (x, y)$ 为连续线性泛函，且 $p_{x_1 + tx_2} = p_{x_1} + t p_{x_2}$，从 (1.4.9) 知，

$$p_{x - J_\lambda x} \in \partial(\lambda f)(J_\lambda x) = \lambda \partial f(J_\lambda x)$$

即 $p_x = x^* \in p_{J_\lambda x} + \lambda \partial f(J_\lambda x)$．上述已证明了 $J_\lambda x$ 是 $\min\limits_{y \in X} \left[f(y) + \dfrac{1}{2\lambda} \|y - x\|^2 \right]$ 的解，则

$$x^* \in (J_\lambda x)^* + \lambda \partial f(J_\lambda x)$$

以上过程可逆，所以 $J_\lambda x$ 为下式的唯一解：

$$x^* \in (I^* + \lambda \partial f(\cdot))(y)$$

在上述证明中，我们也得出了

$$(x - J_\lambda x)^* \in \lambda \partial f(J_\lambda x), \quad 即 \quad \frac{1}{\lambda}(x - J_\lambda x)^* \in \partial f(J_\lambda x)$$

所以，$\partial f(J_\lambda x) \neq \varnothing$，即 f 在 $J_\lambda x$ 处可次微.

再证明 (1)．前面我们已证明了 f 在 $\bigcup\limits_{\lambda > 0} J_\lambda(x) = \{J_\lambda x \mid \lambda > 0, x \in X\}$ 上次可微．现证明 $\mathrm{Dom}\, f = \mathrm{cl}\left(\bigcup\limits_{\lambda > 0} J_\lambda(x)\right)$，即 $\bigcup\limits_{\lambda > 0} J_\lambda(x)$ 为 $\mathrm{Dom}\, f$ 的稠密子集.

设 $x \in \mathrm{Dom}\, f$，我们可证 $J_\lambda x \to x (\lambda \to 0^+)$．事实上，根据定理 1.3.1，由 f 的严格性知 f^* 也是严格的，即 $\mathrm{Dom}\, f^* \neq \varnothing$ 故 $p \in \mathrm{Dom}\, f^*$．

由于

$$\frac{1}{2\lambda} \|J_\lambda x - x\|^2 + f(J_\lambda x) = \min_{y \in X} \left[\frac{1}{2\lambda} \|y - x\|^2 + f(y) \right] \leqslant f(x)$$

且 $-f(J_\lambda x) \leqslant f^*(p) - \langle p, J_\lambda x \rangle$，知

$$\frac{1}{2\lambda} \|J_\lambda x - x\|^2 \leqslant -f(J_\lambda x) + f(x) \leqslant f(x) + f^*(p) - \langle p, J_\lambda x \rangle$$

$$= f(x) + f^*(p) + \langle p, x - J_\lambda x \rangle - \langle p, x \rangle$$

$$\leqslant \frac{1}{4\lambda} \|J_\lambda x - x\|^2 + f(x) + f^*(p) - \langle p, x \rangle + \lambda \|p\|^2$$

两边同乘 4λ, 并令 $\lambda \to 0^+$, 即得 $J_\lambda x \to x$.

注意此处利用了 $\langle p, x - J_\lambda x \rangle \leqslant \lambda \|p\|^2 + \dfrac{1}{4\lambda}\|x - J_\lambda x\|^2$, 这是因为

$$|\langle p, x - J_\lambda x \rangle| \leqslant \|p\| \cdot \|x - J_\lambda x\|^2 \leqslant \lambda\|p\|^2 + \frac{1}{4\lambda}\|x - J_\lambda x\|^2 \quad \left(因 ab \leqslant \frac{a^2}{4\lambda} + b^2\lambda\right)$$

证毕!

推论 1.4.3 设 X 为 Hilbert 空间, $f: X \to \mathbf{R} \cup \{+\infty\}$ 为严格的凸函数, 且 f 在其定义域内部 IntDom f 连续, 则 $\forall x \in \mathrm{IntDom} f, \partial f(x) \neq \varnothing$.

证明 设 $x \in \mathrm{IntDom} f$, 则存在闭球 $\overline{B}(x,\delta) \subseteq \mathrm{Dom} f$, 从而 f 在 $\overline{B}(x,\delta)$ 上是严格凸的下半连续, 在 $\overline{B}(x,\delta)$ 重复定理的证明过程即得. 证毕!

1.4.4　次微分的运算

定理 1.4.4 设 X, Y 为 Hilbert 空间, $A \in L(X,Y)$, $f: X \to \mathbf{R} \cup \{+\infty\}$, $g: Y \to \mathbf{R} \cup \{+\infty\}$ 均为严格的凸的下半连续函数且 $\theta \in \mathrm{Int}(A\mathrm{Dom} f - \mathrm{Dom} g)$, 则

$$\partial(f + g \circ A)(x) = \partial f(x) + A^*\partial g(Ax) \tag{1.4.10}$$

证明 先证 $\partial(f + g \circ A)(x) \supseteq \partial f(x) + A^*\partial g(Ax)$. 事实上,

$$\begin{aligned} D(f + g \circ A)(x)(u) &= \lim_{h \to 0^+} \frac{f(x + hu) + g(Ax + hAu) - f(x) - g(x)}{h} \\ &= \lim_{h \to 0^+} \frac{g(Ax + hAu) - g(Ax)}{h} + \lim_{h \to 0^+} \frac{f(x + hu) - f(x)}{h} \\ &= Df(x)(u) + Dg(Ax)(Au) \end{aligned}$$

若 $p \in \partial f(x) + A^*g(Ax)$, 则 $\exists p_1 \in \partial f(x), p_2 \in \partial g(Ax)$, 使 $p = p_1 + A^*p_2$, 从而

$$\forall u \in X, \langle p, u \rangle = \langle p_1 + A^*p_2, u \rangle = \langle p_1, u \rangle + \langle A^*p_2, u \rangle = \langle p_1, u \rangle + \langle p_2, Au \rangle$$
$$\leqslant Df(x)(u) + Dg(Ax)(Au) = D(f + g \circ A)(x)(u)$$

所以, $p \in \partial(f + g \circ A)(x)$, 即 $\partial(f + g \circ A)(x) \supseteq \partial f(x) + A^*\partial g(Ax)$.

往证 $\partial(f + g \circ A)(x) \subseteq \partial f(x) + A^*\partial g(Ax)$. 设 $p \in \partial(f + g \circ A)(x)$, 由命题 1.3.4 可知, 存在 $\overline{q} \in Y^*$, 使 $(f + g \circ A)^*(p) = f^*(p - A^*\overline{q}) + g^*(\overline{q})$. 由命题 1.4.2(1) $\Leftrightarrow$ (2) 知

$$\langle p, x \rangle = f(x) + g(Ax) + (f + g \circ A)^*(p) = [f(x) + f^*(p - A^*\overline{q})] + [g(Ax) + g^*(\overline{q})]$$

所以, $0 = [\langle p - A^*\overline{q}, x \rangle - f(x) - f^*(p - A^*\overline{q})] + [\langle \overline{q}, Ax \rangle - g(Ax) - g^*(\overline{q})]$. 而

$$f^*(p - A^*\overline{q}) = \sup_{x \in X}[\langle p - A^*\overline{q}, x \rangle - f(x)]$$
$$g^*(\overline{q}) = \sup_{y \in Y}[\langle \overline{q}, y \rangle - g(y)] \geqslant \sup_{y \in Y}[\langle \overline{q}, Ax \rangle - g(Ax)]$$

从而
$$\langle p - A^*\overline{q}, x\rangle - f(x) \leqslant f^*(p - A^*\overline{q}); \quad \langle \overline{q}, Ax\rangle - g(Ax) \leqslant g^*(\overline{q})$$
故
$$\langle p - A^*\overline{q}, x\rangle - f(x) - f^*(p - A^*\overline{q}) = 0; \quad \langle \overline{q}, Ax\rangle - g(Ax) - g^*(\overline{q}) = 0$$
即 $p - A^*\overline{q} \in \partial f(x)$, $\overline{q} \in \partial g(Ax)$.

从而
$$p \in \partial f(x) + A^*\partial g(Ax); \quad \partial(f + g \circ A)(x) \subseteq \partial f(x) + A^*\partial g(Ax)$$
故 $\partial(f + g \circ A)(x) = \partial f(x) + A^*\partial g(Ax)$. 证毕!

推论 1.4.4 设 X 为 Hilbert 空间, f, g 为 X 上的严格的凸的下半连续函数, $\theta \in \text{Int}(\text{Dom}f - \text{Dom}g)$, 则
$$\partial(f + g)(x) = \partial f(x) + \partial g(x) \tag{1.4.11}$$

推论 1.4.5 设 X, Y 为 Hilbert 空间, $A \in L(X, Y)$, $g: Y \to \mathbf{R} \cup \{+\infty\}$ 为严格的凸的下半连续函数且 $\theta \in \text{Im} A - \text{Dom}g$, 则
$$\partial(g \circ A)(x) = A^*\partial g(Ax)$$

命题 1.4.3 设 X, Y 为 Hilbert 空间, $g: X \times Y \to \mathbf{R} \cup \{+\infty\}$ 为严格的凸函数, 定义 $h: Y \to \mathbf{R} \cup \{+\infty\}$, $x \mapsto h(y) = \inf_{x \in X} g(x, y)$. 如果 $h(y) = g(\overline{x}, y)$, 则
$$q \in \partial h(y) \Leftrightarrow (\theta^*, q) \in \partial g(\overline{x}, y)$$

证明 根据命题 1.3.2, $h^*(q) = g^*(\theta^*, q)$, 因此, $q \in \partial h(y) \Leftrightarrow \langle q, y\rangle = h(y) + h^*(q) = g(\overline{x}, y) + g^*(\theta^*, q)$, 即 $\langle(\theta^*, q), (\overline{x}, y)\rangle = g(\overline{x}, y) + g^*(\theta^*, q)$. 所以 $q \in \partial h(y) \Leftrightarrow (\theta^*, q) \in \partial g(\overline{x}, y)$. 证毕!

命题 1.4.4 设 X 为 Hilbert 空间, $P \subseteq X, x \in X, \{f(x, p)\}_{p \in P}$ 为 X 上的凸函数, p 为参数, 如果满足:

(1) P 为紧集;

(2) 存在 x 的某一个邻域 U, 使对一切的 $y \in U$, $g: X \to \mathbf{R} \cup \{+\infty\}$:
$$g(p) = \begin{cases} f(y, p), & p \in P, \\ +\infty, & p \notin P \end{cases}$$

上半连续;

(3) $\forall p \in P, h(y) = f(y, p)$ 在 x 处连续.

现定义 $k: X \to \mathbf{R} \cup \{+\infty\}, k(y) = \sup_{p \in P} f(y, p)$. 记 $P(x) = \{p \in P \mid k(x) = f(y, p)\}$, 则
$$Dk(x)(v) = \sup_{p \in P(x)} Df(x)(v), \quad \partial k(x) = \overline{\text{co}} \bigcup_{p \in P(x)} \partial f(x, p) \tag{1.4.12}$$

证明 当 $p \in P(x)$ 时, 对 $h > 0$, 有

$$\frac{f(x+hv,p)-f(x,p)}{h} \leqslant \frac{k(x+hv)-k(x)}{h}$$

令 $h \to 0^+$, 得 $\sup\limits_{p \in P(x)} Df(x,p)(v) \leqslant Dk(x)(v)$.

往证相反的不等式. 设 $\varepsilon > 0$. 由于 k 是凸函数的包络, 故也是凸函数. 又

$$Dk(x)(v) = \inf\limits_{h>0} \frac{k(x+hv)-k(x)}{h}$$

而

$$\frac{k(x+hv)-k(x)}{h} = [\sup\limits_{p \in P} f(x+hv,p)-k(x)]/h = \sup\limits_{p \in P}\frac{f(x+hv,p)-k(x)}{h}$$

所以, 对 $h>0$, 存在 $p \in P(x)$, 使

$$\frac{f(x+hv,p)-k(x)}{h} \geqslant \frac{k(x+hv)-k(x)}{h}-\varepsilon \geqslant Dk(x)(v)-\varepsilon$$

即对任意的 $h>0$,

$$B_h = \left\{ p \in P \,\middle|\, \frac{f(x+hv,p)-k(x)}{h} \geqslant Dk(x)(v)-\varepsilon \right\} \neq \varnothing$$

考虑 x 的邻域 U. 显然存在 $h_0 > 0$; 使当 $h < h_0$ 时, 有 $x+hv \in U$. 由条件 (2), $S(p) = f(x+hv,p)$ ($x+hv \in U$) 上半连续. 从而 $Dk(x)(v)-\varepsilon$ 上截集闭; 即 B_h 闭.

因为 $x+h_1 v = \left(1-\frac{h_1}{h_2}\right)x+\frac{h_1}{h_2}(x+h_2 v)$ 且 $f(x,p)-k(x) \leqslant 0$; 根据 f 的凸性, 当 $p \in B_{h_1}$ 且 $h_1 < h_2$ 时, 有

$$Dk(x)(v)-\varepsilon \leqslant \frac{f(x+h_1 v,p)-k(x)}{h_1} = \frac{1}{h_1}f\left(\left(1-\frac{h_1}{h_2}\right)x+\frac{h_1}{h_2}(x+h_2 v),p\right)-\frac{1}{h_1}k(x)$$

$$\leqslant \frac{1}{h_1}\left[\left(1-\frac{h_1}{h_2}\right)(f(x,p)-k(x))+\frac{h_1}{h_2}f(x+h_2 v,p)\right]-\frac{1}{h_1}k(x)$$

$$= \frac{1}{h_1}\left[\left(1-\frac{h_1}{h_2}\right)(f(x,p)-k(x))+\frac{h_1}{h_2}(f(x+h_2 v,p)-k(x))\right]$$

$$\leqslant \frac{1}{h_2}(f(x+h_2 v,p)-k(x))$$

即 $p \in B_{h_1}$. 所以 $h_1 < h_2 \Rightarrow B_{h_1} \subseteq B_{h_2}$. 由此可知 $\{B_h\}_{h>0}$ 是一个闭集套, 所以 $\bigcap\limits_{0<h<h_0} B_h \neq \varnothing$.

对 $\forall \overline{p} \in \bigcap\limits_{0<h<h_0} B_h$,

$$h(Dh(x)(v) - \varepsilon) \leqslant f(x + hv, \overline{p}) - k(x)$$

令 $h \to 0^+$ 得 $f(x, \overline{p}) - k(x) \geqslant 0$（注意, 这里用了 $f(x, \overline{p})$ 在 x 的连续性）. 从而 $f(x, \overline{p}) = k(x)$; 这意味着 $\overline{p} \in P(x)$, $\bigcap\limits_{0 < h < h_0} B_h \subseteq P(x)$.

当 $\overline{p} \in \bigcap\limits_{0 < h < h_0} B_h$ 时, 对一切 $0 < h < h_0$, 有

$$Dk(x)(v) - \varepsilon \leqslant \frac{f(x + hv, \overline{p}) - k(x)}{h} = \frac{f(x + hv, \overline{p}) - f(x, \overline{p})}{h}$$

令 $h \to 0^+$ 得

$$Dk(x)(v) - \varepsilon \leqslant Df(x, \overline{p})(v) \leqslant \sup_{p \in P(x)} Df(x, p)(v)$$

由 ε 的任意性, 可知

$$Dk(x)(v) \leqslant \sup_{p \in P(x)} Df(x, p)(v)$$

综上所述得 $Dk(x)(v) = \sup\limits_{p \in P(x)} Df(x)(v)$. 对每个 $p, f(y, p)$ 在 x 处连续, 由定理 1.4.1 知, $Df(x, p)(v)$ 连续（这里 v 是变量）, 从而, $Dk(x)(\cdot)$ 下半连续. 因此

$$\sigma(\partial k(x), v) = \sup_{p \in P(x)} \sigma(\partial f(x, p), v);$$

从而 $\partial k(x) = \overline{\mathrm{co}} \bigcup\limits_{p \in P(x)} \partial f(x, p)$. 证毕!

推论 1.4.6 设 $f_1, f_2, \cdots, f_n$ 在 x 上连续, 则

$$\partial(\sup_{1 \leqslant i \leqslant n} f_i)(x) = \overline{\mathrm{co}} \bigcup_{i \in I(x)} \partial f_i(x) \tag{1.4.13}$$

其中 $I(x) = \left\{ i = 1, 2, \cdots, n \,\middle|\, f_i(x) = \sup_{1 \leqslant j \leqslant n} f_j(x) \right\}$.

1.4.5 切锥与正规锥

设 X 为 Hilbert 空间, 考虑 X 的闭凸子集 K. 利用命题 1.4.2, 容易验证

$$\partial \psi_K(x) = \left\{ p \in X^* \,\middle|\, \langle p, x \rangle = \sigma_K(p) \right\}$$

定义 1.4.3 设 X 为 Hilbert 空间, X 的闭凸子集 K, $x \in K$, 称 $\partial \psi_K(x)$ 为 K 在 x 处的正规锥, 记为 $N_K(x)$, 即 $N_K(x) := \partial \psi_K(x)$. 又称 $T_K(x) := \mathrm{cl}\left(\bigcup\limits_{h > 0} \frac{1}{h}(K - x) \right)$ 为 K 在 x 处的切锥.

如图 1.4.1 所示, 由于 $T_K(x)$ 为闭凸锥, 故 $T_K(x)$ 与 $N_K(x)$ 互为配极锥, 即有如下命题.

命题 1.4.5 正极锥和切锥之间有如下关系: $\forall x \in K, N_K(x) = T_K(x)^-$.

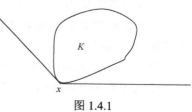

图 1.4.1

证明　由于 $K - x \subseteq T_K(x)$，故当 $p \in T_K(x)^-$ 时，$\forall y \in K, \langle p, y - x \rangle \leqslant 0$，即

$$\forall y \in K, \quad \langle p, y \rangle \leqslant \langle p, x \rangle \leqslant \sup_{z \in K} \langle p, z \rangle = \sigma_K(p)$$

所以，$p \in \partial \psi_K(x)$，即 $T_K(x)^- \subseteq N_K(x)$.

反之，设 $p \in N_K(x)$，$z \in T_K(x)$，则 ① $\forall y \in K, \langle p, y - z \rangle \leqslant 0$；② 存在 $h_n > 0$ 及 $y_n \in K(n = 1, 2, \cdots)$ 使 $z = \lim\limits_{n \to \infty} \dfrac{1}{h_n}(y_n - x)$. 从而

$$\langle p, z \rangle = \lim_{n \to \infty} \left\langle p, \frac{1}{h_n}(y_n - x) \right\rangle = \lim_{n \to \infty} \frac{1}{h_n} \langle p, (y_n - x) \rangle \leqslant 0$$

所以，$p \in T_K(x)^-$，即 $N_K(x) \subseteq T_K(x)^-$. 证毕！

1.5　凸极小化问题解的临界性

我们知道 n 元可微函数的极小化问题的一阶条件为

$$\nabla f(x^*) = 0$$

那么这样的性质在抽象的空间上，次可微函数的极小化问题解上有何体现呢？

1.5.1　Fermat 规则

我们知道，定义在 Hilbert 空间 X 上的严格的凸的下半连续函数在 Dom$f$ 的某个稠密子集上是次可微的.

考虑极小化问题：

$$\min_{x \in X} f(x) \tag{1.5.1}$$

其中 f 为严格的凸的下半连续函数.

若 $\bar{x}$ 为 (1.5.1) 的解，则

$$f(\bar{x}) = \inf_{x \in X} f(x) = -\sup_{x \in X}(-f(x)) = -\sup_{x \in X}\left[\langle \theta^*, x \rangle - f(x)\right] = -f^*(\theta^*)$$

又由命题 1.4.2 及推论 1.4.1 知

$$f(\bar{x}) = \langle \theta^*, x \rangle - f^*(\theta^*) \Leftrightarrow \bar{x} \in \partial f^*(\theta^*) \Leftrightarrow \theta^* \in \partial f(\bar{x})$$

所以 (1.5.1) 的解集为 $\partial f^*(\theta^*)$.

我们将应用共轭函数和次微分的性质来推广这一结果. 我们将获得非常一般的框架，这一框架以大量的、有意义的结果为特例.

设：(1) X, Y 为 Hilbert 空间；

(2) $f : X \to \mathbf{R} \bigcup \{+\infty\}, g : X \to \mathbf{R} \bigcup \{+\infty\}$ 均为严格的凸的下半连续函数；

（3）$A \in L(X,Y)$.

同时考虑下列互为对偶的含参数 y,p 的极小化问题：

$$\min_{x \in X}\{f(x) - \langle p,x \rangle + g(Ax+y)\} \tag{1.5.2}$$

$$\min_{q \in Y^*}\{f^*(p - A^*q) + g^*(q) - \langle q,y \rangle\} \tag{1.5.3}$$

记 $h(y) = \inf_{x \in X}\big[f(x) - \langle p,x \rangle + g(Ax+y)\big]$, $e_*(p) = \inf_{q \in Y^*}\big[f^*(p - A^*q) - g^*(q) - \langle q,y \rangle\big]$. 称 (1.5.2) 和 (1.5.3) 是互为对偶函数的极小化问题, 称 $h(y)$ 和 $e_*(p)$ 为临界函数, 它们分别反映了最优值依参数 y 和参数 p 变化.

本节中, 我们将研究经济学家关注的临界函数本身及其次微分的性质.

定理 1.5.1　设 X,Y,f,g,A 符合（1）～（3）, 那么

（a）若 $p \in \text{Int}(\text{Dom} f^* + A^*\text{Dom} g)$, 则存在 (1.5.2) 的解 $\bar{x}$, 且满足

$$h(y) + e_*(p) = 0 \tag{1.5.4}$$

（b）若 $p \in \text{Int}(\text{Dom} f^* + A^*\text{Dom} g^*)$, $y \in \text{Int}(\text{Dom} g + A\text{Dom} f)$, 则下面三条件等价：

（ⅰ）$\bar{x}$ 是 (1.5.2) 的解;

（ⅱ）$\bar{x} \in \partial e_*(p)$;

（ⅲ）$\bar{x}$ 是关系式 $p \in \partial f(\bar{x}) + A^*\partial g(A\bar{x} + y)$ 的解.

（c）类似地, 若 $y \in \text{Int}(\text{Dom} g - A\text{Dom} f)$, 则存在 (1.5.3) 的解 $\bar{q}$, 且满足

$$h(y) + e_*(p) = 0 \tag{1.5.5}$$

（d）若 $p \in \text{Int}(\text{Dom} f^* + A^*\text{Dom} g^*)$, $y \in \text{Int}(\text{Dom} g - A\text{Dom} f)$, 则下面三条件等价：

（ⅰ）$\bar{q}$ 是 (1.5.3) 的解;

（ⅱ）$\bar{q} \in \partial h(y)$;

（ⅲ）$\bar{q}$ 是关系式 $y \in \partial g^*(\bar{q}) - A\partial f^*(p - A^*\bar{q})$ 的解.

（e）若 $p \in \text{Int}(\text{Dom} f^* + A^*\text{Dom} g^*)$, $y \in \text{Int}(\text{Dom} g - A\text{Dom} f)$, $\bar{x}$ 和 $\bar{q}$ 分别是 (1.5.2) 和 (1.5.3) 的解, 则 $\bar{x}$, $\bar{q}$ 是下列关系式的解：

$$p \in \partial f(\bar{x}) + A^*\bar{q}, \quad y \in -A\bar{x} + \partial g^*(\bar{q})$$

证明　（1）在 Fenchel 定理中, 用 $f(x) + \langle p,x \rangle$ 代替 $f(x)$; 用 $g(z+y)$ 代替 g, 即知 (1.5.2) 及 (1.5.3) 有解. 又 $v = h(y), v_* = e_*(p)$, 所以, $h(y) + e_*(p) = 0$.

（2）令

$$\varphi : X \times Y \to \mathbf{R} \bigcup \{+\infty\}, (x,y) \mapsto \phi(x,y) = f(x) - \langle p,x \rangle + g(y)$$

$$C : X \times Y \to X \times Y, (x,y) \mapsto C(x,y) = (x, Ax+y)$$

显然 C 为 $X \times Y$ 到自身的同构线性算子.

因为

$$C^*(\overline{p},\overline{q})(x,y) = \langle \overline{p},x \rangle + \langle \overline{q}, Ax+y \rangle = \langle \overline{p},x \rangle + \langle \overline{q}, Ax \rangle + \langle \overline{q},y \rangle$$
$$= \langle \overline{p},x \rangle + \langle A^*\overline{q},x \rangle + \langle \overline{q},y \rangle$$
$$= \langle \overline{p} + A^*q,x \rangle + \langle \overline{q},y \rangle$$
$$= \langle (\overline{p} + A^*q, \overline{q}),(x,y) \rangle$$

而 $h(y) = \inf_{x \in X} \varphi(C(x,y))$，应用命题 1.3.1 之 (2) 及推论 1.4.5 知

$$\partial(\varphi \circ C)(x,y) = C^* \partial \varphi(C(x,y)) = C^*\big((\partial f(x)-p) \times \partial g(Ax+y)\big)$$
$$= \bigcup_{q \in \partial g(Ax+y)} \big(\partial f(x)-p+A^*q\big) \times \{q\}$$

根据命题 1.4.3, 若 $\overline{x}$ 为 (1.5.2) 的解, 则

$$\overline{q} \in \partial h(y) \Leftrightarrow (\theta^*, \overline{q}) \in \partial(\varphi \circ C)(\overline{x},y)$$

换言之, $\overline{q} \in \partial g(A\overline{x}+y),\ \theta^* \in \partial f(\overline{x}) - p + A^*\overline{q}$.

由此可见, 若 $\overline{x}$ 为 (1.5.2) 的解, 则下列条件等价:

(1) $\overline{q} \in \partial h(y)$;

(2) $\theta^* \in \partial f(\overline{x}) - p + A^*\overline{q}$ 且 $q \in \partial g(A\overline{x}+y)$,

在此关系式中消除 $\overline{q}$, 得 $p \in \partial f(\overline{x}) + A^* \partial g(A\overline{x}+y)$.

此即意味着, $0^* \in \big(\partial f(\cdot) - \langle p,\cdot \rangle + g(A(\cdot)+y)\big)(\overline{x})$. 这表明满足 $p \in \partial f(\overline{x}) +$ $A^* \partial g(A\overline{x}+y)$ 的任意的 $\overline{x}$ 为 (1.5.2) 的解.

反之, 由条件 $y \in \mathrm{Int}(\mathrm{Dom}\, g - A\mathrm{Dom}\, f)$ 及定理 1.4.4 知, 若 $\overline{x}$ 为 (1.5.2) 的解且满足:

$$\theta^* \in \partial \big(f(\cdot) - \langle p,\cdot \rangle + g(A(\cdot)+y)\big)(\overline{x})$$

则 $p \in \partial f(\overline{x}) + A^* \partial g(A\overline{x}+y)$. 进而存在 $\overline{q} \in \partial g(A\overline{x}+y)$, 使

$$p \in \partial f(\overline{x}) + A^*\overline{q}, \quad \text{即} \quad \overline{q} \in \partial h(y)$$

这样我们就证明了 (i) 和 (iii) 的等价性. 证毕!

第 2 章　随机决策基础

2.1　主观概率与先验分布

随机决策的基本特点是后果的不确定性和决策者的风险偏好. 我们知道后果的不确定性是随机现象, 而研究随机现象的基本工具是概率论与数理统计, 众多的后果称为事件. 在概率论中基本问题是如何确定事件发生的概率和随机变量的分布. 在决策中首先必须确定状态变量的先验分布.

对事件发生的概率有两种理解. 一种认为概率是客观的, 它和重量、容积等一样是事件或随机现象本身的固有属性, 它可以从随机试验结果的统计规律中得到反映, 频率学派, 即 Lehmann 学派持这种观点. 频率学派的理论基础是大数定律和中心极限定律. 大数定律表明, 特定事件的概率是独立重复随机试验中该事件发生的频率的极限 (试验次数趋于无穷大).

另一种认为概率是主观的, 它是决策者对随机现象认识程度的反映, 因此时间的概率与决策者的经验和推理密切相关, 是主观、易变的东西, Bayes 学派就是这样认为的. 例如, 医生对未来患者死亡的概率估计、环境专家对未来发生某种重大环境事故的概率的估计等, 显然概率的大小与决策者的认知密切相关, 也就是说不同的医生或环境科学家赋予事件的概率是不同的.

但是, 不管哪个学派都必须面对一个问题, 即如何去确定不可大量重复观察事件的概率 (如火星登陆成功、某些突发事件造成股市暴跌的概率). 显然, 这类事件的概率主要依靠人的经验或对相关可观测量的观察结果来获得, 也就是说它是有主观成分和风险的. 为了把这类事件的概率与根据大量观测结果的统计规律性并获得的事件概率相区别, 称此类概率为主观概率, 称后者为客观概率.

由于客观概率论者要求随机现象的可重复性和可观察性, 而实际管理决策中大量随机现象并不满足这一条件. 如金融危机、航天飞机爆炸、股票收益等无不如此. 因此决定了决策分析中更为有用的是主观概率而不是客观概率. 主观概率的特点是可以随经验增多而改变, 它有先验和后验之分. 决策者对某种结果的估计可以在对若干相关事件的实验之后得以改变, 而且由于观察量也是随机的, 从而导致根据后验概率所做的决策本身具有一定风险. 这是 Bayes 分析的基本思想.

当然, 无论是主观概率还是客观概率都必须满足概率公理.

定义 2.1.1　设 Ω 为样本空间, $\Sigma \subseteq \mathcal{P}(\Omega)$ 为 σ-代数, 则称 (Ω, Σ) 为可测空间, 这里 Σ 为 σ-代数是指 Σ 满足:

(1) $\Omega \in \Sigma$;

(2) $A \in \Sigma \Rightarrow A^c \in \Sigma$;

(3) $A_i \in \Sigma (i = 1, 2, \cdots, n, \cdots) \Rightarrow \bigcup_{i=1}^{\infty} A_i \in \Sigma$.

当 Ω 的子集 $A \in \Sigma$ 时, 称 A 为事件. 函数 $P : \Sigma \to [0,1]$ 为概率测度是指 P 满足:

(1) $\forall A \in \Sigma$, 有 $0 \leqslant P(A) \leqslant 1$;

(2) $P(\Omega) = 1$;

(3) $A_i \in \Sigma (i = 1, 2, \cdots, n, \cdots)$ 且 $A_i \bigcap A_j = \varnothing \ (i \neq j) \Rightarrow P\left(\bigcup_{i=1}^{\infty} A_i \right) = \sum_{i=1}^{\infty} P(A_i)$.

称 $P(A)$ 为事件 A 的概率.

2.1.1 单个事件主观概率的设定

主观概率是一种测度或度量, 它与其他事物的测度有相似之处, 即在比较中产生. 例如, 测量物体的长度时将物体本身与尺子作比较, 测量其质量时将其与秤砣作比较. 与之相似, 测度事件发生的可能性是将事件本身与某个已知的小概率事件作比较. 我们把已知小概率事件称作基准事件. 在实践中通常采用如下事件作基准:

(i) "单位圆盘内随机点落入指定的面积为 $\dfrac{\pi}{100}$ 的橙色扇形区域内" 为基准事件. 用概率盘确定事件的概率就是以此为基准的. 概率盘 (图 2.1.1) 是 Stanford 大学 Howard R. A. 提供的, 其操作方法是对某待定概率的事件, 问决策者盘中阴影 (橙色) 扇形与预设事件等可能发生, 然后在盘的反面查出该事件的概率.

(ii) "连续掷均匀硬币十次均出现正面" 为基准事件. 这种基准事件的概率要比概率盘法中基准事件的概率小得多, 为 $\dfrac{1}{1024}$.

基准事件的设定理论上讲应该概率越小越好, 这样可以尽量避免由此确定的分布密度尾部信息的丢失. 因此, 可以设定概率更小的事件作为基准事件.

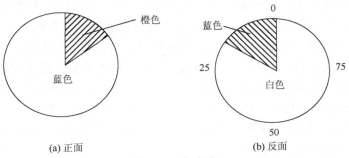

(a) 正面　　　　　　　　　(b) 反面

图 2.1.1　概率盘

在主观概率的确定过程中, 要求决策者可以比较任意两个事件发生的似然性等, 即承认如下三条假设.

假设 1(连通性)　任意两个事件 A, B 发生的似然性均可比较, 即下列三种关系三择一:

$$A \succ B, \quad A \sim B, \quad A \prec B$$

这里 "$\succ$" 意为 "发生的似然性大于", "$\sim$" 意为 "发生的似然性同于", "$\prec$" 意为 "发生的似然性小于".

由 $\succ$, $\sim$, $\prec$ 可导出 "发生的似然性不低于" 关系 "$\succeq$" 和 "发生的似然性不高于" 关系 "$\preceq$", 如

$$A \succeq B \Leftrightarrow A \succ B \text{ 或 } A \sim B$$
$$A \preceq B \Leftrightarrow A \prec B \text{ 或 } A \sim B$$

假设 2(传递性)　$A \preceq B$ 且 $B \preceq C \Rightarrow A \preceq C$.

假设 3(保序性)　$A \subseteq B \Rightarrow A \preceq B$.

以上公式的合理性是显而易见的.

2.1.2　随机变量的有信息先验分布的确定

在随机决策中不仅需要确立单个事件的主观概率, 而且要确立状态变量的先验分布. 状态变量 Θ 先验分布反映了决策者关于决策环境中自然状态 Θ 的经验, 是因人而异、主观的. 在决策者已对分布本身拥有一些信息(如样本、分布类型等)的条件下, 人们已经总结出了一些方法来确定它, 下面介绍几种. 我们恒设待确定其分布的随机变量为 Θ.

(1)概率盘法. 用概率盘法对几个 Θ 值确定出事件 $\{\Theta \leqslant \theta\}$ 的概率, 进而近似地求得分布曲线. 例如, 设 Θ 的取值范围为 $[0,10]$, 且得

$$P\{\Theta \leqslant 2\} = 0.2, \quad P\{\Theta \leqslant 4\} = 0.5, \quad P\{\Theta \leqslant 6\} = 0.8, \quad P\{\Theta \leqslant 8\} = 0.98$$

则可得 Θ 近似分布密度曲线(图 2.1.2).

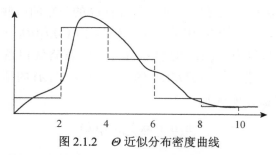

图 2.1.2　Θ 近似分布密度曲线

(2)区间法. 设随机变量的可能取值为一个区间 $[a,b]$, 然后在 $[a,b]$ 内取一点 θ_0, 将区间分割为 $[a,\theta_0]$ 和 $[\theta_0,b]$, 问决策者 Θ 的取值在哪个区间的可能性大, 再

根据回答重新取分点使那个区间变小, 再提问······直到决策者认为 Θ 的取值在两个区间是等可能的为止, 就可取 Θ 的先验分布的 $\frac{1}{2}$ 分位点为上述最后一个分点. 接着在以端点与 $\frac{1}{2}$ 分位点构作两个 $\frac{1}{4}$ 分位点如此获得 Θ 的先验分布.

由于考虑到误差累计问题, 一般只求三个分位点.

(3) 直方图法. 设随机变量的取值区间为 $[a,b]$, 现将 $[a,b]$ 分为若干小区间, 决策人根据经验设定 Θ 取值于各小区间的概率, 然后给出密度直方图, 再根据直方图给出 Θ 的先验分布密度曲线.

(4) 设定先验分布的类型(如正态分布、Bata 分布、Cauchy 分布等)并根据试验结果进行分布参数(如正态分布的均值、方差等)估计和进行假设检验.

(5) 确定离散型随机变量先验分布的极大熵法. 这种方法的本质是将随机决策问题视为决策者和大自然(一个抽象的局中人)的博弈问题. 对策中决策者的纯策略集为 $A = \{a_1, a_2, \cdots, a_m\}$, 大自然的纯策略集 $\Theta = \{\theta_1, \theta_2, \cdots, \theta_n\}$. 而决策者的损失函数为 $l(\theta, a)$ ($\theta \in \Theta$; $a \in A$). 设要求的 Θ 的分布为 $\pi_j = P\{\Theta = \theta_j\}$ ($j = 1, 2, \cdots, n$), 记 $\pi = (\pi_1, \pi_2, \cdots, \pi_n)$, 则决策者选择纯策略 a 的期望损失为

$$l_a(\pi) = \sum_{j=1}^{n} \pi_j l(\theta_j, a) = \sum_{j=1}^{n} \pi_j l_j(a) \qquad (2.1.1)$$

其中 $l_j(a) := l(\theta_j, a)$. 这样随机决策问题就化为求矩阵对策问题的一混合策略 (a^*, π^*)使期望损失函数达到极小点, 即

$$l_{a^*}(\pi^*) = \min_{a \in A} \max_{\pi \in G} \sum_{j=1}^{n} \pi_j l_j(a) \qquad (2.1.2)$$

其中 G 为 Θ 的分布 $\pi = (\pi_1, \pi_2, \cdots, \pi_n)$ 的约束集, 是

$$G = \left\{ \pi = (\pi_1, \pi_2, \cdots, \pi_n) \,\middle|\, 0 \leqslant \pi_j \leqslant 1, j = 1, 2, \cdots, n, \sum_{j=1}^{n} \pi_j = 1 \right\}$$

的一个子集(因为决策者的经验中可能已含有 Θ 的分布的一些信息, 如数学期望等). 为了求解式 (2.1.2), 用 $\mathbf{R}^n$ 中的子集 $L_0^n(A) = \{(l_1(a), l_2(a), \cdots, l_n(a)) \mid a \in A\}$ 表示 A, 并记 $L_0^n(A)$ 的凸包为 $L^n(A)$, 这样选择 A 中纯策略就相当于选择 $L_0^n(A)$ 中的点, 决策者的混合策略即等同于 $L^n(A)$ 的点. 又因为 $L^n(A)$ 的顶点必为 $L_0^n(A)$ 中的点且下列问题的解必在顶点上:

$$\min_{L \in L^n(A)} \max_{\pi \in G} \sum_{j=1}^{n} \pi_j l_j(L) \qquad (2.1.3)$$

也就是 $\displaystyle\min_{L \in L^n(A)} \max_{\pi \in G} \sum_{j=1}^{n} \pi_j l_j(L)$ 与 $\displaystyle\min_{L \in L_0^n(A)} \max_{\pi \in G} \sum_{j=1}^{n} \pi_j l_j(L)$ $\left(\text{即} \displaystyle\min_{a \in A} \max_{\pi \in G} \sum_{j=1}^{n} \pi_j l_j(a) \right)$ 同解.

设 (2.1.3) 的鞍点 $(L^*, \pi^*) \in L_0^n(A) \times G$，从而获得 a^* 使 $L^* = (l_1(a^*), l_2(a^*), \cdots, l_n(a^*))$。而 (a^*, π^*) 为 (2.1.2) 的解，由此获得 Θ 的合理分布 (大自然的最优混合策略) π^*。

若设决策的损失矩阵 $(l_{ij})_{m \times n}$ 满足：

$$L^n(A) = \left\{ L = (l_1, l_2, \cdots, l_n) \,\middle|\, \sum_{j=1}^n e^{\frac{l_j}{r}} \leqslant 1 \right\} \quad (r \text{ 为常数}) \qquad (2.1.4)$$

可以证明

$$\min_{L \in L^n(A)} \sum_{j=1}^n \pi_j l_j(a) = -\sum_{j=1}^n \pi_j \ln \pi_j \qquad (2.1.5)$$

右边正好是 Θ 的分布的 Shannon 熵。由鞍点的定义知

$$l_{a^*}(\pi^*) = \max_{\pi \in G} \min_{a \in A} \sum_{j=1}^n \pi_j l_j(a) = \max_{\pi \in G} \min_{L \in L^n(A)} \sum_{j=1}^n \pi_j l_j(L)$$

$$= \min_{L \in L^n(A)} \max_{\pi \in G} \sum_{j=1}^n \pi_j l_j(L) = \max_{\pi \in G} \left\{ -\sum_{j=1}^n \pi_j \ln \pi_j \right\}$$

即 π^* 为 Shannon 熵极大点，反过来可求最优决策 a^* 使

$$\min_{a \in A} \sum_{j=1}^n p_j^* l_j(a) \qquad (2.1.6)$$

当然，一般来说决策者的纯策略集 A 不满足式 (2.1.4)，因此 Shannon 熵极大点未必是 (2.1.3) 的鞍点 (即 (2.1.2) 的解) 而只是后者的一种近似。不少学者对极大熵分布的解释持批评态度，主要是将决策问题视为人与大自然的对策问题的做法过于牵强。不过，从已知相关信息的条件下充分保持不确定性的角度讲，极大熵分布也具有合理性。

在极大熵方法中应该充分利用有关的信息 (如分布的中心矩等)。我们知道，对有 n 个取值的随机变量 Θ，无条件极大熵问题

$$\max_{\pi \in G} \left\{ -\sum_{j=1}^n \pi_j \ln \pi_j \right\}$$

的解为 $\pi_j = \dfrac{1}{n}$，$j = 1, 2, \cdots, n$，但增加了约束条件后情况就不一样了。我们假定对 Θ 的分布已有下列信息

$$E[g_k(\Theta)] = \sum_{j=1}^n \pi_j g_k(\theta_j) = \mu_k \quad (k = 1, 2, \cdots, s) \qquad (2.1.7)$$

则极大熵问题变化为

$$\max_{\pi \in G} \left\{ -\sum_{j=1}^{n} \pi_j \ln \pi_j \right\},\tag{2.1.8}$$
$$\text{s.t.} \quad E[g_k(\Theta)] = \mu_k, \quad k = 1, 2, \cdots, s$$

特别地,当 $g_1(\Theta) = \Theta$, $g_k(\Theta) = (\Theta - \mu_1)^k$($k \geqslant 2$)时约束条件就是中心矩约束. 用 Lagrange 乘数法解 (2.1.8) 可得 Θ 的极大熵分布为

$$\pi_j^* = \frac{\exp\left\{ \sum_{k=1}^{s} \lambda_k g_k(\theta_j) \right\}}{\sum_{j=1}^{n} \exp\left\{ \sum_{k=1}^{s} \lambda_k g_k(\theta_j) \right\}}\tag{2.1.9}$$

其中常数 λ_k 取决于条件 $(2.1.7)$.

例 2.1.1 设随机变量 Θ 的取值为 $\{1,2,3,4\}$,已知 $E[\Theta] = 2$. 求 Θ 的极大熵先验分布.

解 按式 $(2.1.9)$,其中 $g_1(\Theta) = \Theta$,

$$\pi_j^* = P\{\Theta = j\} = \frac{e^{j\lambda}}{e^{\lambda} + e^{2\lambda} + e^{3\lambda} + e^{4\lambda}}, \quad j = 1,2,3,4$$

其中 λ 由下式决定

$$\sum_{j=1}^{4} j \cdot \frac{e^{j\lambda}}{e^{\lambda} + e^{2\lambda} + e^{3\lambda} + e^{4\lambda}} = 2$$

即 λ 为 $1 - s^2 - 2s^3 = 0$ 的解.

对连续型随机变量的先验分布也可以有类似的极大熵方法,但问题更为复杂. 为此 Jaynes(1968)给出了连续分布极大熵的提法并得出了类似于式 $(2.1.9)$ 的结果.

(6) 利用试验数据和似然函数设定先验分布的方法. 人们在确定单个事件的概率时往往用 n 次重复随机试验中该事件发生的频率代替其概率. 这是根据对试验数据的分析给出的概率的近似值. 这种利用试验数据的方法确定随机变量的先验分布也是有效的. 这里我们要讲的是随机变量 Θ 本身不能被观察的情形(未来银行利率、某些参数、文艺作品的艺术价值、特定个体的寿命等). 在这种情况下试验数据只是对相关随机变量的观察结果,只是间接地反映出随机变量 Θ 的分布. 例如,医生在诊疗过程中,为了确定治疗方案,需要确定肝脏的健康状况,当然不能把患者的肝脏挖出来观察,而是通过验血获得肝功能的某些指标.

设 Θ 为待研究的不可直接观测数据变量,X 是与 Θ 有关的另一个随机变量. 一般我们很难写出 Θ 和 X 的函数关系式,希望从 X 的观察值导出 Θ 的分布. 由于 Θ 和 X 不是函数关系,故从 X 的分布推出 Θ 的分布是不可能的. 假定 $m(x)$ 为根据经验或历史数据 $x_1, \cdots, x_n$ 作出的关于 X 的分布的一种估计,称之为 X

的预测密度或边际分布, 求方程

$$m(x) = \int_{\Theta} f(x \mid \theta) \mathrm{d}F(\theta) \tag{2.1.10}$$

的近似解 $\pi(\theta)$. 式 (2.1.9) 右边为 Stieljes 积分, 其中 $f(x \mid \theta)$ 称为似然函数, 它是根据经验给出的, 也可以通过固定 Θ 的值来观察 X 而获得. 比如对连续型状态变量的给定值 θ, 我们观察 X 时发现 X 的值集中在 θ 附近, 则可视似然函数为 Dirac δ- 函数, 即 $f(x \mid \theta) = \delta(x - \theta)$. 此时可以近似地认为 X 的分布密度 $m(x)$ 就是 Θ 的分布密度 $\pi(\theta)$ $\left(\text{当然近似程度要看 } X \text{ 的条件方差} \sigma_f^2 = \int_{-\infty}^{+\infty} (x - \hat{x})^2 f(x \mid \theta) \mathrm{d}x \text{ 与样本方}\right.$ 差 $s^2 = \dfrac{1}{n} \sum_{i=1}^{n} (x_i - \bar{x})^2$ 的比较$\Big)$, 若 $\sigma_f^2 < s^2$, 则 $m(x) \approx \pi(\theta)$ 算合理, 其中

$$\hat{x} = \int_{-\infty}^{+\infty} x f(x \mid \theta) \mathrm{d}x, \quad \bar{x} = \frac{1}{n} \sum_{i=1}^{n} x_i$$

倘若 X 的变化主因不是 Θ, 则 $f(x \mid \theta)$ 不能视为 Dirac δ- 函数, 这样就不能认为 $m(x) \approx \pi(\theta)$, 而应该另找办法从 (2.1.10) 中求 $\pi(\theta)$, 下面介绍一种方法.

假定已知 Θ 的分布类型, 其中参数待定. X 为相关可观测随机变量, 我们可以用 X 的样本矩来估计 Θ 的分布参数. 一般通过建立 X 的预测均值 μ_m 和预测方差 σ_m^2 与 Θ 的分布参数的关系式来实现.

设 $\mu_f(\theta)$ 和 $\sigma_f^2(\theta)$ 为 X 的条件期望和条件方差, 则从式 (2.1.10) 及 Fubini 定理可知

$$\begin{cases} \mu_m = E[\mu_f(\Theta)] = \int_{\Theta} \mu_f(\theta) \pi(\theta) \mathrm{d}\theta, \\ \sigma_m^2 = E[\sigma_f^2(\Theta)] + E[(\mu_f(\Theta) - \mu_m)^2] = \int_{\Theta} \sigma_f^2(\theta) \pi(\theta) \mathrm{d}x + \int_{\Theta} (\mu_f(\theta) - \mu_m)^2 \pi(\theta) \mathrm{d}\theta \end{cases} \tag{2.1.11}$$

再从式 (2.1.11) 中计算出 $\pi(\theta)$ 中的参数.

例 2.1.2　设状态变量 Θ 为某正态随机变量 X 的可能均值, 即似然函数 $f(x \mid \theta)$ 是正态分布密度函数 $N(\theta, \sigma_f^2)$, 则

$$\mu_f(\theta) = E[\Theta] = \theta, \quad \sigma_f^2(\theta) = \sigma_f^2$$

若已知 Θ 本身服从正态分布 $N(\mu, \sigma^2)$, 但 μ 和 σ^2 未知. 由 (2.1.11)

$$\mu_m = E[\mu_f(\Theta)] = E[\Theta] = \mu$$
$$\sigma_m^2 = E[\sigma_f^2(\Theta)] + E[(\mu_f(\Theta) - \mu_m)^2]$$
$$= \sigma_f^2 + E[(\mu_f(\Theta) - \mu_m)^2] = \sigma_f^2 + E[(\Theta - \mu)^2]$$
$$= \sigma_f^2 + \sigma^2$$

即 $\mu = \mu_m$, $\sigma^2 = \sigma_m^2 - \theta_f^2$.

这种方法在研究状态随机变量分布的参数过程中是很有用的. 此时将分布参数视为不可观测量, 因而可视为另一组随机变量. 例如, 例 2.1.2 中 Θ 就是 X 的均值(为一参数). 当然还可以视参数的分布参数(超参数)为随机变量, 以至于形成一个多阶段的分布序列. 这种多阶段性在多元情况下也同样存在. 设随机变量 X 的分布参数向量为 $\theta = (\theta_1, \theta_2, \cdots, \theta_s)^{\mathrm{T}}$, 那么当 θ 不肯定时可视其为随机向量 Θ, 而

$$\Gamma_0 = \left\{\pi_0(\theta \,|\, \lambda) \,\middle|\, \pi_0 \text{是特定形式的分布}, \theta \text{是} \Theta \text{的一取值}\right\}$$

随机向量 Θ 又有分布 π_1, 其参数向量为 $\lambda = (\lambda_1, \lambda_2, \cdots, \lambda_t)^{\mathrm{T}}$, 当 λ 不肯定时又可视为 t 维随机向量 Λ, 而

$$\Gamma = \left\{\pi_1(\theta \,|\, \lambda) \,\middle|\, \pi_1 \text{是特定形式的分布}, \lambda \text{是} \Lambda \text{的一取值}\right\}$$

我们称 Γ_0 为 X 的谱, Γ 为 Θ 的谱.

2.1.3　某些参数随机变量的无信息先验分布

在有些情况下, 决策者不能获得关于随机变量分布参数(视为随机变量)的任何信息. 此时只能认为这种参数的分布是"均匀"的(当然"均匀"的理解在不同情况下是不同的). 如果参数的取值只有有限个(设有 n 个), 有理由认为它取每个值的概率都为 $\dfrac{1}{n}$, 即参数 Θ 的无信息分布为

$$\pi_k = P\{\Theta = \theta_k\} = \frac{1}{n} \quad (k = 1, 2, \cdots, n)$$

但是当参数的取值可以有无限个时, 这种取值无限"均匀"的随机变量是不可用正常的分布函数或分布密度来刻画的. 为此, 我们用非正常的分布来刻画. 所谓非正常分布是指不满足 $\sum\limits_{k=1}^{n} \pi_k = 1$ 或 $\int_{\Theta} \pi(\theta)\mathrm{d}\theta = 1$, 但能反映随机变量取值情况的序列或函数. 为了叙述上简单起见, 下面我们只讨论两种连续型参数随机变量的无信息先验分布.

(1) 位置参数的无信息先验分布. 设随机变量 X 的值域和随机变量 Θ 的值域均为 $\mathbf{R}$, 而 X 的条件密度函数为 $f(x - \theta)$ (称为 X 的位置密度), 此时称 Θ 为 X 的位置参数随机变量, 其取值 θ 为位置参数. 例如, $X \sim N(\theta, \sigma^2)$ (σ^2 已知)是 X 的分布密度即为位置密度, θ 即为位置参数.

当决策者没有关于位置参数的任何信息时, 就不能对 θ 作任何估计, 只能认为它是"等可能"地取任一实数的随机变量 Θ. 今设 $Y = X + c$ (c 为任一实数), $\eta = \theta + c$ 则易知 Y 的分布密度为 $f(y - \eta)$, 故亦为位置密度. 显然, 可以合理地认为 $H = \Theta + c$ 具有相同的无信息先验分布. 对 R 中任一可测子集 B (事件), 有

$$P\{\theta \in B\} = P\{\eta \in B\}$$

又 $\eta = \theta + c$, 故

$$P\{\eta \in B\} = P\{\theta + c \in B\} = P\{\theta \in B - c\}$$

其中 $B - c = \{a - c \,|\, c \in B\}$, 由此可知 Θ 的分布 π 具有位置不变性, 即

$$P\{\theta \in B\} = P\{\theta \in B - c\}$$

表示为积分则是

$$\int_B \pi(\theta)\mathrm{d}\theta = \int_{B-c} \pi(\theta)\mathrm{d}\theta = \int_B \pi(\theta - c)\mathrm{d}\theta$$

由 B 的任意性知

$$\pi(\theta) = \pi(\theta - c) \quad (\forall \theta \in R)$$

取 $\theta = c$, 则 $\pi(c) = \pi(0)$. 又由 c 的任意性, 知

$$\pi(\theta) = \pi(0)$$

通常取 $\pi(0) = 1$, 则得位置参数 Θ 的无信息先验分布

$$\pi(\theta) = 1$$

显然此分布是均匀的但非正常 $\left(\text{因为}\int_{-\infty}^{+\infty}\pi(\theta)\mathrm{d}\theta = +\infty\right)$.

(2) 标度参数的无信息先验分布. 设随机变量 X 的分布密度函数为 $\frac{1}{\sigma}f\left(\frac{x}{\sigma}\right)(\sigma > 0)$, 则称之为标度密度, 其中 σ 为标度参数. 例如, $X \sim N(0, \sigma^2)$ 即为标度密度, σ 即为标度参数, 当决策者对 σ^2 没有任何信息时, 只能认为它 "等可能" 地为 $(0, +\infty)$ 中任一实数, 故视为一个在 $(0, +\infty)$ 上 "均匀" 取值的随机变量 σ . 类似地, 我们考察随机变量 $Z = cX$ (c 为任意正数), $\eta = c\sigma$, 可得 σ 的无信息先验分布为

$$\pi(\sigma) = \frac{1}{\sigma}$$

也是一个非正常分布 $\left(\text{因为}\int_0^{+\infty}\frac{1}{\sigma}\mathrm{d}\theta = +\infty\right)$.

在实际中, 决策者应该充分利用所有的信息去设定先验分布而不要轻易设定无信息先验分布.

2.2　Bayes 分析

Bayes 分析的基本点是将参数 Θ 的先验分布与样本信息 x 结合起来形成 Θ 的更确切的分布 $\pi(\theta \,|\, x)$, 我们称此分布为 Θ 的后验分布.

2.2.1　后验分布

设随机变量 Θ 的先验分布为 $\pi(\theta)$, 观察量为 X (Θ 和 X 都可以为随机向量), 则 Θ 和 X 的联合分布密度为

$$h(x,\theta) = \pi(\theta)f(x\,|\,\theta) \tag{2.2.1}$$

其中 $f(x\,|\,\theta)$ 为似然函数, 又设 X 的边际分布密度函数为 $m(x)$, 即

$$m(x) = \int_\Theta \pi(\theta)f(x\,|\,\theta)\,\mathrm{d}\theta \tag{2.2.2}$$

则当 $m(x) \neq 0$ 时,

$$\pi(\theta\,|\,x) = \frac{h(x,\theta)}{m(x)} \tag{2.2.3}$$

$\pi(\theta\,|\,x)$ 称为 θ 的后验分布. 这里"后验"一词反映了 $\pi(\theta\,|\,x)$ 充当的角色. $\pi(\theta\,|\,x)$ 体现了获得观察量 x 后对 Θ 的分布的最新认识. 换言之, 后验分布把 Θ 的先验知识和样本 x 中所含的 Θ 的信息结合在一起. 这种方法对更多的观察量 $(x_1,\cdots,x_n)$ 也适用.

在计算后验分布过程中, 我们常常利用 θ 的统计量 $T = T(X_1,X_2,\cdots,X_n)$ 的充分性.

定义 2.2.1　统计量是随机变量 X 的大样本 $(X_1,X_2,\cdots,X_n)$ 的无未知参数函数. 设总体 X 的分布为 $f(x\,|\,\theta)$, $T = T(X_1,X_2,\cdots,X_n)$ 为统计量, 若任一统计量 $T^* = T^*(X_1,X_2,\cdots,X_n)$ 在 $T = t$ 时的条件分布 $p(t^*\,|\,t)$ 中没有参数 θ, 则称 T 为对 θ 的充分统计量.

T 为对 θ 的充分统计量的实质是 T 给出了关于 θ 全部 "信息" 而不需另外的统计量去反映参数 θ.

例 2.2.1　设 $(X_1,X_2,\cdots,X_n)$ 为特定事件 B 的 n 次重复观察结果, 即

$$X_i = \begin{cases} 1, & \text{第} i \text{次中} B \text{ 出,} \\ 0, & \text{第} i \text{次中} B \text{不出} \end{cases}$$

θ 为试验 E 中 B 发生的概率(它是一个未知参数, 可视为随机变量 Θ), 那么频次 $T = \sum_{i=1}^{n} X_i$ 为对 θ 的充分统计量.

例 2.2.2　设总体 X 服从正态分布 $N(\mu,\sigma^2)$, $(X_1,X_2,\cdots,X_n)$ 为 n 次观察获得的大样本, 则 $\overline{X} = \frac{1}{n}\sum_{i=1}^{n} X_i$ 为 μ 的充分统计量(同时也是无偏统计量).

直接验证一个统计量 $T = T(X_1,X_2,\cdots,X_n)$ 是否为对参数的充分统计量是比较麻烦的. 为了避开这一困难, 我们有如下引理.

引理 2.2.1(因式分解定理)　设总体 X 的分布密度为 $f(x\,|\,\theta)$(θ 为未知常数, 可视为随机变量 Θ), $(X_1,X_2,\cdots,X_n)$ 为样本, $T = T(X_1,X_2,\cdots,X_n)$ 为统计量, 则统计量 T 为对 θ 的充分统计量的充要条件是 $(X_1,X_2,\cdots,X_n)$ 的联合分布密度函数可分解为

$$l(x_1, x_2, \cdots, x_n \mid \theta) = \prod_{i=1}^{n} f(x_i \mid \theta) = h(x_1, x_2, \cdots, x_n) g(T(x_1, x_2, \cdots, x_n) \mid \theta)$$

其中 h 是一个与 θ 无关的非负函数, g 仅通过 T 依赖于 $(x_1, x_2, \cdots, x_n)$.

上述引理称为 Fisher-Neyman 准则, 其证明要用到较多测度论知识, 这里略去.

引理 2.2.2　设 $m(t)$ 为统计量 $T = T(X_1, X_2, \cdots, X_n)$ 的边际分布且 $m(t) > 0$. 若 T 满足因式分解定理条件, 则参数 $\varTheta$ 的后验分布为

$$\pi[\theta \mid (x_1, \cdots, x_n)] = \pi(\theta \mid t) = \frac{\pi(\theta) g(t \mid \theta)}{m(t)} \qquad (2.2.4)$$

其中 $t = T(x_1, x_2, \cdots, x_n)$.

有了引理 2.2.2, 我们通过小样本 $(x_1, x_2, \cdots, x_n)$ (即大样本的一次实现, 代表新信息) 来获得 $\varTheta$ 的后验分布.

例 2.2.3　设 $X \sim N(\theta, \sigma^2)$, θ 为未知参数, σ^2 为已知参数. 又知参数随机变量 $\varTheta$ 的先验分布为 $N(\mu, \tau^2)$ (μ 和 τ^2 为已知). 若取 n 次数据 $(X_1, X_2, \cdots, X_n)$, 则由引理 2.2.1 可知 $T = \overline{X}$ 为对 θ 的充分统计量. 我们知道 $\overline{X} = \dfrac{1}{n} \sum_{i=1}^{n} X_i \sim N(\theta, \sigma^2 / n)$, 即其分布密度函数为

$$g(t \mid \theta) = (\sqrt{2\pi}\sigma)^{-1} \sqrt{n} \exp\left\{ -\frac{(t - \theta)^2}{2\sigma^2 / n} \right\}$$

故

$$\pi(\theta) g(t \mid \theta) = (2\pi\sigma)^{-1} \sqrt{n} \exp\left\{ -\frac{1}{2} \left[\frac{(\theta - \mu)^2}{\tau^2} + \frac{(t - \theta)^2}{\sigma^2 / n} \right] \right\}$$

$$= (2\pi\sigma)^{-1} \sqrt{n} \exp\left\{ -\frac{1}{2} \rho_n \left[\theta - \frac{1}{\rho_n} \left(\frac{\mu}{\tau^2} + \frac{t}{\sigma^2 / n} \right) \right]^2 \right\} \cdot \exp\left\{ -\frac{(\mu - t)^2}{2(\tau^2 + \sigma^2 / n)} \right\}$$

其中, $\rho_n = \dfrac{\tau^2 + \sigma^2 / n}{\tau^2 (\sigma^2 / n)}$. 而

$$m(t) = \int_{-\infty}^{+\infty} \pi(\theta) g(t \mid \theta) \mathrm{d}\theta = (2\pi\rho_n)^{-\frac{1}{2}} (\sigma\tau)^{-1} \sqrt{n} \exp\left\{ -\frac{(\mu - t)^2}{2(\tau^2 + \sigma^2 / n)} \right\}$$

故 $\varTheta$ 的后验分布密度为

$$\pi(\theta \mid t) = \frac{g(t \mid \theta) \pi(\theta)}{m(t)}$$

$$= (2\pi\rho_n^{-1})^{-\frac{1}{2}} \exp\left\{ -\frac{1}{2} \rho_n \left[\theta - \frac{1}{\rho_n} \left(\frac{\mu}{\tau^2} + \frac{t}{\sigma^2 / n} \right) \right]^2 \right\}$$

（其中 $t = \bar{x}$），由引理 2.2.2 知

$$\pi(\theta \mid (x_1, x_2, \cdots, x_n)) = \pi(\theta \mid \bar{x})$$

即 Θ 的后验分布为 $N(\mu(\bar{x}), \rho_n^{-1})$，其中

$$\mu(\bar{x}) = \frac{\sigma^2 / n}{\tau^2 + \sigma^2 / n}\mu + \frac{\tau^2}{\tau^2 + \sigma^2 / n}\bar{x} \tag{2.2.5}$$

$$\rho_n^{-1} = \frac{\tau^2 \sigma^2 / n}{\tau^2 + \sigma^2 / n} \tag{2.2.6}$$

特别当 $n=1$ 时，Θ 的后验分布为 $N(\mu(x), \rho^{-1})$，其中

$$\mu(x) = \frac{\sigma^2}{\sigma^2 + \tau^2}\mu + \frac{\tau^2}{\sigma^2 + \tau^2}x, \quad \rho = \frac{\tau^2 + \sigma^2}{\tau^2 \sigma^2}$$

2.2.2 损失函数

一个决策问题可理解为决策者和大自然的博弈问题. 决策者的纯策略集（也称为行动集）记为 $\mathcal{A}$, 可用变量 A 的值域 $\mathcal{A}$ 描述（有时也可直接记为 A）；大自然的纯策略集记为 $\varXi$, 可用随机变量 Θ 的值域 $\varXi$ 描述（有时也可直接记为 Θ）. 习惯上称 A 为决策变量, 称 Θ 为状态变量. 这样在局势（决策者, 大自然; $\mathcal{A}$, $\varXi$）中决策后果用损失函数表示. 损失函数 $l: \varXi \times \mathcal{A} \to \mathbf{R}$, $(\theta, a) \mapsto l(\theta, a)$, 其中 $l(\theta, a)$ 就是当自然状态为 θ 而决策者采用纯策略 a 时决策者的损失. 特别当 $\varXi = \{\theta_1, \theta_2, \cdots, \theta_n\}$ 和 $\mathcal{A} = \{a_1, a_2, \cdots, a_m\}$ 均为有限集时, 损失函数可用决策者的损失矩阵 L 表示, 即

$$L = \begin{array}{c} \\ a_1 \\ a_2 \\ \vdots \\ a_m \end{array} \begin{pmatrix} \theta_1 & \theta_2 & \cdots & \theta_n \\ l_{11} & l_{12} & \cdots & l_{1n} \\ l_{21} & l_{22} & \cdots & l_{2n} \\ \vdots & \vdots & & \vdots \\ l_{m1} & l_{m2} & \cdots & l_{mn} \end{pmatrix}$$

可简记为 $L = (l_{ij})_{m \times n}$.

例如, 决策者为某公司代理人, 他有两种纯策略（行动）a_1 和 a_2, a_1 表示接收某种资产, a_2 表示不接收该资产. 又自然状态有三种 θ_1, θ_2 和 θ_3, 分别表示市场行情好、中和差. 那么决策者的损失函数表 $\varXi$ 为

$$\begin{array}{c} \\ a_1 \\ a_2 \end{array} \begin{pmatrix} \theta_1 & \theta_2 & \theta_3 \\ 0 & 1 & 3 \\ 3 & 2 & 0 \end{pmatrix}$$

此例也可以用树状结构（决策树）表示.

2.2.3　无观察的决策准则

当决策者对状态变量 Θ 一无所知(没有 Θ 的先验分布或仅有无信息先验分布)且不进行任何观察时, 决策者的非随机决策准则为选取一个纯策略 a^* 使

$$\min_{a \in A} \sum_\theta l(\theta, a) \quad \text{或} \quad \min_{a \in A} \int_\Theta l(\theta, \alpha) \mathrm{d}\theta \tag{2.2.7}$$

而其随机决策准则为选取变量的一个可能分布 p^* 使

$$\min_p \quad E^a \left[\sum_{\theta \in \Xi} l(\theta, A) \right]$$

$$\text{s.t.} \begin{cases} \int_{-\infty}^{+\infty} \mathrm{d}F^{(a)} = 1 \\ p \geqslant 0 \end{cases} \tag{2.2.8}$$

若将大自然视为对策问题的另一局中人, 它存在其最优混合策略 π, 决策准则为选取一个混合策略 p^* 及求状态分布 π^* 使

$$\min_p \max_\pi \quad E^a [E^\theta (l(\Theta, A))]$$

$$\text{s.t.} \begin{cases} \int_{-\infty}^{+\infty} \mathrm{d}F(a) = 1 \\ \int_{-\infty}^{+\infty} \mathrm{d}F(\theta) = 1 \\ P \geqslant 0, \pi \geqslant 0 \end{cases} \tag{2.2.9}$$

若 Θ 和 A 取值都只有有限个, 则决策问题化为求一个 Θ 二人有限零和对策问题的最优混合策略[9].

当决策者已获得状态变量 Θ 的先验分布但不作任何观察时, 决策者的非随机决策准则是选取一个纯策略 a^* 使

$$\min_{a \in A} E^\theta [l(\Theta, a)] \tag{2.2.10}$$

其中 $E^\theta [l(\Theta, a)] = \int_\Theta l(\theta, a) \mathrm{d}F(\theta)$. 而决策者的随机决策准则为选取一个纯策略的分布 p^* (混合策略)使

$$\min_p \quad E^a [E^\theta (l(\Theta, A))]$$

$$\text{s.t.} \begin{cases} \int_A \mathrm{d}F(a) = 1 \\ p \geqslant 0 \end{cases} \tag{2.2.11}$$

例 2.2.4　设决策者的损失函数为 $l(\theta_j, a_i)$ ($i = 1, 2, \cdots, m$, $j = 1, 2, \cdots, n$), 则(2.2.11)的具体形式为

$$\min_{p} \quad \sum_{i=1}^{m} p_i \left(\sum_{j=1}^{n} \pi_j l(\theta_j, a_i) \right)$$

$$\text{s.t.} \quad \begin{cases} \sum_{i=1}^{m} p_i = 1 \\ 0 \leqslant p_i \leqslant 1 \end{cases}$$

其中 $p = (p_1, p_2, \cdots, p_m)^{\mathrm{T}}$, 而 $\pi = (\pi_1, \pi_2, \cdots, \pi_n)^{\mathrm{T}}$ 为 Θ 的先验分布. 解上述规划可以发现, 当决策者的纯策略集与状态集均为有限时后面的 (2.2.12) 与 (2.2.11) 是等效的.

2.2.4　有观察的后验 Bayes 行动与 Bayes 风险最小化

在本节中, 我们要讨论的是决策者如何利用所观察到的信息更好地作出决策.

一种比较简单的做法是利用观察值 x (单个实数或向量) 给出状态变量的后验分布, 然后用后验分布代替原有先验分布进行无观察的期望值损失极小化决策. 相当于用下列准则 (2.2.12) 代替 (2.2.10)

$$\min_{a \in A} \quad E^{\theta|x}[l(\Theta, a)] \tag{2.2.12}$$

其中

$$E^{\theta|x}[l(\Theta, a)] = \begin{cases} \int_{\Theta} l(\theta, a)\pi(\theta \mid x)\mathrm{d}\theta, & \Theta \text{ 连续}, \\ \sum_{j} l(\theta_j, a)\pi(\theta_j \mid x), & \Theta \text{ 离散} \end{cases}$$

用 (2.2.12) 可以定义一个映射 $\delta^{\pi}: X \to \mathcal{A}$, $x \mapsto \delta^{\pi}(x) := a^*(x)$, 其中 $\delta^{\pi}(x)$ 为 (2.2.12) 的解. 我们称 δ^{π} 为有观察的后验 Bayes 决策规则, 简称 Bayes 规则, 而称 $a^*(x)$ 为后验 Bayes 行动. (2.2.12) 的等价问题是

$$\min_{a \in A} \int_{\Theta} l(\theta, a) f(x \mid \theta) \mathrm{d}F(\theta) \tag{2.2.13}$$

其中

$$\int_{\Theta} l(\theta, a) f(x \mid \theta) \mathrm{d}F(\theta) = \begin{cases} \int_{\Theta} l(\theta, a) f(x \mid \theta)\pi(\theta)\mathrm{d}\theta, & \Theta \text{ 连续}, \\ \sum_{j} l(\theta_j, a) f(x \mid \theta_j)\pi(\theta_j), & \Theta \text{ 离散} \end{cases}$$

这里因为

$$\pi(\theta \mid x) = \frac{h(x, \theta)}{m(x)} = \frac{f(x \mid \theta)\pi(\theta)}{m(x)}$$

而 $m(x)$ 为 a 和 θ 无关的正常数. 一般来讲 (2.2.13) 更常用, 因为它不需计算观察量 X 的预测分布 (边际分布), 有时将 (2.2.13) 确定的行动称为形式 Bayes 行动, 而称前面的 Bayes 行动为正规 Bayes 行动.

现在我们来研究一般的映射 $\delta: X \to \mathcal{A},\ x \mapsto \delta(x)$. 将每一个这样的映射称为有观察的非随机决策规则. 此类映射的全体记为 Δ. 任意 $\delta \in \Delta$ 给出了下列推理规则:

"若观察量为 x, 则采取行动 $\delta(x)$" 或简述为 "If X is x, then A is $\delta(x)$".

现在的问题是因为观察量本身具有不确定性, 是一个随机变量(受测量误差、噪声干扰等因素影响), 即观测量本身也是一个随机变量(随机向量)而且其分布又与状态变量取值有关, 所以决策规则是带有风险的. 这种风险称为 Bayes 风险. 由于观察量 X 和状态变量 Θ 都是随机变量, 故损失函数 $l(\Theta, \delta(X))$ 也是随机变量. 当给定 θ 时, $l(\theta, \delta(X))$ 对 X 的分布期望称为风险函数, 记为 $R(\theta, \delta)$, 有

$$R(\theta, \delta) = E^{x|\theta}[l(\theta, \delta(X))] = \begin{cases} \int_X l(\theta, \delta(x)) f(x \mid \theta) \mathrm{d}\theta, & X \text{连续}, \\ \sum_{x \in X} l(\theta, \delta(x)) f(x \mid \theta), & X \text{离散} \end{cases} \qquad (2.2.14)$$

又因为决策者事先并不知道 Θ 的真实状态 θ, 他只能对 Θ 的分布 $\pi(\theta)$ 作先验估计, 所以进行决策分析时必须把状态变量 Θ 的不确定性考虑进去, 即需要将风险函数 $R(\theta, \delta)$ 对 Θ 的分布取期望值, 从而获得

$$r(\pi, \delta) = E^{\theta}[R(\Theta, \delta)] = E^{\theta}[E^{x|\theta}[l(\Theta, \delta(X))]]$$

$$= \begin{cases} \int_{\Theta} R(\theta, \delta)\pi(\theta)\mathrm{d}\theta = \int_{\Theta} \int_X l(\theta, \delta(x)) f(x \mid \theta)\pi(\theta)\mathrm{d}x\mathrm{d}\theta, & X, \Theta \text{ 连续}, \\ \sum_{\theta} R(\theta, \delta)\pi(\theta) = \sum_{\theta} \sum_x l(\theta, \delta(x)) f(x \mid \theta)\pi(\theta), & X, \Theta \text{ 离散} \end{cases}$$

$$(2.2.15)$$

称 $r(\pi, \delta)$ 为非随机决策规则 δ 对先验分布的 Bayes 风险.

我们来考虑 Bayes 风险极小化问题

$$\max_{\delta \in \Delta} r(\pi, \delta) \qquad (2.2.16)$$

不妨假定 X 和 Θ 都是离散的, 则

$$r(\pi, \delta) = \sum_j \sum_k l(\theta_j, \delta(x_k)) f(x_k \mid \theta_j)\pi(\theta_j)$$

$$= \sum_k m(x_k) \sum_j l(\theta_j, \delta(x_k)) \frac{f(x_k \mid \theta_j)\pi(\theta_j)}{m(x_k)} = \sum_k m(x_k) \sum_j l(\theta_j, \delta(x_k))\pi(\theta_j \mid x_k)$$

显然, 对每个 x_k 取 $\delta(x_k)$ 为后验 Bayes 行动 $\delta^{\pi}(x_k)$ 时

$$\sum_j l(\theta_j, \delta(x_k))\pi(\theta_j \mid x_k)$$

达到极小值, 亦即

$$f(x_k) \sum_j l(\theta_j, \delta(x_k))\pi(\theta_j \mid x_k)$$

达到极小值 $f(x_k)\sum\limits_{j}l(\theta_j,\delta^\pi(x_k))\pi(\theta_j|x_k)$, 故 $r(\pi,\delta)$ 达到极小值. 由此可见, 后验 Bayes 决策规则是 Bayes 风险极小规则. 类似地, 可用 Fubini 定理证明对 X 和 Θ 连续时也有相同结论, 即有如下定理.

定理 2.2.1 后验 Bayes 决策规则是 Bayes 风险极小的非随机决策规则, 即

$$r(\pi,\delta^\pi)=\min_{\delta\in\Delta}r(\pi,\delta)$$

我们知道 (2.2.12) 与 (2.2.13) 等价的条件是 $m(x)>0$, 而定理 2.2.1 的推导中使用了 (2.2.12) 与 (2.2.13) 的等价性, 即认为 $m(x)>0$. 但是下面的引理保证了定理 2.2.1 的一般性.

引理 2.2.3 设 $\delta\in\Delta$, 且损失函数有界, 则

$$r(\pi,\delta)=\int_{\{x|m(x)>0\}}\left[\int_\Theta l(\theta,\delta(x))\mathrm{d}F(\theta|x)\right]\mathrm{d}F(x)$$

记 $\rho(\pi(\theta|x),\delta(x))=\int_\Theta l(\theta,\delta(x))\,\mathrm{d}F(\theta|x)$.

证明 由定义知

$$r(\pi,\delta)=\int_\Theta R(\theta,\delta)\mathrm{d}F(\theta)=\int_\Theta\int_X l(\theta,\delta(x))\mathrm{d}F(x|\theta)\mathrm{d}F(\theta)$$

而 $l(\theta,a)\geqslant -k>-\infty$, 且 X 和 Θ 的概率测度有限, 故可用 Fubini 定理交换上式中的积分次序得

$$r(\pi,\delta)=\begin{cases}\displaystyle\int_X\left[\int_\Theta l(\theta,\delta(x))f(x|\theta)\mathrm{d}F(\theta)\right]\mathrm{d}x\\[3mm]\displaystyle\sum_k\int_\Theta l(\theta,\delta(x_k))f(x_k|\theta)\mathrm{d}F(\theta)\end{cases}$$

$$=\begin{cases}\displaystyle\int_{\{x|m(x)>0\}}\left[\int_\Theta l(\theta,\delta(x))\frac{f(x|\theta)}{m(x)}\mathrm{d}F(\theta)\right]m(x)\mathrm{d}x\\[4mm]\displaystyle\sum_{m(x_k)>0}\left[\int_\Theta l(\theta,\delta(x_k))\frac{f(x_k|\theta)}{m(x_k)}\mathrm{d}F(\theta)\right]m(x_k)\end{cases}$$

$$=\int_{\{x|m(x)>0\}}\rho(\pi(\theta|x),\delta(x))\mathrm{d}F(x)$$

例 2.2.5 设损失函数为平方损失 $l(\theta,a)=(\theta-a)^2$, 则 Bayes 规则 δ^π 为: $\delta^\pi(x)=E^{\theta|x}[\Theta]$.

事实上, 后验期望损失为

$$\begin{aligned}g(a)&=E^{\theta|x}[l(\Theta,a)]\\&=\int_\Xi(\theta-a)^2\mathrm{d}F(\theta|x)\\&=\int_\Theta\theta^2\mathrm{d}F(\theta|x)-2a\int_\Theta\theta\mathrm{d}F(\theta|x)+a^2\int_\Xi\mathrm{d}F(\theta|x)\\&=S(x,\theta)-2aE^{\theta|x}[\Theta]+a^2\end{aligned}$$

解

$$\frac{\mathrm{d}g}{\mathrm{d}a} = -2E^{\theta|x}[\Theta] + 2a = 0$$

得 (2.2.12) 的极小点 $\delta^{\pi}(x) = E^{\theta|x}[\Theta]$.

例 2.2.6　设损失函数为加权平方损失 $l(\Theta, a) = \omega(\theta)(\theta - a)^2$, 则 Bayes 规则 δ^{π} 为

$$\delta^{\pi}(x) = \frac{E^{\theta|x}[\Theta \cdot \omega(\Theta)]}{E^{\theta|x}[\omega(\Theta)]} = \frac{\int_{\Theta} \theta \omega(\theta) f(x \mid \theta) \mathrm{d}F(\theta)}{\int_{\Theta} \omega(\theta) f(x \mid \theta) \mathrm{d}F(\theta)}$$

其中 $\omega(\theta)$ 为权函数.

例 2.2.7　设损失函数为线性损失

$$l(\theta, a) = \begin{cases} k_0(\theta - a), & \theta - a \geqslant 0, \\ k_1(a - \theta), & \theta - a < 0 \end{cases}$$

(当 $k_0 = k_1 = 1$ 时即为绝对误差损失). 则 Bayes 规则 δ^{π} 中 $\delta^{\pi}(x)$ 为 $\pi(\theta \mid x)$ 的 $k_0 / (k_0 + k_1)$-分位点, 即 $\delta^{\pi}(x)$ 满足:

$$\begin{cases} P\{\Theta \leqslant \delta^{\pi}(x)\} \geqslant \dfrac{k_1}{k_0 + k_1} \\ P\{\Theta \geqslant \delta^{\pi}(x)\} \leqslant \dfrac{k_0}{k_0 + k_1} \end{cases}$$

例 2.2.8　设某群体中患某种疾病的比例为 5%, 这种病也可以不治而愈. 对某人而言, 有两种可能性: 即患病 (θ_1)、不患病 (θ_2); 疑似患者可以采取的行动是: 进行治疗 (a_1)、不进行治疗 (a_2), 其损失矩阵为

$$\begin{array}{cc} & \begin{array}{cc} \theta_1 & \theta_2 \end{array} \\ \begin{array}{c} a_1 \\ a_2 \end{array} & \begin{pmatrix} 1 & 3 \\ 5 & 0 \end{pmatrix} \end{array}$$

若可以对这种病进行血检, 血检结果有两种, 即阳性 ($x_1 = 1$) 和阴性 ($x_1 = 0$). 血检并不是绝对可靠的, 假定已知

$$f(1 \mid \theta_1) = 0.8, \quad f(0 \mid \theta_1) = 0.2, \quad f(1 \mid \theta_2) = 0.3, \quad f(0 \mid \theta_2) = 0.7$$

问这个人应如何根据血检报告选择治疗或不治疗, 才能使 Bayes 风险最小?

解　由已知, 患者情况的先验分布为 $\pi(\theta_1) = 0.05$, $\pi(\theta_2) = 0.95$, 则

$$m(1) = f(1 \mid \theta_1)\pi(\theta_1) + f(1 \mid \theta_2)\pi(\theta_2) = 0.04 + 0.285 = 0.325$$

$$m(0) = f(0 \mid \theta_1)\pi(\theta_1) + f(0 \mid \theta_2)\pi(\theta_2) = 0.01 + 0.665 = 0.675$$

$$\pi(\theta \mid 1) = \frac{f(1 \mid \theta)\pi(\theta)}{m(1)} = \begin{cases} \dfrac{0.04}{0.325} = 0.123, & \theta = \theta_1, \\ \dfrac{0.285}{0.325} = 0.877, & \theta = \theta_2 \end{cases}$$

$$\pi(\theta\,|\,0)=\frac{f(0\,|\,\theta)\pi(\theta)}{m(0)}=\begin{cases}\dfrac{0.01}{0.675}=0.0148,&\theta=\theta_1,\\[2mm]\dfrac{0.665}{0.675}=0.9852,&\theta=\theta_2\end{cases}$$

根据定理 2.2.1, 我们求 Bayes 规则.

当 $x=1$ 时,

$$E^{\theta|x}[l(\Theta,a_1)]=0.123\times1+0.877\times3=2.754$$
$$E^{\theta|x}[l(\Theta,a_2)]=0.123\times5+0.877\times0=0.615$$

故 $\delta(1)=a_2$.

当 $x=0$ 时,

$$E^{\theta|x}[l(\Theta,a_1)]=0.0148\times1+0.9852\times3=2.9704$$
$$E^{\theta|x}[l(\Theta,a_2)]=0.0148\times5+0.9852\times0=0.074$$

故 $\delta(0)=a_2$.

由此可见, 无论血检如何, 选择不治疗可使 Bayes 风险最小.

2.2.5　有观察的随机决策规则

在有观察的随机决策规则中, 对每个观察值 x 不是只采取一种行动, 而是以某种概率分布采取各种行动, 即采取一种混合策略. 我们把这一混合策略描述为分布 $\delta^*(x,\cdot)$ (当决策变量 A 为离散型时以分布列给出, 当决策变量 A 为连续型时以分布密度函数给出). 因此可以将有观察的随机决策规则解释为观察变量 X 和决策变量 A 的一种联合分布, 这样, 可将非随机决策规则视为随机决策规则的特殊情况, 即

$$\delta^*(x,a)=\begin{cases}1,&a=\delta(x),\\0,&\text{其他}\end{cases}$$

当 A 为有限集 $\{a_1,a_2,\cdots,a_m\}$ 时, 随机决策规则可表示为下列形式

$$\delta^*(x)=\sum_{i=1}^{m}p_i(x)\langle a_i\rangle$$

即以 $p_i(x)$ 的概率采取行动 a_i.

随机决策规则 δ^* 的损失函数定义为

$$l(\theta,\delta^*(x,\cdot))=E^{\delta^*(x,\cdot)}[l(\theta,A)]$$
$$=\begin{cases}\displaystyle\int_A l(\theta,a)\delta^*(x,a)\mathrm{d}a\\[2mm]\displaystyle\sum_i l(\theta,a_i)\delta^*(x,a_i)\end{cases}$$

δ^* 的期望损失为

$$R(\theta,\delta^*) = E^{x|\theta}[l(\theta,\delta^*(X,\cdot))]$$

δ^* 的 Bayes 风险定义为

$$r(\pi,\delta^*) = E^{\theta}[R(\Theta,\delta^*)] \tag{2.2.17}$$

有了随机决策规则的 Bayes 风险, 我们就可以通过比较随机决策规则的 Bayes 风险来决定决策规则的优劣, 即

$$\delta_1^* < \delta_2^* \Leftrightarrow r(\pi,\delta_1^*) > r(\pi,\delta_2^*) \tag{2.2.18}$$

意思是 Bayes 风险小的随机决策规则优先.

例 2.2.9　设 $X \sim B(n,\theta)$, 两个假设为 $H_0:\theta=\theta_0$ 和 $H_1:\theta=\theta_1$ ($\theta_0 > \theta_1$), a_i 表示接受 H_i ($i=0,1$) 的两种行动. 记 $C_k=\{x \,|\, x \leqslant k\}$, $\alpha_k=P_{\theta_0}\{X \leqslant k\} = \sum\limits_{r=0}^{k} C_n^r \theta_0^r (1-\theta_0)^{n-r}$. 对 n 重伯努利试验, 观察量 X 为特定事件 B 发生的次数, 考虑随机决策规则 δ_k^*:

$$\delta_k^*(x,a_1) = \begin{cases} 1, & x < k, \\ p, & x = k, \\ 0, & x > k \end{cases}$$

$$\delta_k^*(x,a_0) = 1 - \delta_k^*(x,a_1)$$

即当观察到 $x < k$ 时, 以概率 1 拒绝 H_0; 当观察到 $x > k$ 时, 从不拒绝 H_0; 当观察到 $x = k$ 时, 以概率 p 拒绝 H_0、以概率 $1-p$ 接受 H_0. 若 Θ 具有先验分布 $\pi(\theta_0) = \dfrac{3}{4}$, $\pi(\theta_1) = \dfrac{1}{4}$, 求 δ^* 的 Bayes 风险, 其中设损失函数为

$$l(\theta_j,a_i) = \begin{cases} 0, & i = j, \\ 1, & i \neq j \end{cases}$$

解　$l(\theta_0,\delta_k^*(x,\cdot)) = E^{\delta_k^*(x,\cdot)}[l(\theta_0,A)] = \delta_k^*(x,a_0)l(\theta_0,a_0) + \delta_k^*(x,a_1)l(\theta_0,a_1) = \delta_k^*(x,a_1)$.

$R(\theta_0,\delta_k^*) = E^{x|\theta_0}[l(\theta_0,\delta_k^*(X,\cdot))] = E^{x|\theta_0}[\delta_k^*(X,a_1)] = P_{\theta_0}\{X < k\} + pP_{\theta_0}\{x = k\}$

类似地可得

$$R(\theta_1,\delta_k^*) = P_{\theta_1}\{x > k\} + (1-p)P_{\theta_1}\{x = k\}$$

故 δ_k^* 的 Bayes 风险为

$$r(\pi,\delta_k^*) = \frac{3}{4}[P_{\theta_0}\{X < k\} + pP_{\theta_0}\{X = k\}] + \frac{1}{4}[P_{\theta_1}\{X > k\} + (1-p)P_{\theta_1}\{X = k\}]$$

经过实际计算可以找到风险最小的 k.

2.3　具有部分先验信息的 Bayes 决策

先验信息对 Bayes 分析是十分重要的. 状态变量 Θ 的分布越准确决策越科学, 因此应该充分运用决策者的经验和观察量样本信息. 但是, 在实际中, 决策者对状态变量的分布了解往往是不完整的, 有些时候不是定量的, 很难设定唯一的先验分布 $\pi(\theta)$. 由于决策过程中信息资源的稀缺性, 此时如果放弃这些不完整的信息而采用无信息先验分布将导致信息资源的浪费. 当先验信息难以唯一确定先验分布 $\pi(\theta)$ 时, 如何进行 Bayes 决策呢? 我们考虑放弃先验分布 $\pi(\theta)$ 的唯一性条件, 尽可能找到符合决策者先验信息的分布的集合 $\Pi \subseteq G$. 假定状态集和纯策略集均为有限集, 状态集记为 $\Theta = \{\theta_1, \theta_2, \cdots, \theta_n\}$, 纯策略集记为 $A = \{a_1, a_2, \cdots, a_m\}$, 损失函数可用决策者的损失矩阵 L 表示, 即

$$L = \begin{array}{c} \\ a_1 \\ a_2 \\ \vdots \\ a_m \end{array} \overset{\displaystyle \theta_1 \quad\ \theta_2 \ \cdots \quad \theta_n}{\begin{pmatrix} l_{11} & l_{12} & \cdots & l_{1n} \\ l_{21} & l_{22} & \cdots & l_{2n} \\ \vdots & \vdots & & \vdots \\ l_{m1} & l_{m2} & \cdots & l_{mn} \end{pmatrix}}$$

此时状态变量可能的分布构成的集合

$$\Pi \subseteq G = \left\{ \pi = (\pi_1, \pi_2, \cdots, \pi_n) \,\middle|\, \sum_{j=1}^{n} \pi_j = 1, 0 \leqslant \pi_j \leqslant 1, j = 1, 2, \cdots, n \right\}$$

当 $n = 3$ 时, 可以用图 2.3.1 表示.

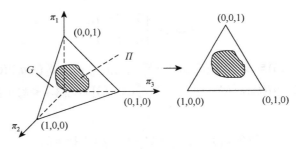

图 2.3.1

例如, 决策者认为: 状态 θ_1 发生的概率大于 50%, 即 $\pi_1 > 0.5$; 状态 θ_2 发生的概率大于状态 θ_3 发生的概率, 即 $\pi_2 > \pi_3$; 状态 θ_3 发生的概率大于 10^{-4}, 即 $\pi_3 > 10^{-4}$. 即 Θ 的分布位于如图 2.3.2 所示中小三角形阴影部分.

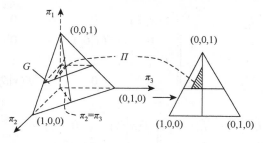

图 2.3.2

对此, 可能的分布空间为

$$\Pi = \left\{(\pi_1, \pi_2, \pi_3) \middle| \pi_1 + \pi_2 + \pi_3 = 1, 0.5 < \pi_1 \leqslant 1, 10^{-4} < \pi_3 < \pi_2 \leqslant 1\right\}$$

根据 Bayes 决策规则 (2.2.13), 给定观测量 X 的观测值 x, 应从集合 $A = \{a_1, a_2, \cdots, a_m\}$ 中选取一个纯策略 a_k, 使之为

$$\min_{a \in A} q(a_i) = \sum_j l(\theta_j, a_i) f(x \mid \theta_j) \pi(\theta_j)$$

的解. 如前面, 我们经常将 π_j 和 $\pi(\theta_j)$ 混用. 也就是,

$$\forall i, \quad q(a_k) = \sum_j l(\theta_j, a_k) f(x \mid \theta_j) \pi(\theta_j) \leqslant q(a_i) = \sum_j l(\theta_j, a_i) f(x \mid \theta_j) \pi(\theta_j)$$

$$(2.3.1)$$

即

$$(l_{k1}, l_{k2}, \cdots, l_{kn}) \begin{pmatrix} f(x \mid \theta_1) & 0 & \cdots & 0 \\ 0 & f(x \mid \theta_2) & \cdots & 0 \\ \vdots & \vdots & & \vdots \\ 0 & 0 & \cdots & f(x \mid \theta_n) \end{pmatrix} \begin{pmatrix} \pi_1 \\ \pi_2 \\ \vdots \\ \pi_n \end{pmatrix}$$

$$\leqslant (l_{i1}, l_{i2}, \cdots, l_{in}) \begin{pmatrix} f(x \mid \theta_1) & 0 & \cdots & 0 \\ 0 & f(x \mid \theta_2) & \cdots & 0 \\ \vdots & \vdots & & \vdots \\ 0 & 0 & \cdots & f(x \mid \theta_n) \end{pmatrix} \begin{pmatrix} \pi_1 \\ \pi_2 \\ \vdots \\ \pi_n \end{pmatrix}, \quad i = 1, 2, \cdots, m$$

即

$$\begin{pmatrix} l_{k1} & l_{k2} & \cdots & l_{kn} \\ l_{k1} & l_{k2} & \cdots & l_{kn} \\ \vdots & \vdots & & \vdots \\ l_{k1} & l_{k2} & \cdots & l_{kn} \end{pmatrix} \begin{pmatrix} f(x \mid \theta_1) & 0 & \cdots & 0 \\ 0 & f(x \mid \theta_2) & \cdots & 0 \\ \vdots & \vdots & & \vdots \\ 0 & 0 & \cdots & f(x \mid \theta_n) \end{pmatrix} \begin{pmatrix} \pi_1 \\ \pi_2 \\ \vdots \\ \pi_n \end{pmatrix}$$

$$\leqslant \begin{pmatrix} l_{11} & l_{12} & \cdots & l_{1n} \\ l_{21} & l_{22} & \cdots & l_{2n} \\ \vdots & \vdots & & \vdots \\ l_{m1} & l_{m2} & \cdots & l_{mn} \end{pmatrix} \begin{pmatrix} f(x|\theta_1) & 0 & \cdots & 0 \\ 0 & f(x|\theta_2) & \cdots & 0 \\ \vdots & \vdots & & \vdots \\ 0 & 0 & \cdots & f(x|\theta_n) \end{pmatrix} \begin{pmatrix} \pi_1 \\ \pi_2 \\ \vdots \\ \pi_n \end{pmatrix}$$

即

$$\begin{pmatrix} l_{11}-l_{k1} & l_{12}-l_{k2} & \cdots & l_{1n}-l_{kn} \\ l_{21}-l_{k1} & l_{22}-l_{k2} & \cdots & l_{2n}-l_{kn} \\ \vdots & \vdots & & \vdots \\ l_{m1}-l_{k1} & l_{m2}-l_{k2} & \cdots & l_{mn}-l_{kn} \end{pmatrix} \begin{pmatrix} f(x|\theta_1) & 0 & \cdots & 0 \\ 0 & f(x|\theta_2) & \cdots & 0 \\ \vdots & \vdots & & \vdots \\ 0 & 0 & \cdots & f(x|\theta_n) \end{pmatrix} \begin{pmatrix} \pi_1 \\ \pi_2 \\ \vdots \\ \pi_n \end{pmatrix} \geqslant 0$$

$$(2.3.2)$$

记

$$D_k(x) = \begin{pmatrix} l_{11}-l_{k1} & l_{12}-l_{k2} & \cdots & l_{1n}-l_{kn} \\ l_{21}-l_{k1} & l_{22}-l_{k2} & \cdots & l_{2n}-l_{kn} \\ \vdots & \vdots & & \vdots \\ l_{m1}-l_{k1} & l_{m2}-l_{k2} & \cdots & l_{mn}-l_{kn} \end{pmatrix} \begin{pmatrix} f(x|\theta_1) & 0 & \cdots & 0 \\ 0 & f(x|\theta_2) & \cdots & 0 \\ \vdots & \vdots & & \vdots \\ 0 & 0 & \cdots & f(x|\theta_n) \end{pmatrix}, \quad \pi = \begin{pmatrix} \pi_1 \\ \pi_2 \\ \vdots \\ \pi_n \end{pmatrix}$$

那么不等式 (2.3.2) 简记为 $D_k \cdot \pi \geqslant 0$. 解不等式, 得解空间为

$$\Pi_k(x) = \left\{ \pi = (\pi_1, \pi_2, \cdots, \pi_n) \big| D_k(x) \cdot \pi \geqslant 0 \right\} \tag{2.3.3}$$

令 $M_k(x) = \Pi \bigcap \Pi_k(x)$, 具有部分先验信息的 Bayes 决策规则为集值映射

$$\delta^\Pi : X \to \mathcal{P}(A), x \mapsto \delta^\Pi(x) = \left\{ a_k \big| M_k(x) = \Pi \bigcap \Pi_k(x) \neq \varnothing \right\}$$

例 2.3.1　医生根据某个患者的症状认为患者得第一种疾病的可能性超过一半, 但是另外两种不很常见的疾病也会有同样症状. 根据医生的经验, 患者得第三种疾病的可能性至少是万分之一, 得第二种疾病的可能性比得第三种疾病的可能性大. 为了确诊, 医生让患者验血, 检查白细胞数 x. 设医生知道这三种疾病的白细胞数的概率分布均为正态分布, 依次为 $N(3000,1000^2)$, $N(7500,2000^2)$ 和 $N(16000,4000^2)$. 患者验血的结果是 $x = 5000$, 且白细胞计数的精度为 5000 ± 50. 现医生想判断患者得的是什么病.

患者得第一种疾病记作状态 θ_1, 得第二种疾病记作状态 θ_2, 得第三种疾病记作状态 θ_3. 记观察量白细胞数为 X, 那么 X 的似然函数为

$$f(x|\theta_1) = N(3000,1000^2), \quad f(x|\theta_2) = N(7500,2000^2), \quad f(x|\theta_3) = N(16000,4000^2)$$

由医生的先验信息, 状态变量 Θ 的先验分布 $\pi(\theta)$ 的约束集为

$$\Pi = \left\{ (\pi_1, \pi_2, \pi_3) \big| \pi_1 + \pi_2 + \pi_3 = 1, 0.5 < \pi_1 \leqslant 1, 10^{-4} < \pi_3 < \pi_2 \leqslant 1 \right\}$$

下面计算 $\Pi_k(x) = \left\{ \pi = (\pi_1, \pi_2, \cdots, \pi_n) \big| D_k \cdot \pi \geqslant 0 \right\}$. 我们将白细胞数的分布离散化, 得

$$p(5000|\theta_1) = \int_{4950}^{5050} \frac{1}{\sqrt{2\pi} \times 1000} \exp\left\{-\frac{(x-3000)^2}{2 \times 1000^2}\right\} dx = 0.0054$$

$$p(5000|\theta_2) = \int_{4950}^{5050} \frac{1}{\sqrt{2\pi} \times 2000} \exp\left\{-\frac{(x-7500)^2}{2 \times 2000^2}\right\} dx = 0.0094$$

$$p(5000|\theta_3) = \int_{4950}^{5050} \frac{1}{\sqrt{2\pi} \times 4000} \exp\left\{-\frac{(x-16000)^2}{2 \times 4000^2}\right\} dx = 0.00024$$

医生对患者采取第一、二、三种疾病的治疗措施分别记为 a_1, a_2, a_3. 考虑到采取正确治疗措施损失为 0, 判断失误时损失为 1, 则损失矩阵为

$$L = \begin{pmatrix} 0 & 1 & 1 \\ 1 & 0 & 1 \\ 1 & 1 & 0 \end{pmatrix}$$

$$D_1(5000) = \begin{pmatrix} 0 & 0 & 0 \\ 1 & -1 & 0 \\ 1 & 0 & -1 \end{pmatrix} \begin{pmatrix} 0.0054 & 0 & 0 \\ 0 & 0.0094 & 0 \\ 0 & 0 & 0.00024 \end{pmatrix} = \begin{pmatrix} 0 & 0 & 0 \\ 0.0054 & -0.0094 & 0 \\ 0.0054 & 0 & -0.00024 \end{pmatrix}$$

$$D_2(5000) = \begin{pmatrix} -1 & 1 & 0 \\ 0 & 0 & 0 \\ 0 & 1 & -1 \end{pmatrix} \begin{pmatrix} 0.0054 & 0 & 0 \\ 0 & 0.0094 & 0 \\ 0 & 0 & 0.00024 \end{pmatrix} = \begin{pmatrix} -0.0054 & 0.0094 & 0 \\ 0 & 0 & 0 \\ 0 & 0.0094 & -0.00024 \end{pmatrix}$$

$$D_3(5000) = \begin{pmatrix} -1 & 0 & 1 \\ 0 & -1 & 1 \\ 0 & 0 & 0 \end{pmatrix} \begin{pmatrix} 0.0054 & 0 & 0 \\ 0 & 0.0094 & 0 \\ 0 & 0 & 0.00024 \end{pmatrix} = \begin{pmatrix} -0.0054 & 0 & 0.00024 \\ 0 & -0.0094 & 0.00024 \\ 0 & 0 & 0 \end{pmatrix}$$

因此

$$\Pi_1(x) = \left\{\pi = (\pi_1, \pi_2, \cdots, \pi_n) \,\middle|\, 54\pi_1 - 94\pi_2 \geqslant 0, 54\pi_1 - 2.4\pi_3 \geqslant 0\right\}$$

$$\Pi_2(x) = \left\{\pi = (\pi_1, \pi_2, \cdots, \pi_n) \,\middle|\, -54\pi_1 + 94\pi_2 \geqslant 0, 94\pi_2 - 2.4\pi_3 \geqslant 0\right\}$$

$$\Pi_3(x) = \left\{\pi = (\pi_1, \pi_2, \cdots, \pi_n) \,\middle|\, -54\pi_1 + 2.4\pi_3 \geqslant 0, -94\pi_2 + 2.4\pi_3 \geqslant 0\right\}$$

对 $\Pi_3(x)$, 由 $-54\pi_1 + 2.4\pi_3 \geqslant 0$ 得 $\pi_1 \leqslant \frac{24}{540}\pi_3 \leqslant \frac{24}{540}$, 与 $1 \geqslant \pi_1 > 0.5$ 矛盾! 即 $M_3(x) = \Pi \bigcap \Pi_3(x) = \varnothing$; 对 $\Pi_1(x)$, $M_1(x) = \Pi \bigcap \Pi_1(x) \neq \varnothing$; 对 $\Pi_2(x)$, $M_2(x) = \Pi \bigcap \Pi_2(x) \neq \varnothing$.

所以, 问题的 Bayes 决策为 $\delta^\Pi(5000) = \{a_1, a_2\}$. 也就是说, 医生仍然不能排除患者得第二种病的可能. 为了能够确诊, 医生还需要用其他手段做进一步检查, 才能对症下药.

2.4   信息的价值

在决策过程中, 影响的因素很多, 其中最为重要的是决策者的主观因素, 包括价值观、风险管理、认知能力等. 这些主观因素又与决策者的信息资源和信息获取能力密切相关, 这种关系在决策过程中反映为信息的价值. 从随机决策的角度看, 信息表现为状态变量的先验分布、观察量的选择和数据资源. 单从逻辑上讲, 在决策者的认知能力一定的情况下, 数据资源越丰富, 数据挖掘手段越先进, 决策的风险越小. 但是, 实际中, 数据资源是珍贵的, 数据的获得需要支付成本, 而且有时这种信息的成本是高昂的, 信息的成本又包括数据成本和数据处理成本. 我们姑且认为, 除了随机干扰, 在决策前取得的数据都是真实的(即排除人为造假或受骗获取假情报等), 而且数据不需要进行挖掘可直接用于决策过程. 也就是说, 假设直接用于决策的数据是经过随机试验得的. 当然, 现实中用于决策的数据来源是广泛的, 而且数据处理的方式也多种多样. 我们这样做, 是为了能从数学上建立狭义的信息价值模型.

Bayes 分析是通过随机试验获得观察量 X 的观察值 x, 去改善先验分布 $\pi(\theta)$, 从而减少期望损失. 但是, 进行随机试验是需要支付成本的. 从经济上讲, 如果通过随机试验收集到的数据所带来的损失减少不足以支付观察成本, 那么试验不值得进行. 因此, 在进行正式决策之前需要判断是否有必要进行数据收集, 即进行关于数据收集的预决策, 此决策要素包括数据成本核算和数据的信息价值评估. 数据成本的核算与随机决策过程没有直接关系, 在实际中也千差万别. 因此, 在这里我们假定, 数据成本是已知的, 着重于评估数据的信息价值.

2.4.1   完全信息的信息价值

考虑理想状态, 即通过随机试验能够获得状态变量的完全信息. 此时, 观察量 X 是状态变量 Θ 本身或 Θ 的函数, 即通过随机试验获得状态变量 Θ 的观测值 θ. 在此观测值 θ 下, 选取最小损失的行动方案(纯策略), 此时的决策规则为

$$\delta : \Theta \to \delta(\theta); \, l(\theta, \delta(\theta)) = \min_{a \in A} l(\theta, a)$$

其风险为

$$r(\pi) = E^{\theta}[\min_{a \in A} l(\Theta, a)]$$

当决策者不对 Θ 进行观测时, 不知道状态变量的确切情况, 只能在纯策略集中选取期望损失极小化的纯策略, 此时的风险为

$$r'(\pi) = \min_{a \in A} E^{\theta}[l(\Theta, a)]$$

由于对每个 $a \in A$, $E^\theta[l(\Theta, a)] \geqslant \min_{a' \in A} l(\Theta, a')$, 故 $r'(\pi) \geqslant r(\pi)$.

定义 2.4.1　设状态变量 Θ 的分布为 $\pi(\theta)$, 损失函数为 $l(\theta, a)$, 则完全信息的信息价值为

$$\text{EVPI} = r'(\pi) - r(\pi) = \min_{a \in A} E^\theta[l(\Theta, a)] - E^\theta[\min_{a \in A} l(\Theta, a)] \qquad (2.4.1)$$

特别地, 当状态变量 Θ 为连续型随机变量时, 我们清楚地看到

$$\begin{aligned}
\text{EVPI} &= \min_{a \in A} E^\theta[l(\Theta, a)] - E^\theta[\min_{a \in A} l(\Theta, a)] \\
&= \min_{a \in A} \int_\Theta l(\theta, a) \pi(\theta) \mathrm{d}\theta - \int_\Theta [\min_{a \in A} l(\theta, a)] \pi(\theta) \mathrm{d}\theta \\
&= \min_{a \in A} \int_\Theta [l(\theta, a) - \min_{a' \in A} l(\theta, a')] \pi(\theta) \mathrm{d}\theta \geqslant 0
\end{aligned}$$

例如, 在例 2.2.7 中, 状态变量 Θ 的分布 $\pi(\theta)$: $\pi(\theta_1) = 0.05$, $\pi(\theta_2) = 0.95$, 完全信息的信息价值为

$$\begin{aligned}
\text{EVPI} &= \min_{a \in A} E^\theta[l(\Theta, a)] - E^\theta[\min_{a \in A} l(\Theta, a)] \\
&= \min\{1 \times 0.05 + 3 \times 0.95, 5 \times 0.05 + 0 \times 0.95\} - (1 \times 0.05 + 0 \times 0.95) \\
&= 0.25 - 0.05 = 0.2
\end{aligned}$$

2.4.2　不完全信息的信息价值

在多数实际决策中, 由于决策环境的复杂性, 状态变量往往是不能直接被观察的, 如未来某个日期的天气、未来某个时刻的股市行情、未来某个时刻某种战略核导弹的作战效能情况等. 也就是说, 随机试验一般只能观察到与状态变量有统计关系的某些量. 此时, 随机试验获得的数据承载的是不完全信息. 例如, 通过血液检查观察患者的白细胞数、通过加速老化试验观察到战略导弹某些金属部件和推进剂效能数据等.

对不完全信息的信息价值评估将按照 Bayes 风险来判断. 在 Bayes 风险下, 通过随机试验获得观察量 X 的观察值 x, Bayes 决策 $\delta^\pi(x)$ 是决策者的最优策略. 不进行观察时, 期望损失最小化带来的风险为 $r(\pi)$.

定义 2.4.2　设状态变量 Θ 的分布为 $\pi(\theta)$, 损失函数为 $l(\theta, a)$, 观察量为 X, Δ 为决策规则集, 则不完全信息的信息价值为

$$\text{EVSI} = r'(\pi) - r(\pi, \delta^\pi) = \min_{a \in A} E^\theta[l(\Theta, a)] - \min_{\delta \in \Delta} E^\theta[E^{x|\theta}(l(\Theta, a))]$$

例 2.4.1　油井钻探问题. 某矿业公司拥有某块可能藏有油气资源的区域的探矿许可证, 它可以选择自己钻井 (a_1)、无条件出租 (a_2)、有条件出租 (a_3). 钻井费用为 750 万元; 无条件出租可直接得租金 450 万元; 有条件出租时, 产量不足 200 万桶时不收租金, 产量在 200 万桶以上则每桶提成 5 元. 钻井后, 若有油, 开采需要投资采油设备费 250 万元. 可开采储量有四个状态: 丰富 (θ_1)、一般 (θ_2)、贫 (θ_3)、

无油 (θ_4). 根据地表物理勘探和经验等, 获得的可开采储量的先验分布为

$$\pi(\theta_1) = 0.10, \quad \pi(\theta_2) = 0.15, \quad \pi(\theta_3) = 0.25, \quad \pi(\theta_4) = 0.50$$

损失矩阵为

$$L = \begin{matrix} a_1 \\ a_2 \\ a_3 \end{matrix} \begin{pmatrix} \begin{matrix} \theta_1 & \theta_2 & \theta_3 & \theta_4 \end{matrix} \\ -6500 & -2000 & 250 & 750 \\ -450 & -450 & -450 & -450 \\ -2500 & -1000 & 0 & 0 \end{pmatrix}$$

今可以通过地质勘探获得该地区地质构造类型, 地质勘探的费用为 120 万元. 四类地质构造类型依次记为 x_1, x_2, x_3, x_4. 似然函数 $f(x_i|\theta_j)$ 如表 2.4.1 所示.

表 2.4.1

θ ＼ x	x_1	x_2	x_3	x_4
θ_1	7/12	1/3	1/12	0
θ_2	9/16	3/16	1/8	1/8
θ_3	11/24	1/6	1/4	1/8
θ_4	3/16	11/48	13/48	5/16

由 Bayes 公式计算得后验分布 $\pi(\theta_j|x_i)$ 如表 2.4.2 所示.

表 2.4.2

θ ＼ x	x_1	x_2	x_3	x_4
θ_1	0.166	0.129	0.039	0
θ_2	0.240	0.108	0.087	0.107
θ_3	0.327	0.241	0.146	0.238
θ_4	0.267	0.522	0.728	0.655

Bayes 决策规则 δ^π 和相应信息如表 2.4.3 所示.

表 2.4.3

x	$\delta^\pi(x)$	期望损失(万元)	边缘分布 $m(x)$
x_1	a_1	-1157	0.351
x_2	a_1	-482.75	0.259
x_3	a_2	-330	0.215
x_4	a_2	-330	0.175

所以,

$$r(\pi,\delta^{\pi}) = -1157 \times 0.351 + (-482.75) \times 0.259 + (-330) \times 0.215 + (-330) \times 0.175 = -659.8$$

另外, 容易计算

$$r'(\pi) = \min\{-512.5, -450, -400\} = -512.5$$

所以进行地质勘查获得的不完全信息的价值为

$$\text{EVSI} = r'(\pi) - r(\pi,\delta^{\pi}) = -512.5 - (-659.8) = 147.3 > 120 \text{ (万元)}$$

由于信息的价值大于信息获取的成本(地质勘查费), 所以该公司选择进行地质勘查.

2.5 关于理性假说的讨论与行为决策简介

经济人假设是古典西方经济学的基础, 也是规范的决策分析理论的基本假设. 经济人的概念来自亚当·斯密(Adam Smith)所著《国富论》中的一段话: "每天所需要的食物和饮料, 不是出自屠户、酿酒家和面包师的恩惠, 而是出于他们自利的打算. 不说唤起他们利他心的话, 而说唤起他们利己心的话, 不说自己需要, 而说对他们有好处." 之后, 西尼尔定量地确立了个人经济利益最大化公理, 穆勒(John Stuart Mill)在此基础上总结出"经济人假设", Pareto 将"经济人"这个专有名词引入经济学. 经济人假设是指: 当一个人在经济活动中面临若干不同的选择机会时, 他总是倾向于选择能给自己带来更大经济利益的那种机会, 即总是追求最大的利益.

我们在前面及后面所讲的最优化、决策论和博弈论等传统的数量经济学的基础理论部分都无一例外地以经济人假设为前提, 即决策和博弈的主体是理性的, 而不是现实中的社会人或道德人. 而事实上任何决策人都不可能是理想的"经济人", 实际中的决策分析者也不可能是规范性决策理论所要求的决策问题的理想的建模者和分析者.

20 世纪中叶以来, 西方的行为主义变革形成的新方法论对社会科学产生了巨大影响和冲击, 使许多社会科学研究人员开始自觉地采用自然科学的实验研究方法来研究社会问题. 在规范性决策理论形成和不断发展的同时, 行为科学的方法和观点开始对决策理论产生重要而深刻的影响. 一部分学者的兴趣已不再满足于"应当如何作决策"之类的研究, 开始重视经验性的实证研究, 将研究的兴趣转向决策者的实际行为, 试图对决策者"实际如何作决策"进行深入的探讨.

2.5.1 有限理性

诺贝尔经济学奖获得者 Simon(1947)在《管理行为》一书中提出的"满意标准"和"有限理性原则", 首开行为决策理论的先河, 指出了古典经济理论"经济人"假说的偏颇. 随后, 一批心理学家开始对决策过程中决策者的实际行为从心理学角度进行探讨, 使行为决策理论得到了长足发展.

Simon 提出的有限理性原则, 是基于对古典经济学的规范性决策理论关于决策者的"经济人"假说的质疑. 通过对人们的决策行为进行实际考察, Simon 认为, "经济人"的假说是不正确的. 这是因为:

(1) 人的知识并不完备: 经典的决策理论要求决策者具备关于每种行动的后果的了解和预见. 而事实上决策人往往对那些从当前状态推知未来的规律和法则所知甚少, 对决策的后果的了解总是零碎的, 不可能对复杂多变的现实情况和未来的发展有完全的了解, 也不能掌握全部信息和全面认识决策的规律.

(2) 预测的困难: 由于决策的后果发生在未来, 在为后果赋值时, 决策者必须凭想象来弥补当前所没有的体验, 而且人们也无法在瞬间抓住所有后果的全部内涵, 注意力会随着时间和偏好的变化从一种价值要素转移到另一种价值要素. 因此决策者对决策后果价值的预见不可能是完整的, 评价的精确性和一致性都受到个人能力的限制.

(3) 纯策略集的不完备性: 规范的决策理论要求决策者在所有可能的纯策略 (备选行动或方案、候选人等) 中加以选择. 但是在实际中, 决策者所能想到的永远只是其中比较典型的一小部分. 由于每种纯策略都有其相应的后果, 因此有许多可供选择的行动方案根本没有作为可行的纯策略, 相应的结果无法进入评价.

(4) 决策者的能力有限性: 现实决策环境是高度不确定和极为复杂的, 作为决策过程主体的决策者, 他的时间、注意力、认知能力、计算能力、自制力都有限. 人们不可能及时处理诸多复杂的情况和精确地描述决策问题所涉及的所有因素, 即使能给出求得问题最优解的所有的变量和方程组, 但其数量也过于庞大, 计算的速度不足以对动态的情况进行最优处理和跟踪, 甚至连速度最快的计算机也无能为力.

(5) 决策者的价值取向: 决策者的价值取向和多元化目标并不总是始终一致的, 往往互相矛盾和没有统一的度量标准, 而且价值观的一些活跃因素也在不断变化, 会出现"此一时也, 彼一时也"的情形.

由于上述各种原因, 真实的决策者不可能是完全理性的"经济人", 任何决策者只具备有限理性. 鉴于以上事实, Simon 指出, 人的理性是介于完全理性和非理性之间的一种有限理性. 这种有限理性在决策过程中的表现为:

(a) 在信息收集阶段: 受知觉选择性的支配, 不同经验和背景的决策者, 对决策环境的认识会有不同的解释. "横看成岭侧成峰"即此也!

(b) 在设计活动阶段: 人们并不试图找出所有的备选方案, 而是试图通过广度搜索、深度搜索、预先择优搜索等问题求解活动, 寻找满意的纯策略, 当遇到满意方案时便会终止其搜索行为.

有限理性原则对人们的实际决策过程作了比较真实的描述, 为决策理论的发展开辟了实证化研究途径. 下面是一些决策理论实证研究对规范化决策挑战的案例.

例 2.5.1　概率悖论. 这是 Ellsberg(1961)最早提出有关主观概率的悖论. Raiffa(1968)给出了一个简单的例子. 一场棒球决赛的两个参赛队 A 和 B 实力相当, 现提供两种打赌方式: 一种是由决策者赌 A 队获胜(记作 a_1), 比赛结果为 A 队获胜(记作 θ_1)时决策人赢\$100, 若 B 队获胜(记作 θ_2)时决策人输掉\$100. 由于棒球赛没有平局, 所以这一打赌可以记作 $L_A : \langle \pi(\theta_1),100; \pi(\theta_2),-100 \rangle$; 另一种是由决策者赌 B 队获胜(记作 a_1), 这时可以记作 $L_B : \langle \pi(\theta_2),100; \pi(\theta_1),-100 \rangle$. 许多对棒球赛几乎一无所知的人认为, $\langle 0.5,100; 0.5,-100 \rangle$ 严格优于赌 A 队获胜, 即

$$\langle 0.5,100; 0.5,-100 \rangle > L_A$$

$\langle 0.5,100; 0.5,-100 \rangle$ 严格优于赌 B 队获胜, 即

$$\langle 0.5,100; 0.5,-100 \rangle > L_B$$

也就是说, 他们宁可赌抛硬币正面朝上赢\$100, 反面朝上输掉\$100, 不赌 A 队获胜也不赌 B 队获胜. 由于棒球赛没有平局, 所以 $\pi(\theta_1) + \pi(\theta_2) = 1$, $\pi(\theta_1)$ 与 $\pi(\theta_2)$ 中至少有一个大于或等于 0.5, 因此赌相应的队获胜至少与赌抛硬币的期望效用一样大. 按无信息 Bayes 决策规则, 没有任何先验信息时应该有 $\pi(\theta_1) = \pi(\theta_2) = 0.5$, 这时赌 A 队获胜和赌 B 队获胜都与赌抛硬币无差异. 因此, 决策者的上述偏好无法用任何主观概率分布加以解释. 这一现象称为不确定性厌恶(uncertainty aversion).

例 2.5.2　对相同后果选择的不一致性. Kahneman(1982)给出了一个有趣的例子. 有两种情况, 一种是你买了一张\$40 的戏票, 带着票去剧院看. 到了剧院门口发现票丢了, 这时你要决定: 是再花\$40 重新买票看戏(还有类似座位的余票), 还是干脆回家. 第二种情况是, 你在外衣口袋里装了\$40 的零钱准备买票看戏, 到剧院门口发现\$40 丢了, 但是你的内衣口袋里还有足够多的钱, 这时你要决定: 是再花\$40 重新买票看戏, 还是干脆回家. Kahneman 指出, 大多数人都说在第一种情况下会干脆回家, 但是在第二种情况下会买票看戏. 无论哪种情况, 决策人的选择都是: 总共花\$80 看戏, 或者是损失\$40 而没有看戏. 只要决策人在这一问题中所关心的因素仅仅是货币财富水平和戏剧欣赏意愿, 所作的选择应当有一致性. 而实际上实验结果表明, 大部分人在这一问题上并无一致性, 似乎任何决策模型都无法对此作出解释.

问题的关键在于无论实验设计者怎样强调, 要求参加实验的人员只考虑货币支出和欣赏意愿, 参加实验的人员的潜意识中依然会有这样的判断: 事先购票所挑选的座位是满意的, 丢了票临时再补, 即使票价相同、座位类似, 也不如原来的座位; 这时他的思想已经锚定在"坐在给定的'座位'上看戏"上, 所以在找不到票

时, 即使掏钱买票, 座位将发生变化, 因此选择"干脆回家". 在第二种情况下, 参加实验的人员所考虑的只是"买票、看戏", 侧重点在"看戏"上, 因此丢了钱之后重新掏钱买票看戏就是合乎逻辑的选择. 另一种看法是: 在第二种情况下, 参加实验的人可以把丢钱看作是与买票看戏无关的事件, 无须改变原先作出的"买票看戏"的决定; 而第一种情况丢的是票, 是否买票看戏则需再作一次决定. "总共花\$80看戏, 或者是损失\$40而没有看戏"这种表述过于简单化, 没有考虑这一心理学实验中参加实验者的真实心理感受, 其实并不能作为上述两种决策情况的共同后果. 这个例子也说明了, 把握一个决策问题的关键因素, 准确地构建实际决策问题的模型并不像理论研究想象得那么简单.

例 2.5.3　关于决策模型构建的影响. Tversky (1986) 报道了关于决策问题模型构建对决策人的影响的实验结果. 第一个问题是, 首先要求参加实验的人员假设自己拥有\$300, 然后要他们在①确定性的收入\$100; ②50%的机会收入\$200, 50%的机会收入为 0, 这两个行动中进行选择. 第二个问题是, 要求参加实验的人员假设自己拥有\$500, 再要他们在①确定性的收入\$100; ②50%的机会损失\$200, 另外50%的机会没有损失中进行选择. 大部分参加实验的人在回答第一个问题时选择①确定性的收入\$100, 表现出风险厌恶的风险态度; 在回答第二个问题时表现为风险追求, 选择风险型展望②, 而不是确定性后果①. 事实上, 这两个问题是等价的, 即本质上是相同的, 因为只要加上初始财产, 两个问题的行动①的后果都是使最终财产为确定性的\$400, 行动②的后果则是使最终财产为\$300 和\$500 的机会各半. 实验表明, 本质相同的决策问题, 由于问题表述方式的差异会引起(可以预料的)不同的选择, 这一现象被称作决策问题的构建效应(framing effect).

2.5.2　认知差异

认知差异是指, 由于心理方面和组织行为方面的原因所产生的妨碍决策者对决策环境的真实状态与心理期许状态之间的差异进行正确甄别的认知倾向和心理偏差. 这种认知和心理偏差不包括故意行为, 例如一个企业的经理在制订下年度计划时有意低估产量, 以期望实际产量超过计划显示其业绩, 这是故意行为. 下面我们只讨论无意识的认知上的偏差, 即认知偏差.

一般地说, 人的认知过程, 尤其是认知的表述大致如图 2.5.1 所示. 在这一过程中的任何环节都会由于各种各样的原因出现偏差, 包括信息偏差、感知偏差、思维定势、逻辑推理偏差和习惯与成见.

(1)信息偏差: 在有多个管理层次的组织机构中, 下级向上级汇报时对包含消极内容的信息(比如坏消息)通常不像包含积极内容的信息那样能得到正确和及时的传递和处理. 此外, 信息在平行的决策单位之间的传递, 由于"不确定性吸附"现象的存在, 也常常导致信息的扭曲.

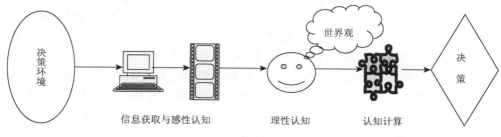

图 2.5.1

人们在对待来自具体经验的信息和抽象(或统计)信息的重视程度不同,往往看重具体的经验而忽视抽象的或统计的信息. 经过整理和总结的信息比起内容相同但是零散、未经整理的信息对决策的影响大得多.

由于这些因素的存在,就使高层决策者用于识别决策问题的信息可能包含某种偏差.

(2)感知偏差: 感知是决策者对环境信息进行接收和释义的过程. 由于决策者没有能力对环境提供的信息作出全面反应. 决策者容易接受与其原有信念一致以及与期望后果相符的信息,并认为这种信息具有较高的真实性; 对那些与其信念不一致的信息则持怀疑和忽视的态度. 当他拥有大量信息时,往往会有选择地接受那些能够印证自己观点的信息,得出他所希望得到的结论. 实际上决策者是混淆了事实与价值,只把自己认为有价值的信息当作事实,而舍弃那些自己觉得无价值其实与事实相符的信息. 所以,在对决策问题进行辨识时,他们对问题所包含的信息,总是先经感知的选择,而后才把部分信息作为感知的对象,因此往往导致以偏概全的结论和认知的片面化. 造成这种感知偏倚的原因,一般与决策者个人的背景、兴趣、动机和知识水准,尤其是决策者的职业经验有关.

Cyert 和 Simon 等(1956)对 23 名参加专业培训的企业管理人员作过一次调查. 先让他们阅读一家公司的案例,而后问他们,公司目前面临的主要问题是什么. 从事营销工作的管理人员有 83%回答说是营销问题,而非营销部门的管理人员仅有29%认为是营销问题. 所作的答复大多与各自所从事的工作有关,并不反映问题的实质. Stagner(1965)的调查显示,对于同一个问题,生产部门的经理与营销部门的经理经常持截然不同的观点. 这种由于感知过程中的选择性影响而导致对决策问题错误理解的偏倚现象,已被大量的实验研究所证实.

(3)思维定势: 形成理性认知需要大量信息所产生的多次感性认知的积累. 这些信息的获得有先后次序的差别,而且每次接收到的信息的形式和强度不同,因此对形成信念所起的作用也不同. 在这一环节常见的偏差有"锚定"和"代表性"."锚定" 有两层含义. 一是指人们的思维定势,信念一旦形成,便倾向于坚持下去,即使有新信息证明其错误,也很难使决策者据之进行更改和调整. 二是指决策者常常把最容易获得的信息作为反应的基准, 从这一基准出发进行调整时, 调整的幅度太小, 过于接近基准值, 即"锚定"在基准值. 后者的典型例子是公司经理根据去年的营业额作为依据制订今年的计划, 用今年的计划作为今后计划的出发点. 即使有经济形势、市场需求发生重大变化的信息, 所作的调整也是很不充分的. 如果分析人员向决策人索取有关信息时, 决策人非常容易给出, 则很可能是决策人的判断发生了"锚定"现象. 决策者在概率判断、先验概率修正过程中若存在比较严重的"锚定", 就很可能使决策失去正确的信息依据.

(4) 逻辑推理偏差: 一系列的心理实验已经证明, 决策者在对决策过程中设定概率 (或其他随机变量) 时, 往往通过选择一个或几个有代表性的事例, 并据之进行归纳推理, 也就是说用样本中的一部分去代替整个大样本. 这种现象称为代表性. 代表性之所以产生偏差是有效的信息未能充分利用.

例如, 一个公司经理要决定是否开发某种具有很大潜在市场的新产品, 为此作了一次实验. 实验的结果比预期的差, 该经理立即修改了原先的估计, 认为这种产品销路不佳. 该经理也知道, 以往的经验表明一次实验并不能反映真实的市场需求, 但是他仍然作出这种修改, 这就是认知上的代表性偏差. 又比如, 有这样一段文字材料: 某人有很高的智力, 尽管有时候缺乏创意; 他在工作中有着一种求条理、求清晰、求正解、求规律的习惯; 事事都安排得妥帖周到、井井有条; 他写的字相当笨拙和呆板; 他偶尔说出一些粗俗的双关语, 性格外向, 表现活跃; 能讲述带有幻想色彩的故事, 并常常语出惊人; 他颇有竞争意识, 但对人却缺乏同情心, 而且对人际交往不感兴趣; 尽管他表现出孤傲的倾向, 但却不乏道德感. 主持实验的人强调说明, 关于此人的情况, 是从 30 名工程师和 70 名社会科学家的材料中任意取出来的, 请参加实验者判断此人的身份是一位工程师, 还是一位社会科学家. 尽管基本信息已经说明, 此人很可能是一位社会科学家, 但大多数被实验者还是坚持认为此人是一位工程师.

决策者如果采用这种认知策略对未来的不确定事件进行判断, 他便不会按照逻辑要求进行推理和思考. 因为和干巴巴的统计数字相比, 客体的直接信息资料的刺激强度也许更大, 所以能引起更多的注意. 从而, 在空洞的统计事实无能为力的情况下, 单个的、有感染力的例证便成为一种形象化的东西, 对决策者的判断产生支配作用. 一系列的事实证明, 代表性使人们忽略非一致性信息, 是一种非理性的信息偏向, 由于过分倚重于特别的、具体的和生动的经验, 并把这种经验赋予过高的普遍意义, 结果就难免导致判断失误.

(5) 习惯与成见: 所谓习惯是指由于决策者熟悉求解问题的特定的规则, 导致他在遇到类似的问题和信息时重复使用同样的解决流程、同样的备选方案并作出同样的选择. 他选择某个方案是因为过去出于类似的目的曾经采用过, 或者是因为迷信. 由于习惯, 常常产生成见与保守性. 有保守性的决策者对新事物不敏感, 对新信息不能充分利用. 信息处理中的保守性主要是由于错误地集结证据, 即他们能很好地对单个数据作出判断, 但是不能适当地对待大量数据, 所使用的集结规则也是错误的. Edwards 的实验表明, 人们在面对有效信息时, 典型的情况是要浪费掉 50%～80%.

在决策过程中, 人的认知上的偏差除了上述几种之外还有许多种, 例如, 欺骗性的暗示、未说明的假设、连贯性等.

为了提高决策的科学性, 应该尽可能避免这些认知偏差加以纠正. 避免和纠正的方法主要有:

(1) 从比较大的数据源中获取样本信息; 样本的信息不能过于简单, 除了均值之外还应该有样本大小、置信区间和其他能够反映信息真实性的测度; 尤其是那些不符合决策者主观愿望的信息, 也要储存到数据库中去.

(2) 尽可能采用模型和定量的方法, 如 Bayes 定理, 去提高信息的利用效率.

(3) 事先向决策者解释清楚决策的好坏与后果的好坏之间的区别, 用简单而又明了的例子说明, 在随机情况下, 好的决策可能出现坏的后果, 坏的决策也可能产生好的后果, 以免决策者引起误解, 以为采用好的决策规则, 通过决策分析选择了 "最好的" 备选方案, 必然会导致好的后果.

(4) 引导决策人用逻辑推理的方法分析问题; 提醒决策人不要混淆事实因素和价值因素, 不能根据他对某个后果的特殊偏好去选择方案.

(5) 由于人们通常对最先和最后获得的信息印象最深刻, 所以要注意提供信息的顺序.

2.5.3　行为决策的过程

规范性决策理论假定, 人们在方案之间进行选择时有着不受限制的认知能力和充裕的时间. 决策者能够考虑到所有的备选方案. 清楚地认识到这些方案的后果, 并存在一种前后一致的价值体系. 而行为决策理论认为, 人们从前提出发, 按理性思考和正确推理的能力是有限的. 为避免认知力的紧张, 人们并非完全理性地按主观期望效用理论或多属性效用理论所规定的决策准则行事. 对决策者在决策方案之间进行选择时的行为的描述, 最有代表性的观点是 Simon 的 "满意标准".

Simon 从决策者只具有 "有限理性" 这一视角, 重新考察决策理论的基础, 提出在组织理论中, 要用 "行政人" 的概念取代 "经济人". "行政人" 与 "经济人" 的根本的区别在于: "行政人" 在决策时并非像 "经济人" 那样追求决策的最优化解, 而是根据 "满意标准" 搜索满意解或近似最优解. 比如, 人们在出售一幢住房或购买一辆汽车时的行为, 便是循 "满意标准" 行事的选择行为. 当决策者宣布他意欲出售一幢住房时, 他会受到许多求购者提出的报价. 由于考虑接受何种报价的余裕时间非常短暂, 若在既定的时间内不能向求购者作答复, 则求购者便会转而去寻找并购买其他住房. 所以, 出售者不能等待收到所有的报价作仔细权衡后再作答复. 在解决此类决策问题时, 决策者应构筑一满意模型, 当某一报价一旦超出决策者的愿望水平时, 就应当终止对新的报价(方案)的搜索. 同理, 在选购汽车的决策中, 由于汽车分散在城里许多个陈列室中, 决策者不可能将城中待售的所有品牌、型号的汽车统统做比较后作选择. 按"经济人"标准对所有可能的方案进行选择是力所不能及的, 因为若追求效用的最大化, 就要求决策者能够在决策情形中对新方案搜索的边际成本和边际收益作出估计. 这样做将使整个选择过程变得异常复杂. 因为它需要一种总体最优化的评价. 此外, 某个决策问题从理论上讲也许有最优解, 但是, 事物在不断地变化, 客观的最优解也在变化, 而人们追踪这种变化的能力却常常显得不够. 即使像线性规划这种高度抽象的运算模型, 它对决策变量之间关系所作的线性表述, 也只是在一组约束条件下对客观世界的近似和简化. 所以, 它的解也只能是相对最优的满意解. Simon 关于"满意标准"解的提出, 说明了决策者如何依据实际情况, 在几个合理的方案之间进行选择, 且这种选择所使用的信息通常是不完全的. 因此, 在"满意标准"指导下的选择, 就不必运用实际上无法实现的优化程序.

除了 Simon 的"满意标准"之外, 还有 Tversky 提出的方面排除理论和 Kahneman 的展望理论(或称预期理论).

方面排除理论是由一种类似字典序的决策方案选择方法. 比如, 对选购汽车的决策来说, 可以根据其价格、座位数、速度等属性来进行描述. 根据方面排除理论的要求, 在选择过程的每一阶段, 要挑选出某一属性或某一方面, 根据其重要程度, 对之作出评价, 对不符合决策要求的属性便应予以排除, 即不再在以下的比较选择中继续加以考虑. 假定购车者认为最重要的方面是汽车的售价, 最多只能付得起 8000 英镑, 则所有售价超过 8000 英镑的汽车均从选择方案中排除掉; 然后考虑座位数这一属性, 如果只想要座位在三个以上的汽车, 那么仅有三个和三个以下座位的汽车也将被排除. 直到还剩下某种未排除的方面, 即属性时, 再作出最后的选择. 显然, 这种方法"效率"高, 对决策者认知能力的要求也较低, 但是效果未必佳. Tversky 本人也承认, 不分场合地采用这种方法, 会导致不良的决策.

2002 年诺贝尔经济学奖获得者 Kahneman 和 Tversky(1979)提出的展望理论对决策者偏离期望效用理论的行为做了描述和说明. 实验表明, 参加实验的人员往往对确定性结果赋予较大的权重, 而对不确定性结果的赋值通常偏低, 即存在"确定性效应", 使参加实验的人员表现出一种"风险厌恶"的倾向. 此外还会出现另一种被称为"问题构建效应"的情况, 如例 2.5.3 所示, 当同一问题用不同的方式描述时, 参加实验人员的偏好常常会出现不一致. 因此, Kahneman 和 Tversky 建议用决策权值替代期望效用理论中的主观概率, 且这种权值在样本空间的划分上的综合不必等于 1; 并用价值函数取代效用. 展望理论虽有一定的可取之处, 但是它显然无法取代主观期望效用的规范性在决策理论中的地位.

2.5.4　行为决策的文化差异

决策既是一种组织现象, 同时也是一种文化现象. William 曾对日本企业与美国企业决策风格的不同进行过比较, 探讨了东西方文化的差异所带来的决策方式的多方面的不同, 但这种宏观的描述并未说明东西方文化的影响对决策者在不确定性的认知思维和判断结果上有何不同. 从心理学角度对决策的文化差异进行比较研究的首推英国学者 Wright, 他对在不确定情形下, 东西方文化差异所导致的个人决策思维与判断方面的不同做了系统的研究. 他在实验中要求参加实验者对《概率评估调查表》和《不确定性展望调查表》的调查项目作出回答, 然后对结果进行分析. 他发现, 东南亚地区的学生概率思维能力较差, 多数参加实验者都倾向于用 50%或 100%这样的评价值来回答《概率评估调查表》中的提问, 他们的赋值与调查能力较差, 在对问题所作的答复的置信度作评价时, 他们往往表现出过分自信的倾向. 相反, 英国的学生一般都具有比较好的赋值与调查能力. 他们一般较少使用100%这样的肯定评估来判断自己对问题答复的正确程度. 在《不确定性展望调查表》中, 英国学生倾向于适用多种不同的概率词汇来回答问题, 说明他们有较好的概率思维习惯. 为了区别认知方式截然不同的参加实验人员, Wright 提出了一个新的概念, 即 "概率思维者" 与 "非概率思维者". 两者的差异主要表现在: "非概率思维者" 一般都倾向于用 "是" "否" 或 "不知道" 这样的词汇回答问题, 他们对于问题的认知方式, 并不包括概率处理这样一种机制; 这就使他们比较倾向于用要么确定、要么完全不确定的观点来看待世界. "概率思维者" 则根据事物的可能程度, 而对世界持一种较具选择性的观点. 这种认知方式的差异, 对于决策分析的有效性有着至关重要的影响. 因为 "概率思维" 本质是将期望效用作为决策分析所必需的基本条件. 若决策者缺乏这种概率思维的能力和习惯, 则决策分析人与决策者对话将会十分困难, 而且得到的结果也会不尽理想. Wright 在对东南亚与英国学生进行对比调查的基础上, 又从东南亚和英国的一些经理人员中选择样本, 对决策的文化差异做了进一步的研究. 实验的结果再次证明, 文化差异对在不确定条件下的决策行为有着相当大的影响. 具体地说, 代表东南亚文化的那些经理人员, 概率思维的能力较差, 他们倾向于用 "不知道" 这样的陈述方式来表达自己对不确定性的看法; 而英国的经理人员则更多地采用概率评估的方法来描述自己对不确定事件的认知. 这也是概率盘之类的辅助主观概率设定的工具, 在欧美各国使用效果较好, 而在我国却不太适用的主要原因.

虽然 "概率思维者" 与 "非概率思维者" 在对待不确定性的处理方式上往往有很大的不同, 但这并不说明东西方文化之间有什么优劣差异. 当决策者置身于一个急剧变化且对变化无法预测的环境中, 非概率思维者可能会较 "概率思维者" 更具优势. 然而, 决策分析这样的工具, 是基于西方重秩序、求理性这种文化土壤上发展起来的, 它要求决策者具备客观的理性和概率思维能力, 对概率判断有比较好的赋值与调整能力. 而东方经理人员在赋值与调整能力方面所表现出来的非概率思维倾向, 通常会使决策分析的效果受到一定程度的损害.

情况在发生变化, 20 世纪 80 年代以前我国的大学本科的绝大部分专业不开设概率论和数理统计方面的课程, 所以大部分人没有概率思维的习惯. 自从 20 世纪 80 年代开始, 不但大学本科(至少是理工类专业)开设概率论与数理统计等课程, 而且在中学也开始介绍概率的基础知识, 甚至北京等地的天气预报开始给出预报时段下雨的概率. 在环境的影响下, 我国新的一代决策者正在逐渐形成概率思维的习惯.

传统的决策理论关于经济人的假设确实不是一般人和企业的决策者所能够完全满足的, 人们在日常生活和经营活动中所作的绝大部分决策都与决策理论的要求有着或大或小的差异, 甚至完全不相符合. 就回答"人们实际上是怎样作决策的"这一问题而言, 行为决策理论, 尤其是 Simon 的有限理性说以及"寻求满意方案"的模型是正确的, 这比"追求最优"的效用理论更接近实际情况, 用 Simon 自己的话来说, 是"在有关经济行为的经验研究中获得了更多的支持". 但这不能说明基于主观概率和期望效用的决策理论毫无用处. 正如 Howard 指出的, 决策理论提供了足以判断所作决策优劣的手段, 而且决策理论与建模、仿真、敏感性分析等系统工程方法相结合, 所形成的决策分析方法成为求解重大而又复杂决策问题的有效工具. 按照规范性和规定性的决策过程中确实存在的各种弊端, 行为决策理论对传统的基于期望效用极大化的决策理论有着重要修正意义.

第3章 效用理论

3.1 偏好序与效用函数

在早期的经济理论中效用函数是不加假定地广为使用的, 这种假定是指"每个消费者都能根据自己的目标偏好给各种商品组合进行赋值". 通常我们把处于不同时间和自然状态、具有相同物理性质的物品称为商品. 金融商品在自然状态下的差异通常忽略不计, 它们仅存在时间上的差异. 这意味着其风险只与时间有关.

我们一般用 n 维列向量 x 表示各种商品组合, 其中第 i 个分量 x_i 表示组合中的第 i 种商品的数量, 每一个消费者从特定的集合 $X(X \subseteq \mathbf{R}^n)$ 中选择其商品组合 x. 我们总假定 X 为闭凸集.

偏好关系 "$\succeq$" 来描述关系

$$x \succeq z \tag{3.1.1}$$

读作 "x 优先于 z". 偏好也可以诱导出严格优先次序 "$\succ$" 和无差别关系 "$\sim$", 即

$$x \succ z \Leftrightarrow x \succeq z \quad \text{但} \quad z \not\succeq x \tag{3.1.2}$$

$$x \sim z \Leftrightarrow x \succeq z \quad \text{且} \quad z \succeq x \tag{3.1.3}$$

读作 "x 强优先于 z" 和 "x 等价于 z". 今后 "x 强优先于 z" 就简称 "x 优先于 z".

假设偏好关系具有下列性质.

公理 1(完全性)   对 $\forall x, z \in X$, $x \succeq z$ 和 $z \succeq x$ 至少有一个成立.

公理 2(自反性)   对 $\forall x \in X$, 有 $x \succeq x$.

公理 3(传递性)   若 $x \succeq y$ 且 $y \succeq z$, 则 $x \succeq z$.

定义 3.1.1   序数效用函数 U 是指定义在 X 上且满足下列性质的实函数:

$$U(x) > U(z) \Leftrightarrow x \succ z \tag{3.1.4a}$$

$$U(x) = U(z) \Leftrightarrow x \sim z \tag{3.1.4b}$$

但是公理 1—公理 3 并不能保证 X 上效用函数存在. 例如, 在 $\mathbf{R}^2$ 上定义的字典序 "$\succ$":

$$x = (x_1, x_2)^{\mathrm{T}}, \quad z = (z_1, z_2)^{\mathrm{T}}, \quad x \succ z \Leftrightarrow x_1 > z_1 \text{ 或 } x_1 = z_1 \text{ 且 } x_2 > z_2$$

按此偏好, 第一种商品对第二种商品的重要性是不可度量的. 这种关系并未给出以什么当量用后者弥补前者的短缺. 因此, 不能用序数效用函数表示字典序. 也就是说字典序是不存在序数效用函数的.

为了保证效用函数的存在性, 我们必须引入连续性公理.

公理 4(连续性) $\forall x \in X$, x 的优集 $\{z \in X | z \succ x\}$ 和劣集 $\{z \in X | x \succ z\}$ 都是 $\mathbf{R}^n$ 中开集.

在字典序中, $(x_1^*, x_2^*)^{\mathrm{T}}$ 的优集包含了边界点集 $\{(x_1, x_2)^{\mathrm{T}} | x_1 > x_1^* \text{且} x_2 = x_2^*\}$, 即优集不是开集. 故字典序不满足连续公理.

因为优集和劣集的开性要求 $x^* \in X$ 的一定邻域内的点处于效用值都接近 $U(x^*)$, 又因为可以从优集和劣集的开性知 $U(x)$ 在 x^* 处上半连续且下半连续, 即 $U(x)$ 在 x^* 处连续. 所以公理 4 保证了效用函数的连续性.

由公理 1—公理 4 可以证明定义在 X 上保持偏序关系的连续序数效用函数是存在的. 这里我们只简述一下结果. 有兴趣的读者可以参看 Hildenbrand 等著的《均衡分析引论》和 Luce 等著的《对策与决策》之类的书.

定理 3.1.1   对任一定义在商品组合空间 X 的闭凸子集上且满足公理 1—公理 4 的偏好关系必存在满足式(3.1.4)的连续实值效用函数 U.

3.2   序数效用函数的性质

序数效用函数的本质是指示偏好关系, 并无其他意义. 把 $U(x) = 2U(y)$ 理解为 x 两倍优先于 y 是不对的. 同样 $U(x) - U(y) > U(y) - U(z)$ 也不能理解为 x 优先于 y 的程度比 y 优先于 z 的程度大. 也就是说序数效用函数的作用仅仅限于给商品组合排序.

从这个意义上讲, 设效用函数 $U(x)$ 是某偏好关系的有效表示, $\theta(t)$ 是严格增函数, 则 $\theta[U(x)]$ 也是该偏好关系的有效表示.

假设 1   效用函数 $U(x)$ 是可微、单增的严格凹函数.

可微性与单增性意味着效用函数在可行域内部处处有正的连续一阶偏导数. 单增其实际意义是在其他商品量不变的情况下, 任一种商品增加总可以引起效用值的增加, 即每种商品的边际效用恒为正. 也可以称此含义为"多多益善"原则. 另外, 可微性的假设也可以带来技术处理上的方便, 它意味着在效用理论中可以使用边际分析方法.

假设中的严格凹性则保证等效面(或无差别曲面), 二维情形下亦称为等效线或无差别曲线 $U(x) = C$ (C 为常数)是严格凸的. 这里 $U(x)$ 严格凹是指: $\forall x, y \in X, \lambda \in [0,1]$ 有

$$U([\lambda x + (1-\lambda)y]) > \lambda U(x) + (1-\lambda)U(y) \tag{3.2.1}$$

它保证了消费者的最优选择(效用最大化选择)是唯一的. 事实上, 倘若最优选择不唯一, 即 x^*, y^* 均为效用最大选择, 则由 X 的凸性知

$$\frac{1}{2}(x^* + y^*) \in X, \quad 但 \quad U\left[\frac{1}{2}(x^* + y^*)\right] > U(x^*) = U(y^*)$$

故 x^*, y^* 不是最优, 矛盾! 另外, 凹性也保证了给定商品组合的优集是凸集. 实际上, 设 $x \succ x^{(0)}$, $y > x^{(0)}$, 则

$$U(\lambda x + (1-\lambda)y) > \lambda U(x) + (1-\lambda)U(y) > \lambda U(x^{(0)}) + (1-\lambda)U(x^{(0)}) = U(x^{(0)})$$

故 $\lambda x + (1-\lambda)y \succ x^{(0)}$.

按照假设 1, 严格互补函数(即取小函数)是不能作效用函数的.

效用函数可以用它的等效面(即无差别曲面)来刻画(图 3.2.1). 这种刻画不会因严格单增变换而改变, 也就是

$$\{x \mid U(x) = C\} = \{x \mid \theta[U(x)] = \theta(C)\} \tag{3.2.2}$$

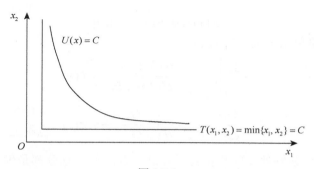

图 3.2.1

至于等效面的方向倾斜度, 则由商品之间的边际替代率决定. 在 $U(x) = C$ 上, 视其余 x_k 为常量($k \neq i$, j), 则由隐函数求导法则知

$$-\frac{\mathrm{d}x_i}{\mathrm{d}x_j}\bigg|_{U(x)=C} U = \frac{\partial U / \partial x_j}{\partial U / \partial x_i}\bigg|_{U(x)=C} \tag{3.2.3}$$

对等价效用函数 $\Phi(x) = \theta(U(x))$, 等效面 $\Phi(x) = \theta(C)$ 具有相同的方向倾斜度, 这是因为

$$-\frac{\mathrm{d}x_i}{\mathrm{d}x_j}\bigg|_{\Phi(x)=\theta(C)} = \frac{\theta'(U) \cdot \partial U / \partial x_j}{\theta'(U) \cdot \partial U / \partial x_i}\bigg|_{\Phi(x)=\theta(C)} = -\frac{\mathrm{d}x_i}{\mathrm{d}x_j}\bigg|_{U(x)=C} \tag{3.2.4}$$

3.3　某些常用序数效用函数

我们把商品组合中的商品分为两个分组, 说偏好关系对这种划分是偏好独立的是指改变其中任一分组中的商品数量时偏好变化与另一组商品的数量无关. 换言之, 把商品组合 x 分为两部分 $x = (y, z)$, 则

$$\begin{pmatrix} y^{(1)} \\ z^{(0)} \end{pmatrix} \succeq \begin{pmatrix} y^{(2)} \\ z^{(0)} \end{pmatrix} \Rightarrow \begin{pmatrix} y^{(1)} \\ z \end{pmatrix} \succeq \begin{pmatrix} y^{(2)} \\ z \end{pmatrix} \quad (\forall y^{(1)}, y^{(2)}, z) \tag{3.3.1a}$$

$$\begin{pmatrix} y^{(0)} \\ z^{(1)} \end{pmatrix} \succeq \begin{pmatrix} y^{(0)} \\ z^{(2)} \end{pmatrix} \Rightarrow \begin{pmatrix} y \\ z^{(1)} \end{pmatrix} \succeq \begin{pmatrix} y \\ z^{(2)} \end{pmatrix} \quad (\forall z^{(1)}, z^{(2)}, y) \tag{3.3.1b}$$

偏好独立性也可以用边际替代率描述. 那就是当每一个分组都含两种以上商品时, 各分组内部任两种商品之间的边际替代率只与同分组内的商品数量有关而与另一分组内的商品数量无关. 用公式表示就是

$$-\frac{\mathrm{d}y_i}{\mathrm{d}y_j} = f(y), \quad -\frac{\mathrm{d}z_k}{\mathrm{d}z_l} = g(z) \tag{3.3.2}$$

设 $(X, \succeq)$ 对某种划分具有偏好独立性, 那么描述这种关系的序数效用函数具有以下形式

$$U(x) = \theta[F(y) + G(z)] \tag{3.3.3}$$

其中 $\theta(\cdot)$ 为严格单增函数, F, G 满足:

$$-\frac{\mathrm{d}y_i}{\mathrm{d}y_j}\bigg|_{U(x)=C} = \frac{\theta'(\cdot)\partial F / \partial y_j}{\theta'(\cdot)\partial F / \partial y_i} = f(y) \tag{3.3.4 a}$$

$$-\frac{\mathrm{d}z_k}{\mathrm{d}z_l}\bigg|_{U(x)=C} = \frac{\theta'(\cdot)\partial G / \partial z_l}{\theta'(\cdot)\partial G / \partial z_k} = g(z) \tag{3.3.4 b}$$

偏好关系是完全偏好独立的是指它对商品组合的任意划分都是偏好独立的, 加性效用函数

$$U(x) = \sum U_i(x_i) \tag{3.3.5}$$

是偏好关系完全偏好独立的充分条件.

加性效用函数的一个常用形式是幂函数之和

$$U(x) = \frac{1}{\gamma} \sum a_i x_i^\gamma \tag{3.3.6}$$

而线性效用函数

$$U(x) = \sum a_i x_i \tag{3.3.7}$$

是其特例 $(\gamma = 1)$. 式 (3.3.6) 的等价效用函数 $U^*(x) = U(x) - \dfrac{\sum a_i}{\gamma}$ 的当 $\gamma \to 0$ 时的极限为对数线性效用函数

$$U(x) = \sum a_i \ln x_i \tag{3.3.8}$$

其等价效用函数之一是 Cobb-Douglas 效用函数

$$\varPhi(x) = \exp\left(\sum a_i \ln x_i\right) = \prod x_i^{a_i} \tag{3.3.9}$$

这些效用函数有各自的特征.

线性效用函数的特征为边际替代率是常数, 即

$$-\frac{\mathrm{d}x_i}{\mathrm{d}x_j}\bigg|_{U(x)=C} = \frac{a_j}{a_i} \tag{3.3.10}$$

对数线性函数的特征是一种商品数量对另一种商品数量的弹性为常数, 即

$$-\frac{\mathrm{d}x_i / x_i}{\mathrm{d}x_j / x_j}\bigg|_{U(x)=C} = \frac{a_j}{a_i} \tag{3.3.11}$$

一般情形(3.3.6)的特征是

$$-\frac{\mathrm{d}x_i}{\mathrm{d}x_j}\bigg|_{U(x)=C} = \frac{a_j}{a_i}\left(\frac{x_j}{x_i}\right)^{\gamma-1} \tag{3.3.12}$$

它仅依赖于两种商品的数量.

线性效用函数是理想化情形, 此时等效面是平面(对高维情形是超平面, 二维情形则是直线). 式(3.3.6)的另一极限情况是 $\gamma \to -\infty$, 此时

$$-\frac{\mathrm{d}x_i}{\mathrm{d}x_j}\begin{cases} \to \infty \\ \to 0 \end{cases}$$

若 $n=2$, 则此时极限情况就是取小函数(也称互补效用函数).

根据参数 γ 的取值, 我们可以对式(3.3.6)作进一步讨论. 以 $n=2$ 为例:

(1)当 $\gamma < 0$ 时, 等效线与坐标轴不相交. 等效线 $U(x_1, x_2) = C$ 有渐近线, $x_i = (C\gamma / a_i)^{\frac{1}{\gamma}}$ ($i=1,2$). 这是因为

$$\frac{1}{\gamma}\lim_{x_1 \to +\infty}(a_1 x_1^{\gamma} + a_2 x_2^{\gamma}) = C \Rightarrow x_2 \to (C\gamma / a_2)^{\frac{1}{\gamma}}$$

同理 $x_1 \to C(\gamma / a_1)^{\frac{1}{\gamma}}$ ($x_2 \to +\infty$).

换一个角度讲, 此时若给定某种商品的数量, 则另一种商品数量增加不会引起效用值的无限制增大. 事实上

$$\lim_{x_1 \to +\infty} U(x_1, x_2^0) = \frac{1}{\gamma}a_2(x_2^0)^{\gamma}, \quad \lim_{x_2 \to +\infty} U(x_1^0, x_2) = \frac{1}{\gamma}a_1(x_1^0)^{\gamma}$$

(2)当 $0 < \gamma < 1$ 时, 等效线 $U(x_1, x_2) = C$ 与 $x_i = (C\gamma / a_i)^{\frac{1}{\gamma}}$ ($i=1,2$)接近.

(3)就对数线性效用函数(即 $\gamma \to 0$ 的情况)而言, 单个商品数量的增加会引起效用值无限制增大, 即 $\lim_{x_i \to +\infty} U(x) = +\infty$.

3.4　消费分配问题

标准的消费分配问题是指消费者根据自己的财力在可行域中选择最优商品组合, 是消费在商品数量上的结构问题. 用效用函数语言叙述就是在一定财力的约束下追求效用最大化. 给定消费品价格向量 p、财力 W、可行域 X 和效用函数 $U(x)$, 则消费分配问题表述为

$$
\begin{aligned}
&\max \quad U(x) \\
&\text{s.t.} \quad p^{\mathrm{T}}x \leqslant W
\end{aligned}
\tag{3.4.1}
$$

在讨论这个最优化问题的过程中, 我们假定可行域 X 满足如下假设.

假设 2　X 是含零向量、X 无上界且 X 有下界.

假设 2 的意义在于将消费分配问题的可行域界定在一个非空有界闭集(即紧集)上: ① X 是含零向量, 故问题(3.4.1)总有可行解. ② X 无上界意味着决策问题不受任何商品短缺的限制, 个人消费只受财富水平的限制, 事实上某种商品总量有限, 但与个人消费量相比可以看作是无限量. ③ X 有下界则意味着消费者不能无限制地靠出售某种商品(如劳务等)来无限制地购买另一种商品.

定理 3.4.1　在本章假设 1 和假设 2 的前提下, 对任意 $p > 0$ 和 $W > 0$, 消费分配问题有唯一的无松弛解 x^*.

证明　由于自然有效商品组合 X 闭、有下界, 从而推出经济上可行的商品组合之集有上界

$$
\forall i, \quad x_i \leqslant \left(W - \sum_{j \neq i} x_j^l p_j \right) \Big/ p_i
$$

所以 $F = X \bigcap \{x \,|\, p^{\mathrm{T}}x \leqslant W\}$ 为有界闭凸集且含零向量.

由效用函数 $U(x)$ 的连续性知 $U(x)$ 必在 F 上达到最大值, 设最大值点为 x^*. 若 x^* 有松弛 $s = W - p^{\mathrm{T}}x^* > 0$, 那么设

$$
\delta_i = \frac{s}{np_i} \quad \text{(即用剩余的钱平均购买各种商品)}
$$

$\delta = (\delta_1, \delta_2, \cdots, \delta_n)^{\mathrm{T}}$, $x = x^* + \delta$, 就有 $x > x^*$, 从而 $U(x) > U(x^*)$ 且 $p^{\mathrm{T}}x = W$, 与 x^* 为最大值点矛盾!

另外, 倘若最大效用值点不唯一, 则有两个最大值点 x^0 和 x^* 且 $x^0 \neq x^*$, 由于 F 为凸集, 故 $x = \frac{1}{2}(x^0 + x^*) \in F$, 但根据 $U(x)$ 的严格下凹性知 $U\left(\frac{1}{2}(x^0 + x^*)\right) > \frac{1}{2}U(x^0) + \frac{1}{2}U(x^*)$, 这与 x^* 为最优值点矛盾! 证毕!

为了求解消费分配问题, 我们构造 Lagrange 函数 $L(x) = U(x) + \lambda(W - p^{\mathrm{T}}x)$. 由于已知最优解是无松弛的, 因此可以增加一个等式约束而获得一阶条件

$$\begin{cases} \dfrac{\partial L}{\partial x_i} = \dfrac{\partial U}{\partial x_i} - \lambda p_i = 0 & \text{(3.4.2a)} \\[3mm] \dfrac{\partial L}{\partial \lambda} = W - p^{\mathrm{T}}x = 0 & \text{(3.4.2b)} \end{cases}$$

由效用函数的严格凹知加边 Hesse 矩阵的二阶条件成立, 即

$$H^B = \begin{pmatrix} HU & -p \\ -p^{\mathrm{T}} & 0 \end{pmatrix}$$

负定. (3.4.2 a) 也可以表示为

$$\frac{\partial U / \partial x_i}{\partial U / \partial x_j} = \frac{p_i}{p_j} \tag{3.4.3}$$

即边际替代率等于价格比的相反数. 最优化问题是 (3.4.1) 也可以如图 3.4.1 所示在交点处等效线最高且财力可以达到.

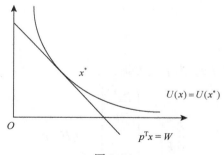

$$U(x) = U(x^*)$$

$$p^{\mathrm{T}}x = W$$

图 3.4.1

3.5 消费需求分析

消费分配问题的解也可以表示为一列需求函数, 构成消费响应

$$x_i^* = \varphi_i(p, W) \quad (i = 1, 2, \cdots, n) \tag{3.5.1}$$

在效用函数二阶可微的假设下, 可以对需求函数作如下分析.

把 (3.4.2) 视为变量 x, p, λ, W 构成的系统, 对诸式两端求全微分得

$$\sum_{j=1}^{n} \frac{\partial^2 U}{\partial x_i \partial x_j} \mathrm{d}x_j - p_i \mathrm{d}\lambda - \lambda \mathrm{d}p_i = 0 \quad (i = 1, 2, \cdots, n) \tag{3.5.2 a}$$

$$\mathrm{d}W - \sum_{j=1}^{n} p_j \mathrm{d}x_j - \sum_{j=1}^{n} x_j \mathrm{d}p_j = 0 \tag{3.5.2 b}$$

写为矩阵形式就是

$$\begin{pmatrix} HU & -p \\ -p^{\mathrm{T}} & 0 \end{pmatrix}\begin{pmatrix} \mathrm{d}x \\ \mathrm{d}\lambda \end{pmatrix} = \begin{pmatrix} \lambda \mathrm{d}p \\ -\mathrm{d}W + x^{\mathrm{T}}\mathrm{d}p \end{pmatrix} \tag{3.5.3}$$

其中 $\mathrm{d}x = (\mathrm{d}x_1,\cdots,\mathrm{d}x_n)^{\mathrm{T}}$, $\mathrm{d}p = (\mathrm{d}p_1,\mathrm{d}p_2,\cdots,\mathrm{d}p_n)^{\mathrm{T}}$, HU 为 $U(x)$ 的 Hesse 矩阵. 由 $U(x)$ 的严格凹性知 (3.4.1) 有最优解, 从而满足二阶条件, 即加边 Hesse 矩阵负定. 故 (3.5.3) 式中左边的系数矩阵有逆矩阵

$$\begin{pmatrix} H^{-1}(I-\eta pp^{\mathrm{T}}H^{-1}) & -\eta H^{-1}p \\ -\eta p^{\mathrm{T}}H^{-1} & -\eta \end{pmatrix} \tag{3.5.4}$$

其中 $\eta = (p^{\mathrm{T}}H^{-1}p)^{-1}$. 求解得

$$\mathrm{d}x^* = \lambda H^{-1}(I - \eta pp^{\mathrm{T}}H^{-1})\mathrm{d}p + \eta(\mathrm{d}W - \mathrm{d}p^{\mathrm{T}}x^*)H^{-1}p \tag{3.5.5}$$

因此当 W 为已知时, x^* 对 p_i 的偏导数为

$$\left.\frac{\partial x^*}{\partial p_i}\right|_W = \begin{pmatrix} \dfrac{\partial x_1^*}{\partial p_i} \\ \vdots \\ \dfrac{\partial x_n^*}{\partial p_i} \end{pmatrix}\Bigg|_W = [\lambda H^{-1}(I - \eta pp^{\mathrm{T}}H^{-1}) - \eta H^{-1}px^{*\mathrm{T}}]\varepsilon_i \quad (i=1,2,\cdots,n)$$

$$\tag{3.5.6}$$

其中 ε_i 为单位矩阵的第 i 列. 当 p 已知时,

$$\left.\frac{\partial x^*}{\partial W}\right|_p = \begin{pmatrix} \dfrac{\partial x_1^*}{\partial W} \\ \vdots \\ \dfrac{\partial x_n^*}{\partial W} \end{pmatrix}\Bigg|_p = \eta H^{-1}p \tag{3.5.7}$$

将 (3.5.7) 代入 (3.5.6) 得

$$\left.\frac{\partial x^*}{\partial p_i}\right|_W = \begin{pmatrix} \dfrac{\partial x_1^*}{\partial p_i} \\ \vdots \\ \dfrac{\partial x_n^*}{\partial p_i} \end{pmatrix}\Bigg|_W = \lambda H^{-1}(I - \eta pp^{\mathrm{T}}H^{-1})\varepsilon_i - x_i^*\begin{pmatrix} \dfrac{\partial x_1^*}{\partial W} \\ \vdots \\ \dfrac{\partial x_n^*}{\partial W} \end{pmatrix}\Bigg|_p \tag{3.5.8}$$

称 (3.5.8) 为 Slutsky 方程. 我们来讨论 (3.5.8) 式右边第一项. 考虑 $p_i\ (i=1,2,\cdots,n)$ 和 W 变而 $U(x)$ 不变, 则有

$$0 = \mathrm{d}U = \sum \frac{\partial U}{\partial x_i}\mathrm{d}x_i = \sum \lambda p_i \mathrm{d}x_i \tag{3.5.9}$$

其中最后一个等式是由 (3.4.2a) 而得. 把 (3.5.9) 式代入 (3.5.2b) 得 $\mathrm{d}W = \sum x_i \mathrm{d}p_i$, 再代入 (3.5.5) 又得

$$\left.\frac{\partial x^*}{\partial p_i}\right|_U = \begin{pmatrix} \dfrac{\partial x_1^*}{\partial p_i} \\ \vdots \\ \dfrac{\partial x_n^*}{\partial p_i} \end{pmatrix}_{U(x^*)=C} = \lambda H^{-1}(I - \eta p p^{\mathrm{T}} H^{-1}) \varepsilon_i \qquad (3.5.10)$$

因此, Slutsky 方程又可简写为

$$\left.\frac{\partial x^*}{\partial p_i}\right|_W = \left.\frac{\partial x^*}{\partial p_i}\right|_U - x_i^* \left.\frac{\partial x^*}{\partial W}\right|_p \qquad (i = 1, 2, \cdots, n) \qquad (3.5.11)$$

(3.5.11) 右边第一项是替代影响的度量, 第二项是收入影响的度量.

因为 Hesse 矩阵是负定的, 故其逆矩阵也为负定. 所以直接替代影响 $\left.\dfrac{\partial x_i^*}{\partial p_i}\right|_U$ 必为负值. 而 $\left.\dfrac{\partial x_i^*}{\partial W}\right|_p$ 的符号可正可负. 若 $\left.\dfrac{\partial x_i^*}{\partial W}\right|_p < 0$, 则意味着价格一定时收入越多越少消费第 i 种商品, 即第 i 种商品是 "大路货" (或质次商品, 如 Giffen 食品). 此时 (3.5.11) 右边第二项为正. 因此, 只要第 i 种商品质地充分的差就可使第二项较第一项居于支配地位, 从而保证 (3.5.11) 左边项 $\left.\dfrac{\partial x_i^*}{\partial p_i}\right|_W > 0$, 即收入固定条件下价格越高越多买. 也就是说第 i 种商品是走俏商品 (如奢侈品). 如果交叉替代影响 $\left.\dfrac{\partial x_i^*}{\partial p_j}\right|_U > 0 (i \neq j)$, 那么第 i 种商品是第 j 种商品的替代品. 要不然的话, 这两种商品是互补的.

收入影响和替代影响也可以用图 3.5.1 加以解释, 第一种商品的价格从 p_1 涨到 p_1' 将引起财力线顺时针方向旋转. 替代影响的结果是最优商品组合从 A 点变到 B 点. 即意味着保持效用值的前提下减少第一种商品的消费而增加第二种商品的消费. 收入影响的结果是最优商品组合从 B 点变到 C 点. 在图中所示的情况下, 第一种商品是正规品 (而非质次品). 因此收入不变, 价格上涨时减少该商品的消费量 $\left(\left.\dfrac{\partial x_1^*}{\partial p_1}\right|_W < 0\right)$.

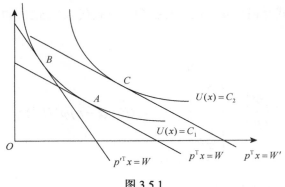

图 3.5.1

例 3.5.1 设一投资者的效用函数为 $U(x,z) = \alpha \ln x + (1-\alpha) \ln z$，则由一阶条件 (3.4.2) 得

$$\frac{\alpha}{x} = \lambda p_x, \quad \frac{1-\alpha}{z} = \lambda p_z \tag{3.5.12}$$

考虑条件 $p_x x + p_z z = W$ 解得

$$x^* = \frac{\alpha W}{p_x}, \quad z^* = \frac{(1-\alpha)W}{P_z} \tag{3.5.13}$$

计算得收入影响

$$\frac{\partial x^*}{\partial W} = \frac{\alpha}{p_x} > 0, \quad \frac{\partial z^*}{\partial W} = \frac{1-\alpha}{p_z} > 0 \tag{3.5.14}$$

而直接替代影响为

$$\left.\frac{\partial x^*}{\partial p_x}\right|_W + x^* \left.\frac{\partial x^*}{\partial W}\right|_p = -\frac{\alpha W}{p_x^2} + x^* \frac{\alpha}{p_x} = -\frac{1}{p_x} \cdot x^* + x^* \frac{\alpha}{p_x} = \frac{x^*}{p_x}(\alpha - 1) < 0$$

而交叉替代影响为

$$\left.\frac{\partial x}{\partial p_z}\right|_U = \left.\frac{\partial x^*}{\partial p_z}\right|_W + z^* \left.\frac{\partial x^*}{\partial W}\right|_p = \frac{\alpha z^*}{p_x} > 0$$

对 z^* 有类似的结果.

3.6 期望效用最大化

本节中我们将研究投资问题, 方法是效用最大化的概念推广到包含风险的情形: 在讨论中我们假设的投资者都已知相关的概率. 虽说这样做不太符合以往使用主观概率进行讨论的传统, 但足以满足需要. 彩票（或抽奖）一般用收益 $(x^{(1)}, x^{(2)}, \cdots, x^{(m)})^{\mathrm{T}}$ 和相应的概率分布 $\pi = (\pi_1, \cdots, \pi_m)^{\mathrm{T}}$ 来描述, 意指购买该彩票将以

π_i 的概率获得收益 $x^{(i)}(i=1,2,\cdots)$. 注意收益 $x^{(i)}$ 等可以代表某种商品组合, 也可以代表另一种彩票. 我们假定投资者总可以从多种彩票中进行选择.

现在我们来考虑彩票间的优先次序以便于处理具各种收益情况的彩票问题. 我们假定彩票集合上存在满足如下公理体系的偏好关系.

公理 1A(完全性或连通性) 对每一对彩票 L_1 和 L_2 总有 $L_1 \succeq L_2$ 或 $L_2 \succeq L_1$.

仍将 "$\succeq$" 读作 "弱优先于", 也可定义类似于商品组合偏好中的 "等效" "严格优先" 等关系.

公理 2A(自反性) 对每种彩票 L 有 $L \succeq L$.

公理 3A(传递性) 若 $L_1 \succeq L_2$ 且 $L_2 \succeq L_3$, 则 $L_1 \succeq L_3$.

这三条公理与前面对应的公理在直观上是一致的. 用这三条公理可以证明每位投资者或代理人按这种偏好关系进行选择与按定义在彩票空间上的序数效用函数进行选择是一致的(如果彩票收益样本空间也只是概率分布不同, 则偏好关系与效用函数实际上定义在分布空间上). 也就是说, 彩票的偏好关系也可以用序数效用函数来描述. 下面的三条公理则是用于形成有关收益组合空间上的基数效用期望值最大化问题的概念.

公理 5(等效性) 设

$$L_1 = \left\{ (x^{(1)},\cdots,x^{(r-1)},x^{(r)},x^{(r+1)},\cdots,x^{(m)}),(\pi_1,\cdots,\pi_{r-1},\pi_r,\pi_{r+1},\cdots,\pi_m) \right\}$$

$$L_2 = \left\{ (x^{(1)},\cdots,x^{(r-1)},z,x^{(r+1)},\cdots,x^{(m)})^{\mathrm{T}},(\pi_1,\cdots,\pi_{r-1},\pi_r,\pi_{r+1},\cdots,\pi_m) \right\}$$

若 $x^{(r)} \sim z$, 则 $L_1 \sim L_2$. 这里 z 可以是商品组合, 也可以是另外一种彩票. 当 z 是另外一种彩票

$$z = \left\{ (x^{(r_1)},x^{(r_2)},\cdots,x^{(r_s)}),(\pi_1^{(r)},\pi_2^{(r)},\cdots,\pi_s^{(r)}) \right\}$$

时, 进一步有

$$L_1 \sim L_2 \sim \left\{ \begin{array}{l} (x^{(1)},\cdots,x^{(r-1)},x^{(r_1)},x^{(r_2)},\cdots,x^{(r_s)},x^{(r+1)},\cdots,x^{(m)}) \\ (\pi_1,\cdots,\pi_{r-1},\pi_r\pi_1^{(r)},\pi_r\pi_2^{(r)},\cdots,\pi_r\pi_s^{(r)},\pi_{r+1},\cdots,\pi_m) \end{array} \right\}$$

值得注意的是这条公理中出现的概率. 这里 $\pi_i^{(r)}$ 是 L_2 中第 r 种情况已经发生(即结果是投资者的收益是另一种彩票 z)的条件下再从彩票 z 中获得收益 $x^{(r_i)}$ 的条件概率. 而 $\pi_r\pi_i^{(r)}$ 则是投资者在彩票中套购另一种彩票(视为一种新彩票), 直接获得收益 $x^{(r_i)}$ 的无条件概率. 我们有 $\sum_i \pi_r\pi_i^{(r)} = \pi_r$. 这条公理的实际含义是彩票的效用只与最终的收益有关, 而与实现这种收益的具体途径或方法无关. 这意味着我们不妨只研究收益是商品组合而不是另外一种彩票的彩票. 因此, 以后一律假定收益为商品组合, 从而收益 ξ 可以描述为随机实向量, 故记彩票为 $L = \{\xi,\pi\}$. 如果两种商品组合(或作为前一种彩票收益的彩票)都满足公理 5, 那么把它们看作彩票收益是

等价的. 另外, 这里没有考虑对风险的厌恶和喜好问题. 这条公理的重要性将在后面进一步来讨论.

公理 6（连续性）　若 $x^{(1)} \succeq x^{(2)} \succeq x^{(3)}$, 则存在概率 $\pi \, (0 \leqslant \pi \leqslant 1)$ 使 $x^{(2)} \sim \left\{ (x^{(1)}, x^{(3)}), (\pi, 1-\pi) \right\}$ 并且这样的概率 π 是唯一的除非 $x^{(1)} \sim x^{(3)}$.

公理 7（支配性）　设 $L_1 = \left\{ (x^{(1)}, x^{(2)}), (\pi_1, 1-\pi_1) \right\}$, $L_2 = \left\{ (x^{(1)}, x^{(2)}), (\pi_2, 1-\pi_2) \right\}$, 且 $x^{(1)} \succ x^{(2)}$, 则 $L_1 \succ L_2$ 当且仅当 $\pi_1 > \pi_2$.

定理 1.6.1　在公理 1—公理 7 条件下, 投资者将从两种或更多种彩票中选择期望效用最大者. 也就是说, 决策者的选择使期望效用 $\sum \pi_i \psi(x^{(i)})$ 最大化（其中 ψ 为定义在自然商品组合空间上的一特定的基数效用函数）.

证明　我们仅就两种彩票的情形进行证明. 设此两种彩票为

$$L_1 = \left\{ (x^{(1,1)}, x^{(1,2)}, \cdots, x^{(1,m)}), (\pi_1^{(1)}, \pi_2^{(1)}, \cdots, \pi_m^{(1)}) \right\}$$

$$L_2 = \left\{ (x^{(2,1)}, x^{(2,2)}, \cdots, x^{(2,r)}), (\pi_1^{(2)}, \pi_2^{(2)}, \cdots, \pi_r^{(2)}) \right\}$$

不妨假设 $x^{(i,j+1)} \succ x^{(i,j)} (i=1,2)$, 取 $x^{(h)}$ 和 $x^{(l)}$ 使 $x^{(h)} \succ x^{(i,j)} \succ x^{(l)} (i=1,2, \forall 1 \leqslant j \leqslant m \text{ 及 } r)$. 由公理 6, 对每个 $x^{(i,j)}$ 可以算出 $0 \leqslant q_j^{(i)} \leqslant 1$ 使 $x^{(i,j)} \sim \left\{ (x^{(h)}, x^{(l)}), (q_j^{(i)}, 1-q_j^{(i)}) \right\}$. 由公理 5 知

$$L_i \sim \left\{ (x^{(h)}, x^{(l)})^{\mathrm{T}}, (Q_i, 1-Q_i) \right\} \quad \left(\text{其中} Q_i = \sum_j q_j^{(i)} \pi_j^{(i)}, \ i=1,2 \right)$$

再按公理 7, $L_1 \succ L_2$ 当且仅当 $Q_1 > Q_2$. 最后一个要证明的是 $q_j^{(i)}$ 为 $x^{(i,j)}$ 的效用的度量. 事实上, 由公理 7 知 $x^{(i,j)} \succ x^{(i,k)}$ 当且仅当 $q_j^{(i)} > q_k^{(i)}$. 因此 $q^{(i)}$ 为单增序列. 再由公理 6 知 $q^{(i)}$ 是连续的. 证毕!

上面介绍的效用函数 $\psi(x^{(i,j)}) = q_j^{(i)}$ 通常称作 von Neumann-Morgenstern 效用函数, 它是首先由 von Neumann 和 Morgenstern 引入的. 它不仅有序数效用函数的性质, 而且还有一个"基数"度量. 与序数效用函数不同, 除了数值上简单比较关系外, 基数效用函数的值具有准确的含义（对某种标准而言）. 对此, 我们可以简单的说明. 假定只考虑一种商品. 现在我们把一种彩票与无风险的收益相比, 其中彩票将以相同的概率获得 9 个单位的该商品和无收益, 而无风险收益是 4 个单位的该商品. 那么在序数效用函数 $U(x) = x$ 之下, 彩票的期望效用为 4.5, 从而优于无风险收益. 但若采用单增变换 $\theta(s) = \sqrt{s}$, 则彩票的期望效用变为 1.5, 而无风险收益的效用为 2. 由此我们发现使用不同的序数效用函数所得的大小关系是对立的. 因此, 对序数效用函数的任意单调变换不能保持彩票上的序关系.

基数性最初通过公理 6 和公理 7 引入. 假定 $x^{(h)}$ 和 $x^{(l)}$ 的效用依次为 1 和 0. 根据公理 6, 中间的任一收益 x 在效用上等价于具有收益 $x^{(h)}$ 和 $x^{(l)}$ 的某种简单彩票

$L = \left\{ (x^{(l)}, x^{(h)}), (1-q, q) \right\}$. 这种简单彩票的期望效用是 $U(L) = E[U(\xi)] = q \cdot 1 + (1-q) \cdot 0 = q$. 根据公理 7, 由 q 值列出结果的次序. 也就是说 $\psi(x) = q$ 至少是一个序数效用函数. 显然, 由 $\psi(x) = q$ 的构造知, ψ 是唯一的. 因此 von Neumann-Morgenstern 需要函数只有两个自由度 $\psi(x^{(h)})$ 和 $\psi(x^{(l)})$, 其余的 $\psi(x)$ 均由它们而定. 另外, 我们说效用由正线性变换来确定, 即 $\psi(x)$ 和 $a + b\psi(x)(b > 0)$ 是等价效用函数.

与其说 von Neumann-Morgenstern 效用函数具有基数性不如说它具有度量性. 尽管从数学家的观点看, 这样的说法还不够准确.

对比基数效用函数与序数效用函数, 每一个基数效用函数体现为一个特殊的序数效用函数. 这是因为后者只存在单调度变换合成上的差别, 而两个差别很大的基数效用函数可以具有相同的保序性. 因此, 在确定性条件下具有相同选择的两个消费者, 在作为投资者时, 选择彩票可能不同 (原因是他们对风险的偏好不一样).

例 3.6.1 考虑两个两种商品的 Gobb-Douglas 序数效用函数 $\psi_1(x, z) = \sqrt{xz}$ 和 $\psi_2(x, z) = -1/xz$ 是等价的 (因为 $\psi_2 = -\psi_1^{-2}$). 如果要在无风险收益 $(2, 2)^{\mathrm{T}}$ 和等概率收益 $(4, 4)^{\mathrm{T}}$, $(1, 1)^{\mathrm{T}}$ 中进行选择, 那么效用函数 ψ_1 下, 第一个消费者的彩票 $\left\{ ((4, 4)^{\mathrm{T}}, (1, 1)^{\mathrm{T}}), \left(\frac{1}{2}, \frac{1}{2} \right) \right\}$ 的期望效用为 $\frac{1}{2} \cdot \sqrt{4 \times 4} + \frac{1}{2} \sqrt{1 \times 1} = 2 + \frac{1}{2} = \frac{5}{2}$, 大于无风险收益 $(2, 2)^{\mathrm{T}}$ 的效用 2, 即他将选择彩票. 而第二个消费者以 ψ_2 为效用函数, 则他的彩票 $\left\{ ((4, 4)^{\mathrm{T}}, (1, 1)^{\mathrm{T}}), \left(\frac{1}{2}, \frac{1}{2} \right) \right\}$ 的期望效用为 $\frac{1}{2} \cdot \left(-\frac{1}{4 \times 4} \right) + \frac{1}{2} \left(-\frac{1}{1 \times 1} \right) = -\frac{17}{32}$, 小于无风险收益 $(2, 2)^{\mathrm{T}}$ 的效用 $-\frac{1}{4}$, 即他将选择无风险收益 $(2, 2)^{\mathrm{T}}$.

与先前一样, 偏好关系仍可以用序数效用函数来描述, 但必须注意到此时序数效用函数的定义域已经换成了彩票集. 对于收益不是有限或可列种而是连续型, 期望效用用积分表示. 设 $\pi(x)$ 为连续值的彩票收益 ξ (为一个 n 维随机变量) 的概率分布密度, $\psi(\xi)$ 为消费者 (投资者) 的基数效用函数, 那么他对彩票 $L = \{\xi, \pi(x)\}$ 的期望效用由积分形式给出, 即

$$U(L) = Q(\pi(x)) = E[\psi(\xi)] = \int_X \psi(x)\pi(x)\mathrm{d}x \quad \text{(其中 } X \text{ 为 } L \text{ 的收益取值范围)}$$

$$(3.6.1)$$

当彩票的收益服从某种普通的分布时消费者 (或投资者) 的彩票序数效用函数常常可以表示为定义在彩票收益 X 的分布参数空间上的序数效用函数. 例如, 只考虑单个商品, 设消费者的基数效用函数为 $\psi(x) = x^\gamma / \gamma$, 且第 i 种彩票 L_i 的收益 ξ_i 服从对数正态分布 (即 $\ln \xi_i \sim N(\mu_i, \sigma_i^2)$), 则

$$Q[\pi_i(x_i)] = \frac{1}{\sqrt{2\pi}\sigma\gamma} \int_{-\infty}^{+\infty} (e^{y_i})^{\gamma} \exp\left[\frac{(y_i - \mu_i)^2}{2\sigma_i^2}\right] dy_i = \frac{1}{\gamma} \exp\left[\gamma\mu_i + \frac{\gamma^2\sigma_i^2}{2}\right] \equiv U(\mu_i, \sigma_i)$$

(3.6.2)

($x_i = e^{y_i}$), 其中 μ_i 和 σ_i 可以理解为一种现实的 "商品". 由于 $U(\mu_i, \sigma_i)$ 是序数效用函数, 因此可以用单调变换等价地表示为

$$\Phi(\mu, \sigma) \equiv \frac{1}{\gamma} \ln U(\mu, \sigma) = \mu + \frac{a\sigma^2}{2}$$

(3.6.3)

这样的效用函数通常称为导出效用函数或衍生效用函数. 以上导出的均值-方差效用函数在金融决策理论中扮演着重要角色.

3.7　独立性公理与效用独立

公理 5 所言彩票的效用与实现收益的手段无关, 故称之为独立性公理. 这里所讲的独立性是前面所讲的独立性 (即 3.3 节中的独立性) 的另一种形式. 注意不要将它与后面所引入的关于基数效用函数的效用独立性混为一谈.

为了明确公理 5 所讲的独立性与偏好独立性之间的关系, 我们来分析一概率 π_1 和 π_2 取得收益 $x^{(1)}$ 和 $x^{(2)}$ 的简单彩票 $L = \left\{(x^{(1)}, x^{(2)}), (\pi_1, \pi_2)\right\}$. 其中 $x^{(1)}$, $x^{(2)}$ 为商品组合, 记为

$$x^{(1)} = (x_1^{(1)}, \cdots, x_n^{(1)})^{\mathrm{T}}, \quad x^{(2)} = (x_1^{(2)}, \cdots, x_n^{(2)})^{\mathrm{T}}$$

设 Y 为 $2n$ 个商品的组合空间, 其元素可表示为 $2n$ 维向量.

$$y^{(1)} = (x_1^{(1)}, \cdots, x_n^{(1)}, 0, \cdots, 0)^{\mathrm{T}}, \quad y^{(2)} = (0, \cdots, 0, x_1^{(2)}, x_2^{(2)}, \cdots, x_n^{(2)})^{\mathrm{T}} \in Y$$

则 L 的期望效用为

$$E[\psi(\xi)] = \pi_1\psi(x_1) + \pi_2\psi(x_2) = U_1(y^{(1)}) + U_2(y^{(2)}) \equiv U(y)$$

(3.7.1)

第二步等式清楚地表明序数效用具有可加性, 从而保证了偏好独立性.

式 (3.7.1) 中的 U_i 通过概率依赖于彩票. 因此, 与 3.2 节中所概括的一样, 可以用效用函数这种一般方式来表述决策问题. 只有可加 (或积分) 形式的效用函数 (或它们的单调变换) 才体现出偏好独立性. 虽然我们可以构造出满足除公理 5 以外的全部公理的彩票集上其他序数效用函数, 但这些序数效用函数是不能表示为基数效用函数的期望值的.

考虑收益为单一商品的彩票集, 商品数量记为 x, L_i 的收益分布为 $\pi_i(x)$. 设函数

$$Q[\pi(x)] \equiv \frac{1}{2} \int_{-\infty}^{+\infty} x\,\mathrm{d}F(x) + \frac{1}{2}\left[\int_{-\infty}^{+\infty} \sqrt{x}\,\mathrm{d}F(x)\right]^2 \equiv \frac{1}{2}E[\xi] + \frac{1}{2}E^2[\sqrt{\xi}]$$

(3.7.2)

它给每一种彩票赋予了唯一的数值 (这里只需要求收益 x 非负且期望收益存在即可). 由这个函数定义的彩票偏好的关系

$$L_i \succ L_k \Leftrightarrow Q[\pi_i(x)] > Q[\pi_k(x)] \tag{3.7.3}$$

显然满足公理 1A —公理 3A . 如果彩票收益只限于两种状态, 即 $L = \{(x_0, x_1), (\pi_0, \pi_1)\}$, 不妨设 $x_1 > x_0 > 0$, 则

$$Q[\pi(x)] \equiv \frac{1}{2}(\pi_0 x_0 + \pi_1 x_1) + \frac{1}{2}(\pi_0 \sqrt{x_0} + \pi_1 \sqrt{x_1})^2$$

有 $\dfrac{\mathrm{d}Q}{\mathrm{d}\pi_1} = \dfrac{1}{2}x_1 + \pi_0\sqrt{x_0 x_1} + \pi_1 x_1 > 0$, 即 Q 为 π_1 的连续增函数. 此时, $Q[\pi(x)]$ 的最大值为 x_1 , 最小值为 x_0 . 故对 $\forall x_0 < x^* < x_1$ 存在 π_1^* 使

$$Q[\delta(x - x^*)] = x^* = \frac{1}{2}(\pi_0^* x_0 + \pi_1^* x_1) + \frac{1}{2}(\pi_0^* \sqrt{x_0} + \pi_1^* \sqrt{x_1})^2$$

这里 δ 为 Dirac-δ 函数, 即 $\delta(t) = \lim\limits_{\sigma \to 0} \dfrac{1}{\sqrt{2\pi}\sigma} \exp\left(-\dfrac{t^2}{2\sigma^2}\right)$, 即 $x^* \sim \{(x_0, x_1), (\pi_0^*, \pi_1^*)\}$.

所以公理 6 得以满足. 由 $Q(\pi_1)$ 的单调性知, 公理 7 亦满足.

但是, 按此定义的 $Q[\pi(x)]$ 不满足公理 5. 首先我们注意到无风险收益的效用等于收益本身, 即 $Q[\delta(x - x_0)] = x_0$. 现在设有三种彩票: L_1 以等概率获得收益 4 和 0 ; L_2 以等概率获得收益 $\dfrac{32}{3}$ 和 0 ; L_3 以 $\dfrac{1}{4}$ 和 $\dfrac{3}{4}$ 的概率获得收益 $\dfrac{32}{3}$ 和 0 . 由式 (3.7.2) 得

$$
\begin{aligned}
[L_1] &= \frac{1}{2}\left(\frac{1}{2}\cdot 4 + \frac{1}{2}\cdot 0\right) + \frac{1}{2}\left[\frac{1}{2}\cdot\sqrt{4} + \frac{1}{2}\cdot\sqrt{0}\right]^2 = \frac{3}{2} \\
[L_2] &= \frac{1}{2}\left(\frac{1}{2}\cdot\frac{32}{3} + \frac{1}{2}\cdot 0\right) + \frac{1}{2}\left[\frac{1}{2}\cdot\sqrt{\frac{32}{3}} + \frac{1}{2}\cdot\sqrt{0}\right]^2 = 4 \\
[L_3] &= \frac{1}{2}\left(\frac{1}{4}\cdot\frac{32}{3} + \frac{3}{4}\cdot 0\right) + \frac{1}{2}\left[\frac{1}{4}\cdot\sqrt{\frac{32}{3}} + \frac{3}{4}\cdot\sqrt{0}\right]^2 = \frac{5}{3}
\end{aligned}
\tag{3.7.4}
$$

因此, 彩票 L_3 优于彩票 L_1 . 假若公理 5 成立的话,

$$L_1 \sim \left\{(L_2, 0), \left(\frac{1}{2}, \frac{1}{2}\right)\right\} = L' \sim \left\{\left(\frac{32}{3}, 0, 0\right), \left(\frac{1}{4}, \frac{1}{4}, \frac{1}{2}\right)\right\}$$

从而 $L_1 \sim L_3$. 这与 (3.7.4) 的结果不符. 说明 (3.7.3) 定义的偏好关系不满足公理 5 的要求, 而且式 (3.7.2) 中也未对每种收益赋予与手段无关的基数效用, 事实上, 按 (3.7.2) $Q[\pi(x)] = E\left[\frac{1}{2}\left(\xi + (E[\sqrt{\xi}])\sqrt{\xi}\right)\right]$, 即对应的 $\psi(x) = \frac{1}{2}[x + (E[\sqrt{\xi}])\sqrt{x}]$ 与 X 的分布有关 (即与手段有关).

Machina 证明了这类效用函数具有 von Neumann-Morgenstern 效用函数的多数性质. 在金融学中研究的单期投资问题的很多性质符合 Machina 偏好关系, 这种关

系是不必满足独立性公理的. 而多期投资问题则具有不同性质.

　　下面引入效用独立性.

　　与序数效用中所讨论的一样, 在期望效用最大化过程中选择的独立性依然是简单而重要的性质. 设作为彩票收益的商品组合为 $\xi = (\zeta^{\mathrm{T}}, \eta^{\mathrm{T}})^{\mathrm{T}}$ (是一个 n 维随机向量), 为了方便书写记为 (ζ, η) (其实前面有些地方我们已经这样做了). 分组 ζ 效用独立于 η 是指定义在具有固定 η 值 $z^{(0)}$ 的彩票集上的条件偏好关系不依赖于 z 的取值.

　　记 $\pi(y, z)$ 为 $X = (\zeta, \eta)$ 的联合分布, ζ 的条件分布为 $\pi(y|z_0)$, 彩票记为

$$L = \{\xi, \pi(x)\} = \{(\zeta, \eta), \pi(y, z)\}$$

基数效用函数设为 $\psi(y, z)$. 那么, ζ 效用独立于 η 意指:

$$\forall z, \quad L_1 = \{\zeta, \pi_1(y|z_0)\} \succ L_2 = \{\zeta, \pi_2(y|z_0)\} \Leftrightarrow L_1^z = \{\zeta, \pi_1(y|z)\} \succ L_2^z = \{\zeta, \pi_2(y|z)\}$$

如果 y 效用独立于 z, 则

$$\psi(y, z) = a(z) + b(z)c(y) \tag{3.7.5}$$

　　虽然式 (3.7.5) 在描述偏好独立性方面与式 (3.3.3) 是一致的, 但是式 (3.3.3) 中的序数效用函数可以允许施行任意单增变换, 而对任意非线性变换 θ 来说效用函数 $\psi(y, z) = \theta[a(z) + b(z)c(y)]$ 仍能体现偏好独立却不能体现效用独立. 效用独立性不具有对称性. 如果满足对称性且设各种商品分组之间互相效用独立, 那么可以证明效用函数表示为

$$\psi(x) = k^{-1}\left(\exp\left[k\sum k_i \psi_i(x_i)\right] - 1\right) \tag{3.7.6}$$

其中 $k_i > 0$, ψ_i 是确定的一元基数效用函数 (其作用在于当其他商品量保持不变时对第 i 个商品进行边际决策).

　　效用函数也可以表示为其他形式, 如

$$\psi(x) = \sum k_i \psi_i(x_i) \tag{3.7.7a}$$

$$\psi(x) = \prod \varphi_i(x_i) \tag{3.7.7b}$$

$$\psi(x) = (-1)^n \prod (-\varphi_i(x_i)) \tag{3.7.7c}$$

　　(3.7.7a) 视为 (3.7.6) 的当 $k \to 0$ 时的极限, 而 (3.7.7b) 和 (3.7.7c) 分别对应于 $k > 0$ 和 $k < 0$ 时 (3.7.6) 的变形. 其中 φ_i 是与 ψ_i 有关的一元函数. 具体地讲, 在 (3.7.7b) 中 $\varphi_i(x) = \sqrt[n]{\dfrac{1}{ke}}\exp(kk_i\psi_i(x_i))$, 故 ψ_i 恒为正; 在 (3.7.7c) 中, $\varphi_i(x_i) = -\sqrt[n]{\dfrac{1}{ke}}\exp(kk_i\psi_i(x_i))$, 故 φ_i 恒为负.

　　如果效用函数为和式, 则彩票之间的优先次序只依赖于商品组合 (在彩票中表现为一个随机向量) 中各种商品数的边际分布. 反之亦然. 但对积式效用函数则不然. 比如彩票

$$L_1 = \{((x_h, z_h), (x_l, z_l)), (0.5, 0.5)\}, \quad L_2 = \{((x_h, z_l), (x_l, z_h)), (0.5, 0.5)\}$$

对和式效用函数 $\varphi(x) = \varphi_1(x_1) + \varphi_2(x_2)$, 两种彩票的期望效用相等, 即

$$U(L_1) = 0.5(\varphi_1(x_h) + \varphi_2(z_h)) + 0.5(\varphi_1(x_l) + \varphi_2(z_l))$$
$$= 0.5(\varphi_1(x_h) + \varphi_2(z_l)) + 0.5(\varphi_1(x_l) + \varphi_2(z_h))$$
$$= U(L_2)$$

但对积式效用函数 $\psi(x) = \psi_1(x_1)\psi_2(x_2)$ 而言

$$U(L_1) = 0.5(\psi_1(x_h)\psi_2(z_h)) + 0.5(\psi_1(x_l)\psi_2(z_l))$$
$$\neq 0.5(\psi_1(x_h)\psi_2(z_l)) + 0.5(\psi_1(x_l)\psi_2(z_h)) = U(L_2)$$

3.8 财富的效用与风险分析

到目前为止, 我们讨论的是商品组合或以商品组合为可能结果的彩票效用, 但是在金融问题中更多地把结果表示为一定数量的货币. 货币价值的效用反映了人们在金钱欲望方面的满足程度, 它与财富水平有关. 如果只考虑一种消费品的话, 可以把这种商品的数量视为财富的数量(换言之, 设第一种商品的单价为 1), 从而前面的分析自然有效. 如果有多种商品, 那么效用可以表示为财富和商品价格向量的函数, 即

$$U(W, p) = \max\{\psi(x) \mid p^{\mathrm{T}} x = W\} \tag{3.8.1}$$

这是由商品组合的效用派生出来的财富的效用函数. 其意义如图 3.8.1 所示(其中第 1 种商品的单位作为财富单位). 如果效用函数与价格无关, 则称财富的效用状态独立; 否则称之为状态相关.

如果效用函数 $\psi(x)$ 是增函数且 $p > 0$, 则财富的效用函数是严格增函数; 又如果财富效用函数可微, 则 $U'(W) > 0$.

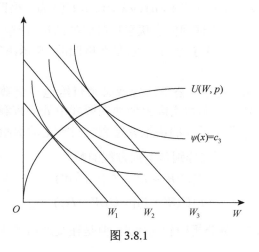

图 3.8.1

　　就很多投资决策而言, 厌恶风险是一个基本假设. 在本章中, 除特别声明外, 我们一概认为金融决策者是厌恶风险的. 厌恶风险的准确含义是什么呢? 回答这个问题必须根据前后联系来说.

　　设一个决策者具有 von Neumann-Morgenstern 效用函数, 如果他不愿意接受公平且当场以货币兑付的博弈, 就称他为厌恶风险的. 当场以货币兑付意味着撇开商品价格变化, 同时避开时间风险. 如果决策者在全部财富水平上都是厌恶风险的, 则称他是完全厌恶风险的.

　　我们可以用数学的形式定义厌恶风险. 对状态独立的财富效用函数而言, 如果对所有零均值正方差的随机收益 ξ 都有

$$U(W) > E[U(W + \xi)] \tag{3.8.2}$$

则效用函数 U 是厌恶风险的. 如果对任意 $W > 0$, 式 (3.8.2) 都成立, 则效用函数 U 是完全厌恶风险的.

　　定理 3.8.1　金融决策者是 (完全) 厌恶风险的, 当且仅当其 von Neumann-Morgenstern 效用函数在 (所有) 相应财富水平处是严格凹的.

　　证明　设 ξ 为博弈的收益, 若博弈是公平的, 则 $E[\xi] = 0$, 由 Jensen 不等式知, 如果 $U(\cdot)$ 在 W 处严格凹, 则

$$E[U(W + \xi)] < U(E[W + \xi]) = U(W) \tag{3.8.3}$$

因此, 根据期望效用最大化原则知, 决策者拒绝任何公平的兑现博弈, 即决策者厌恶风险.

　　反之, 设决策者厌恶风险, 考虑博弈

$$L = \{\xi, \pi\} = \{(\lambda a, -(1 - \lambda)a), (1 - \lambda, \lambda)\}$$

则 $E\xi = (1 - \lambda)\lambda a + \lambda(-(1 - \lambda))a = 0$, 故博弈是公平的 (且方差为正). 根据假设, 有

$$U(W) > E[U(W + \xi)] = \lambda U[W - (1 - \lambda)a] + (1 - \lambda)U(W + \lambda a) \tag{3.8.4}$$

又 $W = \lambda[W - (1 - \lambda)a] + (1 - \lambda)(W + \lambda a) \ (\forall \lambda, a)$, 故 $U(\cdot)$ 为严格凹函数.

　　类似地可以通过逐点来证明完全厌恶风险时的结论. 证毕!

　　如果效用函数是二阶可导的, 那么它是严格凹的 (表示决策者厌恶风险) 当且仅当 $U''(W) < 0$.

　　为了使厌恶风险的人参与公平博弈就必须付给他一定数额的补偿性保险费 Π_c, 即风险贴水. 这种风险贴水实际上使他在博弈中处于有利地位. 类似地, 为了避开当场兑现的博弈, 厌恶风险的决策者愿意支付一定的保险费 Π_f. 这两种保险费密切相关但未必相等. 它们分别是下列方程的解:

$$E[U(W + \Pi_c + \xi)] = U(W) \tag{3.8.4a}$$

$$E[U(W + \xi)] = U(W - \Pi_f) \tag{3.8.4b}$$

其中后一种保险费在经济分析中较为常用. 但是在金融问题中补偿性保险费更有

用. 对获得保险费一方来说, 它相当于更具风险的资产的 "额外" 收益. $W - \Pi_f$ 则相当于博弈 $W + \xi \, (E[\xi] = 0, D[\xi] > 0)$, 因为给出了博弈的期望效用 $U(W - \Pi_f)$.

如果风险小而且效用函数足够光滑(三阶导数连续、有界)两种保险费几乎相等. 此时可以按下列方法近似地确定保险费. 用具有 Lagrange 余项的 Taylor 展式得

$$E[U(W + \xi)] = E\left[U(W) + \xi U'(W) + \frac{1}{2}\xi^2 U''(W) + \frac{1}{6}\xi^3 U'''(W + a\xi) \right]$$

$$= U(W) + \frac{1}{2}U''(W)E[\xi^2 - (W[\xi])^2] + \frac{1}{6}E[\xi^3 U'''(W + a\xi)]$$

$$\approx U(W) + \frac{1}{2}U''(W)D[\xi]$$

而

$$U(W - \Pi_f) = U(W) - \Pi_f U'(W) + \frac{1}{2}\Pi_f^2 U''(W - \beta\Pi_f)$$

故

$$\frac{1}{2}D[\xi]U''(W) \approx -\Pi_f U'(W) \tag{3.8.5}$$

特别当 U''' 连续、有界且 ξ 的支撑集有界时, "$\approx$" 变为等号, 从而

$$\Pi_f = \frac{1}{2}\left[-\frac{U''(W)}{U'(W)} \right]D[\xi] \tag{3.8.6}$$

式 (3.8.6) 中括号里面的项给出了近似变量, 即所谓 Arrow-Pratt 绝对厌恶风险度函数(简称厌恶风险度函数). 在本书中我们总假定充分光滑条件得以满足, 进而记

$$A(W) = -\mathrm{d}[\ln U'(W)] / \mathrm{d}W$$

所以,

$$\int_{W_0}^{W} A(W)\mathrm{d}W = -\int_{W_0}^{W}(\ln U'(W))'\mathrm{d}W = -\ln U'(W) + c_1$$

$$\int_{W_0}^{W}\exp[-(-\ln U'(W) + c_1)]\mathrm{d}W = a + bU(W) \quad (\text{其中 } b = \mathrm{e}^{-c_1} > 0)$$

与之相联系的两个度量是绝对容忍风险度函数(简称容忍风险度函数)和相对厌恶风险度函数, 即

$$T(W) = \frac{1}{A(W)}, \quad R(W) = W \cdot A(W) \tag{3.8.7}$$

其中相对厌恶风险度函数可用于某种风险分析, 特别适用于对以诸如投资收益率等比例系数表示结果的投机活动进行风险分析.

下面就财富的 HARA 效用函数进行厌恶风险分析.

例 3.8.1 HARA 效用函数(双曲型绝对厌恶风险效用函数, hyperbolic absolute risk aversion)或 LRT 效用函数(线性容忍风险效用函数, linear risk tolerance)是常

用的效用函数, 其形式为

$$U(W) = \frac{1-\gamma}{\gamma}\left(\frac{aW}{1-\gamma}+b\right)^\gamma, \quad a,b>0 \tag{3.8.8}$$

其定义域为 $\{W \mid aW/(1-\gamma)+b>0\}$.

解不等式 $aW/(1-\gamma)+b>0$ 得

$$W > \frac{b}{a}(\gamma-1), \quad \text{当} \quad \gamma < 1$$

$$W < \frac{b}{a}(\gamma-1), \quad \text{当} \quad \gamma > 1$$

即当 $\gamma<1$ 时 W 有下界; 当 $\gamma>1$ 时 W 有上界. 值得注意的是, 当 γ 为大于 1 的正整数时效用函数在上界以上也有定义, 只不过此时边际效用可能为负值. 对式 (3.8.8), 厌恶风险度函数为

$$A(W) = \frac{\mathrm{d}}{\mathrm{d}W}\ln U'(W) = -\frac{\mathrm{d}}{\mathrm{d}W}\left[\ln\left(a\left(\frac{aW}{1-\gamma}+b\right)^{\gamma-1}\right)\right]$$

$$= -\frac{\mathrm{d}}{\mathrm{d}W}\left[\ln a + (\gamma-1)\ln\left(\frac{aW}{1-\gamma}+b\right)\right] = \frac{1}{\dfrac{W}{1-\gamma}+\dfrac{b}{a}}$$

而容忍风险度函数为

$$T(W) = \frac{1}{A(W)} = \frac{W}{1-\gamma}+\frac{b}{a} \tag{3.8.9}$$

它是线性函数, 故称式 (3.8.9) 为线性容忍风险效用函数.

HARA 效用函数的容忍风险度函数在当 $\gamma<1$ 时为增函数, 而在当 $\gamma>1$ 时为减函数.

在 (3.8.8) 中令 $\gamma \to 1$, 有

$$\lim_{\gamma\to1}U(W) = \lim_{\gamma\to1}\frac{1-\gamma}{\gamma}\left(\frac{aW}{1-\gamma}+b\right)^\gamma$$

$$= \lim_{\gamma\to1}\frac{1-\gamma}{\gamma}\left[\left(\frac{aW}{1-\gamma}+b\right)^{1-\gamma}\right]^{-1}\cdot\left(\frac{aW}{1-\gamma}+b\right)$$

$$= \lim_{\gamma\to1}\frac{1}{\gamma}\lim_{\gamma\to1}(aW+b(1-\gamma))\lim_{\gamma\to1}\left[\left(\frac{aW}{b(1-\gamma)}+1\right)^{b(1-\gamma)/aW}\right]^{-\frac{aW}{b}}\cdot b^{\gamma-1}$$

$$= aWe^{-\frac{a}{b}W}$$

当 $b=1$ 时, 令 $\gamma \to -\infty$, 则

$$\lim_{\gamma \to \infty} U(W) = \lim_{\gamma \to \infty} \frac{1-\gamma}{\gamma} \left(\frac{aW}{1-\gamma} + 1 \right)^{\gamma} = \lim_{\gamma \to \infty} \frac{1-\gamma}{\gamma} \left[\left(\frac{aW}{1-\gamma} + 1 \right)^{(1-\gamma)/aW} \right]^{-aW} \cdot \left(\frac{aW}{1-\gamma} + 1 \right)$$

$$= -e^{-aW}$$

当 $b=0$ 时, 令 $\gamma \to 1^{-}$, 得

$$\lim_{\gamma \to 1^{-}} U(W) = \lim_{\gamma \to 1^{-}} \frac{1-\gamma}{\gamma} \left(\frac{aW}{1-\gamma} \right)^{\gamma} = \lim_{\gamma \to 1^{-}} \frac{1}{\gamma} \lim_{\gamma \to 1^{-}} (1-\gamma)^{1-\gamma} (aW)^{\gamma} = aW$$

因此, 我们可以认为线性效用函数、二次效用函数 ($\gamma = 2$)、负指数效用函数、幂式效用函数 ($b=0$, $\gamma < 1$) 都是 HARA 效用函数的特例. 另外, 规定对数效用函数为 $\gamma = 0$ 时的特殊情况.

对负指数效用函数 $U(W) = -e^{-aW}$, 有 $A(W) \equiv a$.

幂式效用函数 $U(W) = \dfrac{W^{\gamma}}{\gamma}$ 的相对厌恶风险度函数 $R(W) \equiv 1-\gamma$, 故 $A(W)$ 为减函数.

对数效用函数 $U(W) = \ln W$ 也具有常数相对厌恶风险度 1, $\ln W$ 可视为 $\dfrac{W^{\gamma}-1}{\gamma}$

的极限函数 ($\gamma \to 0$), 而 $\dfrac{W^{\gamma}-1}{\gamma}$ 与 $\dfrac{W^{\gamma}}{\gamma}$ 是等价效用函数, 故将对数效用函数规定为 HARA 效用函数在 $\gamma = 0$ 时的特例是合理的.

不同的投资者对风险的厌恶程度是不一样的. 这可以从他们的厌恶风险度函数中反映出来, 也可以用其他形式体现出来. 比较通俗地讲, 如果一个人在承担风险方面比另一个人更显得犹豫, 那么就说前者比后者更厌恶风险. 较准确地说, 如果一个在别人进行风险投资的时候总选择一种安全的投资, 那么说他比别人更厌恶风险. 下面的定理给出了一些更厌恶风险的等价叙述.

定理 3.8.2 下列条件彼此等价:

(1) $\forall W$, $A_k(W) > A_j(W)$;

(2) 存在满足 $G' > 0$ 且 $G'' < 0$ 的函数 G 使 $U_k = G[U_j(W)]$;

(3) 对任意博弈及任意财富 W 均有 $\Pi_k > \Pi_j$;

(4) $U_k[U_j^{-1}(t)]$ 为凹函数.

证明 (1) $\Rightarrow$ (2). 由于 U_k 和 U_j 是严格增且具有二阶导数, 根据反函数存在定理知存在增函数 $W = F(U_j)$ (为 $U_j = U_j(W)$ 的反函数), 从而 $U_k(W) = U_k(F(U_j)) = (U_k \circ F)(U_j)$, 取 $G = U_k \circ F$, 则知 G 为单增函数. 同时由

$$U_k' = \frac{dU_k}{dW} = \frac{dU_k}{dU_j} U_j' = G'_{U_j} U_j', \quad U_k'' = \frac{d^2 U_k}{dW^2} = G'_{U_j} U_j'' + G''_{U_j} (U_j')^2$$

解之得

$$G'' = -\frac{G'}{U'_j}(A_k - A_j) < 0$$

$(2) \Rightarrow (3)$. 利用 Jensen 不等式, 有

$$U_k(W - \Pi_k) \equiv E[U_k(W + \xi)] = E[G(U_j(W + \xi))] < G(E[U_j(W + \xi)])$$
$$\equiv G(U_j(W - \Pi_j)) \equiv U_k(W - \Pi_j)$$

又由 U_k 的单增性知 $\Pi_k > \Pi_j$.

$(3) \Rightarrow (1)$. 设博弈及收益 ξ 分布如

$$L = \{\xi, \pi\} = \left\{ (\rho, -\rho), \left(\frac{1}{2}, \frac{1}{2} \right) \right\}$$

则 $E\xi = 0, D\xi = \rho^2$, 按 $(3.8.6)$, 有 $\Pi_i \approx \frac{1}{2} A_i(W)\rho^2$. 故当 $\Pi_k > \Pi_j$ 时, $A_k > A_j$.

$(1) \Leftrightarrow (4)$. 定义 $f(t) \equiv U_k[U_j^{-1}(t)]$, 注意到反函数求导法: $x = g^{-1}(z)$, 则 $\frac{\mathrm{d}g^{-1}(z)}{\mathrm{d}z} = \frac{1}{g'(x)}$, 有

$$f''(t) = (U'_j)^{-2} U'_k \left(\frac{U''_k}{U'_k} - \frac{U''_j}{U'_j} \right) = (U'_j)^{-2} U'_k (A_j - A_k)$$

故 f 为凹函数当且仅当 $A_k > A_j$. 证毕!

由于 $A_k(W) > A_j(W)$ 当且仅当 $R_k(W) > R_j(W)$, 所以也可以用相对厌恶风险度函数来比较投资者对风险的厌恶程度.

如果对一个投资者来说财富越大绝对或相对厌恶风险度也越大(小), 那么他是厌恶风险递增(减)的. 定义相对效用函数

$$\hat{U}(W, \rho) = U(W + \rho)$$

若 $\hat{A}(W, \rho) \equiv -\frac{\partial}{\partial W} \left(\ln \frac{\partial \hat{U}}{\partial W} \right) \bigg|_\rho > A(W)$, 则 U 的厌恶风险度函数为增函数.

若投资者风险递减且财富效用函数具有三阶导数, 则 $U''' > 0$. 事实上

$$A' = \left[-\frac{U''(W)}{U'(W)} \right]' = -\frac{U'''(W)U'(W) - [U''(W)]^2}{[U'(W)]^2}$$

若 $A' < 0$, 必有 $U'''(W)U'(W) - [U''(W)]^2 > 0$, 即 $U'''(W)U'(W) > [U''(W)]^2 > 0$, 故 $U'''(W) > 0$.

一般来说, 我们无须对效用函数的高阶导数作更多的假设, 甚至关于三阶导数的假设也不必要. 但是, 如果投资者在某个 W 的无界正值取值范围内的财富效用具有 m 阶偏好一致性(即 $U(W)$ 在此范围内前 m 阶导数都是保号的), 那么前 m 阶导数符号是交替的, 即

$$(-1)^i U^{(i)}(W) < 0 \quad (i = 1, 2, \cdots, m) \tag{3.8.10}$$

我们可以用归纳法来证明这个结果.

3.9　关于效用函数的进一步讨论

3.9.1　效用函数的有界性

在数理经济学中通常假设效用函数是有界的(至少有上界). 这是因为若效用函数无界则可以构造出一组彩票使之无法用其期望效用大小来对它们排序. 甚至其中一种彩票明显优于另一种彩票时也无法排序. Karl Menger 最早给出 "超级圣彼得堡悖论" 指明了这一点.

圣彼得堡悖论　在博弈中规定掷一枚均匀硬币时第 n 次抛掷首次出现正面则获得 2^n 美元, 即博弈收益 ξ 的分布为

$$p\{\xi = 2^n\} = 2^{-n}$$

$$\left(\text{注}:\text{这相当于彩票} L = \left\{(2, 4, 8, \cdots); \left(\frac{1}{2}, \frac{1}{4}, \frac{1}{8}, \cdots\right)\right\}\right).$$

从而期望收益无限大 $\left(\sum_{n=1}^{\infty} 2^n \cdot 2^{-n} = \sum 1 = \infty\right)$. 但是对一些厌恶风险的效用函数而言期望效用却是有限的. 例如, 对数效用函数, 期望效用为

$$E[U(\xi)] = \sum_{n=1}^{\infty} 2^{-n} \ln 2^n = \left(\sum_{n=1}^{\infty} n \cdot 2^{-n}\right) \ln 2 = \left(\sum_{n=1}^{\infty} n x^n\right)\bigg|_{x=\frac{1}{2}} \ln 2$$

$$= \left(x \sum_{n=1}^{\infty} n x^{n-1}\right)\bigg|_{x=\frac{1}{2}} \ln 2 = \frac{x}{(1-x)^2}\bigg|_{x=\frac{1}{2}} \ln 2 = 2 \cdot \ln 2$$

$$\approx 1.39$$

超级圣彼得堡悖论　设 $U(W)$ 为一无界效用函数, 由单调性, 可从 $U(W) = 2^n$ 中解得 $W_n = U^{-1}(2^n)$. 现将上述博弈中第 n 次抛掷时首次出现正面的收益改为 W_n,

这相当于彩票

$$L' = \left\{ (U^{-1}(2), U^{-1}(4), \cdots), \left(\frac{1}{2}, \frac{1}{4}, \cdots \right) \right\}$$

那么博弈的期望效用也是无限的, 事实上

$$E[U(\xi)] = \sum_{n=1}^{\infty} 2^{-n} U(W_n) = \sum_{n=1}^{\infty} 2^{-n} [U(U^{-1}(2^n))] = \sum_{n=1}^{\infty} 2^{-n} \cdot 2^n = \infty$$

(对数效用函数 $U(W) = \ln W$, $W_n = \exp 2^n$).

问题不在于由无界效用函数导出的期望效用无界本身, 而在于不能用期望效用将本来有明显的优先关系的彩票(博弈)加以排序. 例如, 若设定第 n 次抛掷时首次出现正面就获得 $U^{-1}(3^n)$ 美元, 这相当于彩票

$$L'' = \left\{ (U^{-1}(3), U^1(9), \cdots); \left(\frac{1}{2}, \frac{1}{4}, \cdots \right) \right\}$$

那么 L'' 明显优先于 L' (因为无论抛掷的结果如何, 第二种博弈的收益的效用 3^n 总大于第一种博弈的收益的效用 2^n). 但是它们期望效用均为无穷大, 故不可比较. 另外, 如果把博弈规则改变为第 n 次抛掷时首次出现正面就获得 W_n', 其中

$$W_n' = \begin{cases} U^{-1}(3^n), & n = 2, 4, 6, \cdots, \\ 0, & n = 1, 3, 5, \cdots \end{cases}$$

相当于彩票

$$L''' = \left\{ (0, U^{-1}(3^2), 0, U^{-1}(3^4), \cdots); \left(\frac{1}{2}, \frac{1}{2^2}, \frac{1}{2^3}, \cdots \right) \right\}$$

则博弈的期望效用仍为无穷大, 而 L''' 明显劣于 L'', L''' 与 L' 优劣难分, 上述例子说明对无界的效用函数而言期望效用不能给出博弈(彩票)的优先次序.

相反, 对有界效用函数而言, 上述矛盾永远不会出现. 例如取 $U(W) = a - 1/W$, 由于效用值不会大于 a, 因此当 $n > \log_2 a$ 时 $U(W) = 2^n$ 无解.

这些悖论中蕴涵着一个明显的破产问题. 在有限经济中永远不会支付超过某一界限的巨额奖金. 由于在实际中支付超过限度奖金的博弈不可行, 因此忽略此类博弈在理论上不会造成不良后果. 如果我们防止了破产问题发生(例如, 通过定义负收益来消除破产问题就是一种有用的方法), 那么两个局中人必然有一方处于有利地位. 因此, 确切地讲, 无论哪一方有利另一方应该拒绝入局.

综上所述, 超限支付的彩票是无须考虑其效用的. 也就是说总可以假定效用有界.

3.9.2 多期效用函数

在金融上常常要考虑消费者如何在时间上分阶段安排消费支出. 我们认为每种消费品在不同时刻效用方面是不同的.

对 n 种消费品的组合, T 个时期的情形, 序数效用函数 (或基数效用函数) 具有 $n \times T$ 个自变量. 前面的分析仍然有效. 一般地, 我们来考虑类似于式 (3.8.1) 导出的多期财富效用函数.

$$\hat{U}(C_1, C_2, \cdots, C_T, W_T; p_1, \cdots, p_T) = \max\left\{\varphi(x^{(1)}, \cdots, x^{(T)}) \middle| \langle p^{(t)}, x^{(t)}\rangle = C_t, t = 1, 2, \cdots, T\right\}$$
(3.9.1)

其中 C_t 为第 t 期的消费支出, $p^{(t)}$ 为第 t 期的消费品价格向量, $x^{(t)}$ 为第 t 期的消费组合, W_T 为 T 期末的财富节余. 如果消费者没有留遗产的愿望, 则 $\partial \hat{U} / \partial W_T = 0$.

有时为了简便起见, 仅考虑单个消费品的多期效用函数. 我们假定:

(1) 分期消费抉择与以往消费无关, 即 ($C_t, C_{t+1}, \cdots, C_T, W_T$) 与 ($C_1, C_2, \cdots, C_{t-1}$) 是效用独立的 (对一切 t);

(2) 影响终身消费的抉择与遗产效用独立.

上面条件 (1) 和 (2) 是式 (3.9.1) 中变量 $C_1, C_2, \cdots, C_T, W_T$ 互相效用独立的充分条件. 因此, 在上述假设下终身消费的效用函数 $U(C)$ 可具有下列形式:

$$\hat{U}(C) = k^{-1}\left(\exp\left[k \sum k_t U_t(C_t)\right] - 1\right)$$
(3.9.2)

(注意式 (3.9.2) 与 (3.7.6) 相似).

如果彩票采取立即兑付方式且消费过程中只许随时结算的话, 彩票的估价在任何时刻都不会改变, 从而上述的 $U_t \equiv U$, 即 $U_t(C_t) = U(C_t)$. 此种情况下, 静态绝对厌恶风险度函数 $A(C_t) = -U''(C_t)/U'(C_t)$ 充分包含了单期博弈选择所需的信息.

参数 $k_t (t = 1, 2, \cdots, T)$ 则体现了人们的消费欲望和对消费时间的偏好. 第 t 期消费对第 τ 期消费的边际替代率为

$$-\frac{\mathrm{d}C_t}{\mathrm{d}C_\tau} = \frac{\partial \hat{U}/\partial C_\tau}{\partial \hat{U}/\partial C_t} = \frac{k_\tau U'(C_\tau)}{k_t U'(C_t)}$$
(3.9.3)

如果消费经常处于同一水平 (即 $C_\tau = C_t$), 则边际替代率完全由 k_t 和 k_τ 决定. 当消费者表现出消费欲望时, 对 $\tau > t$ 有 $k_\tau < k_t$, 即边际替代率小于 1, 这意味着每个单位的 t 期消费比每个单位的 τ 期消费更有价值. 若进一步假定消费时间偏好

比为常数, 即 $k_t = \delta^t$, 则两期消费间的边际替代率只依赖于两期的时间间隔而与具体日期无关.

综合参数 k 则显示了对时间上的风险(时间风险)的厌恶程度, 也反映了人们对兑付过程漫长的博弈的厌恶程度. k 的值(可以是负数)越小表示消费者越厌恶时间风险. $k \to 0$ 时的极限为和式效用函数, 此时消费者的时间风险观念是中性的. 若 $k > 0$, 则说明消费者喜好时间风险; 否则说明消费者厌恶时间风险.

厌恶时间风险也可以用下列单期方式定义. 来考虑每期买一份按某种概率 p 获得收益 C_h 或 C_l 的单期彩票, 其中 C_h 和 C_l 及概率 p 为任意取, 设这种单期彩票相当于无风险收益 C_1^*. 另一种彩票则当场抽奖但从现在开始在 T 个时期内均匀地每期兑付其收益 C_h 或 C_l, 若与这种分期兑付的彩票相当于无风险分期均匀收益 C^* 且 $C^* > C_1^*$, 则消费者是喜好时间风险的(否则消费者是厌恶时间风险的).

以分两期兑付的彩票为例可以给出厌恶时间风险的一个解释. 设彩票 A 分两期以相等的概率支付 C_h 或 C_l, 彩票 B 以相等的概率分两期支付 (C_h, C_h) 或 (C_l, C_l) 则厌恶时间风险意味着彩票 A 优先于彩票 B.

为了探讨厌恶时间风险, 我们引入无风险分期收益为 C 的投资的效用函数

$$\lambda(C) \equiv \hat{U}(C) = k^{-1}(\exp[k\gamma U(C)] - 1) \tag{3.9.4}$$

其中 $\gamma = \sum k_t, C_1 = (C, C, \cdots, C)^T$. $\lambda(C)$ 的绝对厌恶风险度函数为

$$a(C) \equiv -\frac{\lambda''(C)}{\lambda'(C)} = -\frac{U''(C)}{U'(C)} - k\gamma U'(C) \tag{3.9.5}$$

式 (3.9.5) 中前一项为静态厌恶风险度函数. 若 k 为负(正)数, 则 $a(C)$ 大于(小于) $A(C)$ 且消费者是厌恶(喜好)时间风险的.

可以证明, 上面的 $C^* > C_1^*$ 时, $k > 0$, 即消费者喜好时间风险. 事实上, 当 $C^* > C_1^*$ 时,

$$\lambda(C^*) = U(C^*, \cdots, C^*) > \hat{U}(C_1^*, \cdots, C_1^*) = \lambda(C_1^*)$$

又

$$\begin{aligned}\lambda(C^*) &= \hat{U}(C^*, \cdots, C^*) = p\hat{U}(C_h, \cdots, C_h) + (1-p)\hat{U}(C_l, \cdots, C_l) \\ &= p\lambda(C_h) + (1-p)\lambda(C_l) \\ \lambda(C_1) &= \hat{U}(C_1, \cdots, C_1) = \hat{U}(pC_h + (1-p)C_l, \cdots, pC_h + (1-p)C_l) \\ &= \hat{U}(p(C_h, \cdots, C_h) + (1-p)(C_l, \cdots, C_l)) \\ &= \lambda(pC_h + (1-p)C_l) \end{aligned}$$

从而

$$\lambda(pC_h + (1-p)C_l) < p\lambda(C_h) + (1-p)\lambda(C_l)$$

由 C_h，C_l 及 p 的任意性，知 $\lambda(C)$ 为凸函数，故 $\lambda''(C) > 0$，从而对 $\forall C$，有

$$a(C) = -\frac{\lambda''(C)}{\lambda'(C)} = -\frac{U''(C)}{U'(C)} - k\gamma U'(C) < 0$$

再由 $U''(C) < 0$ 及 $U'(C) > 0$ 知，$k > -\dfrac{U''(C)}{\gamma[U'(C)]^2} > 0$．所以消费者是喜好时间风险的．之所以说以分期彩票定义厌恶（喜好）时间风险是不完全的，是我们只能从 $C^* < C_1^*$ 推得 $k < -\dfrac{U''(C)}{\gamma[U'(C)]^2}$，而不能直接推得 $k < 0$．

第4章 多准则决策与群决策

4.1 多准则决策的基本概念

多准则决策问题分为多属性决策和多目标决策. 多属性决策问题也可以理解为有限方案的多目标决策. 设 X 为对象集, $D = \{d_1, d_2, \cdots, d_s\}$ 为目标集, 则多准则决策问题的一般数学形式为

$$\mathop{\mathrm{DR}}\limits_{x \in X} \{d_1(x), d_2(x), \cdots, d_s(x)\} \tag{4.1.1}$$

当 $X = \{x_1, x_2, \cdots, x_m\}$ 为有限集且每个对象的属性个数有限, 属性集表示为 $\mathrm{Att} = \{a_1, a_2, \cdots, a_n\}$, $D = \{d\}$ (d 称为决策属性) 时, 称为多属性决策问题. 此时, 问题可以表述为多属性决策表或决策矩阵. x_i 的属性 a_j 的属性值记为 x_{ij} ($i = 1, 2, \cdots, m; j = 1, 2, \cdots, n$), x_i 的决策属性值为 d_i. 此时, 决策问题归结为确定一个合成运算 "∘" 和一组综合函数 $S = \{s_j(x) | j = 1, 2, \cdots, n\}$, 使

$$\begin{pmatrix} x_{11} & x_{12} & \cdots & x_{1n} \\ x_{21} & x_{22} & \cdots & x_{2n} \\ \vdots & \vdots & & \vdots \\ x_{m1} & x_{m2} & \cdots & x_{mn} \end{pmatrix} \circ \begin{pmatrix} s_1 \\ s_2 \\ \vdots \\ s_n \end{pmatrix} = \begin{pmatrix} d_1 \\ d_2 \\ \vdots \\ d_n \end{pmatrix} \tag{4.1.2}$$

为了处理上的方便, 我们经常通过数据预处理程序, 使评价矩阵

$$\begin{pmatrix} x_{11} & x_{12} & \cdots & x_{1n} \\ x_{21} & x_{22} & \cdots & x_{2n} \\ \vdots & \vdots & & \vdots \\ x_{m1} & x_{m2} & \cdots & x_{mn} \end{pmatrix}$$

为模糊矩阵, 即 $0 \leqslant x_{ij} \leqslant 1, i = 1, 2, \cdots, m, j = 1, 2, \cdots, n$; 同时, $s = (s_1, s_2, \cdots, s_n)^{\mathrm{T}}$, $d = (d_1, d_2, \cdots, d_m)^{\mathrm{T}}$ 为模糊向量, 即 $0 \leqslant s_j, d_i \leqslant 1, j = 1, 2, \cdots, n, i = 1, 2, \cdots, m$.

属性值的规范化有两层含义: 一是所有属性值都是正向的, 即越大越好; 二是所有属性值满足 $0 \leqslant x_{ij} \leqslant 1, i = 1, 2, \cdots, m, j = 1, 2, \cdots, n$. 常用的规范化方法有下面四种.

(1) 线性变换: 原始数据为 $Y_j = (y_{1j}, y_{2j}, \cdots, y_{mj})^{\mathrm{T}}$, $y_{ij} \geqslant 0, y_j^{\max} = \max\limits_i y_{ij}, y_j^{\min} = \min\limits_i y_{ij}$. 若 a_j 为效益型属性, 则

$$x_{ij} = y_{ij} / y_j^{\max}$$

若 a_j 为成本型属性, 则

$$x_{ij} = 1 - y_{ij} / y_j^{\max}$$

(2) 标准 0-1 变换: Y_j 如上, 若 a_j 为效益型属性, 则

$$x_{ij} = \frac{y_{ij} - y_j^{\min}}{y_j^{\max} - y_j^{\min}}$$

若 a_j 为成本型属性, 则

$$x_{ij} = \frac{y_j^{\max} - y_{ij}}{y_j^{\max} - y_j^{\min}}$$

(3) 区间型最优值的变换: 有些属性既不是效益型也不是成本性 (如师生比), 不能使用上面两种方法进行规范化. 假定属性 a_j 的最优属性值区间为 $[y_j^0, y_j^*]$, y_j' 为无法容忍的下限, y_j'' 为无法容忍的上限, 则

$$x_{ij} = \begin{cases} 1 - (y_j^0 - y_{ij}) / (y_j^0 - y_j'), & y_j' < y_{ij} < y_j^0, \\ 1, & y_j^0 \leqslant y_{ij} \leqslant y_j^*, \\ 1 - (y_{ij} - y_j^*) / (y_j'' - y_j^*), & y_j^* < y_{ij} < y_j'', \\ 0, & 其他 \end{cases}$$

(4) 向量规范化: 原始数据为 $Y_j = (y_{1j}, y_{2j}, \cdots, y_{mj})^{\mathrm{T}}$, $y_{ij} \geqslant 0$,

$$x_{ij} = y_{ij} \bigg/ \sqrt{\sum_{i=1}^m y_{ij}^2}$$

在实际决策中, 不同的合成运算 "。" 和综合函数组 $S = \{s_j(x) | j = 1, 2, \cdots, n\}$ 代表了不同多属性决策准则.

4.1.1　常权综合

取合成运算 "。" 为通常的矩阵乘法, $s = w^{(0)} = (w_1^{(0)}, w_2^{(0)}, \cdots, w_n^{(0)})^{\mathrm{T}}$ 为常权向量, 即

$$0 \leqslant w_j^{(0)} \leqslant 1, \quad j = 1, 2, \cdots, n, \quad \sum_{j=1}^n w_j^{(0)} = 1$$

此时,

$$d_i = \sum_{j=1}^n w_j^{(0)} x_{ij} \tag{4.1.3}$$

决策规则为 $\max_{1 \leqslant i \leqslant m} d_i$.

在实际应用中, 如何决定反映各属性重要性的权重向量 $w^{(0)}$ 是一个重要问题. 下面介绍比较流行的层次分析法 (AHP).

首先, 由决策者把属性的重要性成对作比较, 把属性 a_i 对属性 a_j 的相对重要程度记为 a_{ij}, 具体取值为: $a_{ij}=1$: 两个属性同等重要; $a_{ij}=3$: 属性 a_i 比属性 a_j 稍微重要; $a_{ij}=5$: 属性 a_i 比属性 a_j 重要; $a_{ij}=7$: 属性 a_i 比属性 a_j 明显重要; $a_{ij}=9$: 属性 a_i 比属性 a_j 重要得多; $a_{ij}=2,4,6,8$ 需要折中时采用. 从而得到比较矩阵:

$$A=\begin{pmatrix} a_{11} & a_{12} & \cdots & a_{1n} \\ a_{21} & a_{22} & \cdots & a_{2n} \\ \vdots & \vdots & & \vdots \\ a_{m1} & a_{m2} & \cdots & a_{mn} \end{pmatrix}$$

当决策者对权重的估计准确, 即 $a_{ij}=w_i^{(0)}/w_j^{(0)}(\forall i,j)$ 时, 比较矩阵 A 具有如下性质:

(1) $a_{ij}=\dfrac{1}{a_{ji}}$;

(2) $a_{ij}=a_{ik}.a_{kj}(\forall i,j,k)$;

(3) $a_{ii}=1$;

(4) $\displaystyle\sum_{i=1}^{n} a_{ij}=\frac{1}{w_j^{(0)}}, w_j^{(0)}=\frac{1}{\displaystyle\sum_{i=1}^{n} a_{ij}}$.

若决策者对权重的估计不准确, 则上述 (1)—(4) 等式由约等于代替. 这时可用最小二乘法求解权向量 $w^{(0)}=(w_1^{(0)},w_2^{(0)},\cdots,w_n^{(0)})^{\mathrm{T}}$. 即求解最优化问题

$$\begin{aligned} \min \quad & \left\{\sum_{i=1}^{n}\sum_{j=1}^{n}(a_{ij}w_j-w_i)^2\right\} \\ \text{s.t.} \quad & \sum_{j=1}^{n} w_j=1, \quad w_j>0, \quad j=1,2,\cdots,n \end{aligned} \tag{4.1.4}$$

可以用 Lagrange 函数法求解此问题. 此时,

$$L(w_1,w_2,\cdots,w_n;\lambda)=\sum_{i=1}^{n}\sum_{j=1}^{n}(a_{ij}w_j-w_i)^2+2\lambda\left(\sum_{i=1}^{n} w_j-1\right)$$

分别对 $w_j(j=1,2,\cdots,n)$ 和 λ 求偏导数并令其为零, 得线性方程组, 求解次线性方程组即可求得 $w^{(0)}=(w_1^{(0)},w_2^{(0)},\cdots,w_n^{(0)})^{\mathrm{T}}$.

下面介绍特征向量法. 当决策者对权重的估计准确, 即 $a_{ij}=w_i^{(0)}/w_j^{(0)}(\forall i,j)$ 时

$$Aw^{(0)}=\begin{pmatrix} a_{11} & a_{12} & \cdots & a_{1n} \\ a_{21} & a_{22} & \cdots & a_{2n} \\ \vdots & \vdots & & \vdots \\ a_{m1} & a_{m2} & \cdots & a_{mn} \end{pmatrix}\begin{pmatrix} w_1^{(0)} \\ w_2^{(0)} \\ \vdots \\ w_n^{(0)} \end{pmatrix}=n\begin{pmatrix} w_1^{(0)} \\ w_2^{(0)} \\ \vdots \\ w_n^{(0)} \end{pmatrix}$$

即 $(A-nI)w^{(0)}=0$. 也就是说, n 是矩阵 A 的特征值, $w^{(0)}$ 是对应的特征向量.

当决策者对权重的估计不准确时, A 的元素的小摄动带来特征值的小摄动, 从而有

$$(A-\lambda_{\max}I)w^{(0)}=0 \tag{4.1.5}$$

从而可以通过求 A 的最大特征值与对应的特征向量并进行归一化来获得 $w^{(0)}$. 用该方法确定各属性的权重时, 可以用一致性指标

$$CI=\frac{\lambda_{\max}-n}{n-1} \tag{4.1.6}$$

来度量两两比较的一致性.

4.2 变 权 分 析

常权综合给出了对象的各属性值下综合优度, 其常权向量反映了各属性的重要性, 在许多决策场合广为使用. 然而, 不管各属性值之间的组态如何, 一味地采用常权综合在很多情况下会出现明显的不合理现象.

例如, $X=\{x_1,x_2\}$ 表示某项工程的方案集. 对方案是否付诸实施, 考虑两个属性: a_1=可行性, a_2=必要性. 假设两个属性同等重要, 即常权向量 $w^{(0)}=(0.5,0.5)^{\mathrm{T}}$, x_{ij} 表示第 i 个方案的第 j 个属性值, 具体分别为 $x_1=(0.5,0.5)^{\mathrm{T}},x_2=(0.1,0.9)^{\mathrm{T}}$. 那么, 按常权综合, 决策属性值为 $d_1=d_2=0.5$. 显然, 这与人们真实的决策不符. 事实上, 谁会选择非常必要但几乎不可行的工程方案呢!

造成这种不合理性的根本原因在于不考虑各属性值的组态而采用属性 a_k 对属性 a_j 的恒定替代率 $\dfrac{\mathrm{d}x_{ij}}{\mathrm{d}x_{ik}}=-\dfrac{w_k^{(0)}}{w_j^{(0)}}$ ($\forall i,j\neq k$).

鉴于此, 通过引入变权向量 $w(x)=(w_1(x),w_2(x),\cdots,w_n(x))^{\mathrm{T}}$, 进行变权综合决策, 即

$$\begin{pmatrix} x_{11} & x_{12} & \cdots & x_{1n} \\ x_{21} & x_{22} & \cdots & x_{2n} \\ \vdots & \vdots & & \vdots \\ x_{m1} & x_{m2} & \cdots & x_{mn} \end{pmatrix}\begin{pmatrix} w_1 \\ w_2 \\ \vdots \\ w_n \end{pmatrix}=\begin{pmatrix} d_1 \\ d_2 \\ \vdots \\ d_n \end{pmatrix}$$

其中 $w(x_i)=(w_1(x_{i1},x_{i2},\cdots,x_{in}),w_2(x_{i1},x_{i2},\cdots,x_{in}),\cdots,w_n(x_{i1},x_{i2},\cdots,x_{in}))^{\mathrm{T}}$.

定义 4.2.1 若 $w_j:[0,1]^n\to[0,1],j=1,2,\cdots,n,$满足

(1) 归一性: $\sum_{j=1}^{n}w_j(t_1,t_2,\cdots,t_n)=1$;

(2) 连续性: $w_j(t_1,t_2,\cdots,t_n)(j=1,2,\cdots,n)$ 对每个变元连续, 则称 $w(t)=(w_1(t),$

$w_2(t),\cdots,w_n(t))^{\mathrm{T}}$ 为变权向量. 进一步, 若 $w(t)=(w_1(t),w_2(t),\cdots,w_n(t))^{\mathrm{T}}$ 还满足:

(3) 对每个 j, $w_j(t_1,t_2,\cdots,t_n)$ 关于变元 t_j 单调减少, 则称 $w(t)=(w_1(t),w_2(t),\cdots,w_n(t))^{\mathrm{T}}$ 为惩罚型变权. 代替(3), $w(t)=(w_1(t),w_2(t),\cdots,w_n(t))^{\mathrm{T}}$ 还满足:

(4) 对每个 j, $w_j(t_1,t_2,\cdots,t_n)$ 关于变元 t_j 单调增加, 则称 $w(t)=(w_1(t),w_2(t),\cdots,w_n(t))^{\mathrm{T}}$ 为激励型变权. 代替(3), $w(t)=(w_1(t),w_2(t),\cdots,w_n(t))^{\mathrm{T}}$ 还满足:

(5) 对某几个 j, $w_j(t_1,t_2,\cdots,t_n)$ 关于变元 t_j 单调减少, 而对另外几个 j, $w_j(t_1,t_2,\cdots,t_n)$ 关于变元 t_j 单调增加, 则称 $w(t)=(w_1(t),w_2(t),\cdots,w_n(t))^{\mathrm{T}}$ 为混合型变权. 代替(3), $w(t)=(w_1(t),w_2(t),\cdots,w_n(t))^{\mathrm{T}}$ 还满足:

(6) 存在常向量 $p=(p_1,p_2,\cdots,p_n)^{\mathrm{T}}$ $(0\leqslant p_j\leqslant 1, j=1,2,\cdots,n)$, 使当 $t_j<p_j$ 时, $w_j(t_1,t_2,\cdots,t_n)$ 关于变元 t_j 单调减少, 当 $t_j>p_j$ 时, $w_j(t_1,t_2,\cdots,t_n)$ 关于变元 t_j 单调增加, 则称 $w(t)=(w_1(t),w_2(t),\cdots,w_n(t))^{\mathrm{T}}$ 为折中型变权, $p=(p_1,p_2,\cdots,p_n)^{\mathrm{T}}$ 为激励策略.

从常权向量 $w^{(0)}=(w_1^{(0)},w_2^{(0)},\cdots,w_n^{(0)})^{\mathrm{T}}$ 出发, 汪培庄最早提出了惩罚型变权的经验公式, 李洪兴加以推广为: 当 $t_j\neq 0$ 时,

$$w_j(t_1,t_2,\cdots,t_n)=\frac{\dfrac{w_j^{(0)}}{t_j}}{\sum\limits_{k=1}^{n}\dfrac{w_k^{(0)}}{t_k}},\quad j=1,2,\cdots,n \tag{4.2.1}$$

当 $t_j=0$ 时, $w_j(t_1,t_2,\cdots,t_n)=1$.

定义 4.2.2 设 $w^{(0)}=(w_1^{(0)},w_2^{(0)},\cdots,w_n^{(0)})^{\mathrm{T}}$ 是常权向量. 若函数 $B:[0,1]^m\to\mathbf{R}$ 在 $(0,1)^m$ 上可微且

$$\forall j\in\{1,2,\cdots,n\},\quad w_j(t_1,t_2,\cdots,t_n)=\frac{w_j^{(0)}\dfrac{\partial B}{\partial t_j}}{\sum\limits_{k=1}^{n}w_k^{(0)}\dfrac{\partial B}{\partial t_k}} \tag{4.2.2}$$

为惩罚型(激励性、混合型、折中型)变权向量, 则称 $B(t_1,t_2,\cdots,t_n)$ 为惩罚型(激励性、混合型、折中型)均衡函数.

定理 4.2.1 设 $g_j(t)\in C^2[0,1]$ 且 $g_j'(t)>0, g_j''(t)<0 (j=1,2,\cdots,n)$, 则 $B_1(t_1,t_2,\cdots,t_n)=\sum\limits_{j=1}^{n}g_j(t_j)$ 为惩罚型均衡函数.

证明 只需证

$$w_j(t_1, t_2, \cdots, t_n) = \frac{w_j^{(0)} g_j'(t_j)}{\sum\limits_{k=1}^{n} w_k^{(0)} g_k'(t_k)}, \quad j = 1, 2, \cdots, n \tag{4.2.3}$$

具有惩罚性(归一性和连续性显然). 事实上,

$$\frac{\partial w_j}{\partial t_j} = \frac{\partial}{\partial t_j} \left[\frac{w_j^{(0)} g_j'(t_j)}{\sum\limits_{k=1}^{n} w_k^{(0)} g_k'(t_k)} \right]$$

$$= \frac{w_j^{(0)} g_j''(t_j) \sum\limits_{k=1}^{n} w_k^{(0)} g_k'(t_k) - [w_j^{(0)}]^2 g_j'(t_j) g_j''(t_j)}{\left[\sum\limits_{k=1}^{n} w_k^{(0)} g_k'(t_k) \right]^2}$$

$$= \frac{w_j^{(0)} g_j''(t_j)}{\sum\limits_{k=1}^{n} w_k^{(0)} g_k'(t_k)} \left[1 - \frac{w_j^{(0)} g_j'(t_j)}{\sum\limits_{k=1}^{n} w_k^{(0)} g_k'(t_k)} \right] < 0$$

所以, 对每个 j, $w_j(t_1, t_2, \cdots, t_n)$ 关于变元 t_j 单调减少. 证毕!

类似地, 可证明下列定理.

定理 4.2.2 设 $g_j(t) \in C^2[0,1]$ 且 $g_j'(t) > 0, g_j''(t) > 0 (j = 1, 2, \cdots, n)$, 则 $B_1(t_1, t_2, \cdots, t_n) = \sum\limits_{j=1}^{n} g_j(t_j)$ 为激励型均衡函数.

定理 4.2.3 设 $g_j(t) \in C^2[0,1]$ 且

$$g_j'(t) > 0, \quad g_j''(t) < 0 \quad (j = 1, 2, \cdots, n_0), \quad g_j''(t) > 0 \quad (j = n_0 + 1, \cdots, n)$$

则 $B_1(t_1, t_2, \cdots, t_n) = \sum\limits_{j=1}^{n} g_j(t_j)$ 为混合型均衡函数.

定理 4.2.4 设 $g_j(t) \in C^2[0,1]$ 且

$$g_j'(t) > 0, \quad g_j''(t) \begin{cases} < 0, & t < p_j, \\ > 0, & t > p_j \end{cases} \quad (j = 1, 2, \cdots, n)$$

则 $B_1(t_1, t_2, \cdots, t_n) = \sum\limits_{j=1}^{n} g_j(t_j)$ 是激励策略为 $p = (p_1, p_2, \cdots, p_n)^{\mathrm{T}}$ 的折中型均衡函数.

定理 4.2.5 设 $h_j(t) \in C^2[0,1]$ 且

$$h_j(t) > 0, \quad h_j'(t) > 0, \quad [\ln h_j(t)]'' < 0 \quad (j = 1, 2, \cdots, n)$$

则 $B_2(t_1, t_2, \cdots, t_n) = \prod_{j=1}^{n} h_j(t_j)$ 为惩罚型均衡函数.

证明 只需证

$$w_j(t_1, t_2, \cdots, t_n) = \frac{w_j^{(0)} \dfrac{h_j'(t_j)}{h_j(t_j)}}{\sum\limits_{k=1}^{n} w_k^{(0)} \dfrac{h_k'(t_k)}{h_k(t_k)}}, \quad j = 1, 2, \cdots, n \tag{4.2.4}$$

具有惩罚性(归一性和连续性自明). 事实上,

$$\frac{\partial w_j}{\partial t_j} = \frac{\partial}{\partial t_j} \left[\frac{w_j^{(0)} \dfrac{h_j'(t_j)}{h_j(t_j)}}{\sum\limits_{k=1}^{n} w_k^{(0)} \dfrac{h_k'(t_k)}{h_k(t_k)}} \right]$$

$$= \frac{w_j^{(0)} [\ln g_j(t_j)]'' \sum\limits_{k=1}^{n} w_k^{(0)} \dfrac{h_k'(t_k)}{h_k(t_k)} - [w_j^{(0)}]^2 \dfrac{h_j'(t_j)}{h_j(t_j)} [\ln g_j(t_j)]''}{\left[\sum\limits_{k=1}^{n} w_k^{(0)} \dfrac{h_k'(t_k)}{h_k(t_k)} \right]^2}$$

$$= \frac{w_j^{(0)} [\ln g_j(t_j)]''}{\sum\limits_{k=1}^{n} w_k^{(0)} \dfrac{h_k'(t_k)}{h_k(t_k)}} \left[1 - \frac{w_j^{(0)} [\ln g_j(t_j)]''}{\sum\limits_{k=1}^{n} w_k^{(0)} \dfrac{h_k'(t_k)}{h_k(t_k)}} \right] < 0$$

所以, 对每个 j, $w_j(t_1, t_2, \cdots, t_n)$ 关于变元 t_j 单调减少. 证毕!

定理 4.2.6 设 $h_j(t) \in C^2[0,1]$ 且

$$h_j(t) > 0, \quad h_j'(t) > 0, \quad [\ln h_j(t)]'' > 0 \quad (j = 1, 2, \cdots, n)$$

则 $B_2(t_1, t_2, \cdots, t_n) = \prod_{j=1}^{n} h_j(t_j)$ 为激励型均衡函数.

定理 4.2.7 设 $h_j(t) \in C^2[0,1]$ 且

$$h_j(t) > 0, \quad h_j'(t) > 0, \quad [\ln h_j(t)]'' < 0 \quad (j = 1, 2, \cdots, n_0), \quad [\ln h_j(t)]'' > 0 \quad (j = n_0 + 1, \cdots, n)$$

则 $B_2(t_1, t_2, \cdots, t_n) = \prod_{j=1}^{n} h_j(t_j)$ 为混合型均衡函数.

定理 4.2.8 设 $h_j(t) \in C^2[0,1]$ 且

$$h_j(t) > 0, \quad h_j'(t) > 0, \quad [\ln h_j g(t)]'' \begin{cases} < 0, & t < p_j, \\ > 0, & t > p_j \end{cases} \quad (j = 1, 2, \cdots, n)$$

则 $B_2(t_1, t_2, \cdots, t_n) = \prod_{j=1}^{n} h_j(t_j)$ 是激励策略为 $p = (p_1, p_2, \cdots, p_n)^{\mathrm{T}}$ 的折中型均衡函数.

定义 4.2.3 若一族一元实函数 $\{u_j(t)\}_{j=1}^{n}$ 使 $B(t_1, t_2, \cdots, t_n) = \sum_{j=1}^{n} u_j(t_j)$ 为均衡函数, 则称 $\{u_j(t)\}_{j=1}^{n}$ 为变权综合的激励效用函数族, 对应的评价函数

$$V(x_{i1}, x_{i2}, \cdots, x_{in}) = \sum_{j=1}^{n} w_j(x_{i1}, x_{i2}, \cdots, x_{in}) x_{ij}$$

称为激励效用函数族 $\{u_j(t)\}_{j=1}^{n}$ 的变权综合模式.

定理 4.2.9 设 $w^{(0)} = (w_1^{(0)}, w_2^{(0)}, \cdots, w_n^{(0)})^{\mathrm{T}}$ 是常权向量. 若函数 $B : [0,1]^m \to \mathbf{R}$ 在 $(0,1)^m$ 为均衡函数, $\varphi(\theta)$ 在 B 的值域上可导且 $\varphi'(\theta) > 0$, 则 $B^* = \varphi \circ B$ 生成的变权向量与 B 生成的变权向量相同.

证明 事实上, 由 $\dfrac{\partial(\varphi \circ B)}{\partial t_j} = \varphi'(B) \dfrac{\partial B}{\partial t_j}$, 知

$$\forall j \in \{1, 2, \cdots, n\}, \quad w_j^*(t_1, t_2, \cdots, t_n) = \frac{w_j^{(0)} \dfrac{\partial(\varphi \circ B)}{\partial t_j}}{\sum_{k=1}^{n} w_k^{(0)} \dfrac{\partial(\varphi \circ B)}{\partial t_k}} = \frac{w_j^{(0)} \varphi'(B) \dfrac{\partial B}{\partial t_j}}{\sum_{k=1}^{n} w_k^{(0)} \varphi'(B) \dfrac{\partial B}{\partial t_k}}$$

$$= \frac{w_j^{(0)} \dfrac{\partial B}{\partial t_j}}{\sum_{k=1}^{n} w_k^{(0)} \dfrac{\partial B}{\partial t_k}} = w_j(t_1, t_2, \cdots, t_n)$$

证毕!

例 4.2.1 (1) $\sum_{\alpha}(t_1, t_2, \cdots, t_n) = \sum_{j=1}^{n} t_j^{\alpha}$, $(0 < \alpha \leqslant 1)$ 为惩罚型均衡函数, 对应的变权综合模式 I 为

$$V_1(t_1, t_2, \cdots, t_n) = \sum_{j=1}^{n} w_j^{(0)} t_j^{\alpha} \Big/ \sum_{k=1}^{n} w_k^{(0)} t_k^{\alpha-1} \tag{4.2.5}$$

(2) $\prod_{\alpha}(t_1, t_2, \cdots, t_n) = \prod_{j=1}^{n} t_j^{\alpha}$ $(\alpha > 0)$ 为惩罚型均衡函数, 对应的变权综合模式 II 为

$$V_1(t_1, t_2, \cdots, t_n) = \left[\sum_{k=1}^{n} w_k^{(0)} t_k^{-1} \right]^{-1} \qquad (4.2.6)$$

(3) $\sum_{\alpha}(t_1, t_2, \cdots, t_n) = \sum_{j=1}^{n} t_j^{\alpha}$ $(\alpha > 1)$ 为激励型均衡函数;

(4) $\sum_{\alpha, \beta}(t_1, t_2, \cdots, t_n) = \sum_{j=1}^{n_0} t_j^{\alpha} + \sum_{j=n_0+1}^{n} t_j^{\beta}$ $(0 < \alpha \leqslant 1, \beta > 1)$ 为混合型均衡函数;

(5) $u_j(t) = \dfrac{1}{6} t^3 - \dfrac{1}{2} p_j t^2 + 4t, j = 1, 2, \cdots, n$, 则 $B_p(t_1, t_2, \cdots, t_n) = \sum_{j=1}^{n} u_j(t_j)$ 是激励策略为 $p = (p_1, p_2, \cdots, p_n)^{\mathrm{T}}$ 的折中型均衡函数.

例 4.2.2 顾客购买电视机时从 7 个属性, 即使用寿命(a_1)、价格(a_2)、外观设计(a_3)、操作便捷性(a_4)、售后服务质量(a_5)、安全性能(a_6)和品牌声誉(a_7), 进行单属性评价. 7 个属性的权重依次为 0.10, 0.20, 0.10, 0.15, 0.05, 0.10, 0.30, 即权向量为 $w^{(0)} = (0.10, 0.20, 0.10, 0.15, 0.05, 0.10, 0.30)^{\mathrm{T}}$. 对 6 个品牌的电视机获得决策矩阵如表 4.2.1 所示.

表 4.2.1

品牌 ＼ 分因素评价	a_1	a_2	a_3	a_4	a_5	a_6	a_7
A	0.7	0.5	0.8	0.4	0.5	0.8	0.7
B	0.1	0.5	0.5	0.6	0.7	0.8	0.5
C	0.3	0.5	0.3	0.6	0.7	0.8	0.5
D	0.8	0.4	0.8	0.6	0.8	0.8	0.7
E	0.8	0.2	0.5	0.4	0.6	0.7	0.9
F	0.8	0.7	0.1	0.8	0.8	0.8	0.9

采用产生的变权综合模式(4.2.6), 计算得

$$V_A = 0.5895, \quad V_B = 0.3779, \quad V_C = 0.4732$$
$$V_D = 0.6188, \quad V_E = 0.4426, \quad V_F = 0.4719$$

所以品牌 D 综合评价最好.

变权综合与常权综合比较如表 4.2.2 所示.

表 4.2.2

综合模式 ＼ 品牌	A	B	C	D	E	F
常权综合	0.8500	0.5150	0.5150	0.6600	0.6000	0.7400
变权综合 I	0.6076	0.4597	0.4943	0.6385	0.5226	0.6380
变权综合 II	0.5895	0.3779	0.4732	0.6188	0.4426	0.4719

注: 变权综合 I 中的 $\alpha = \dfrac{1}{2}$, 按(4.2.5)式计算.

按常权综合, 则排序为 A, F, D, E, C, B; 按变权综合 Ⅰ, 则排序为 D, F, A, E, C, B; 按变权综合 Ⅱ, 则排序为 D, A, C, F, E, B. 因此, 变权综合 Ⅰ 是常权综合与变权综合 Ⅱ 的折中. 若取 $\alpha > \frac{1}{2}$, 则相应的排序逐次趋向常权综合排序. 若取 $\alpha < \frac{1}{2}$, 则相应的排序逐次趋向变权综合 Ⅱ 的排序. 换言之, 常权综合与变权综合 Ⅱ 是变权综合的两极. 常权综合忽视了因素间的平衡关系, 而变权综合 Ⅱ 最注重因素间平衡关系. 事实上, 对式 (4.2.5) 两边取极限可得

$$\lim_{a \to 1^-} V_1(x_1, \cdots, x_m) = V_0(x_1, \cdots, x_m)$$
$$\lim_{a \to 0^+} V_1(x_1, \cdots, x_m) = V_2(x_1, \cdots, x_m)$$

一般来讲, 评判者较为保守的情况下 $\alpha < \frac{1}{2}$, 即对诸因素的平衡问题考虑得较多; 评判者较为开明的情况下, $\alpha > \frac{1}{2}$, 即比较能容忍某方面的缺陷. 多数而言, 取 $\alpha = \frac{1}{2}$ 为宜. 即本例中 6 个品牌电视机的评判优先次序应为 D, F, A, E, C, B.

4.3 多目标决策

多准则决策问题 (4.1.1) 中 $d_1(x), d_2(x), \cdots, d_s(x)$ 为一组目标函数, 而 $X \subseteq \mathbf{R}^n$ 称作多目标决策问题. 意为选择适当的决策规则从可行域 X 中找出最佳调和解 x^c. 显然, 决策规则 max 对不同的决策者意义不同. 决策者的偏好各不相同, 有人想要使价值函数或期望效用最大化, 有人想要使求得的方案与理想点偏差最小化, 也有人会对各目标进行权衡. 所以, 问题的本质是遵循一定的决策规则, 来保证按决策者的偏好结构求得最佳调和解. 因此, 在求解过程中必须导入决策者的偏好结构. 把多目标决策问题转化为数学规划问题的方法的关键点在于使用何种偏好方式. 在设计解法之前, 必须要做的是提取决策者的偏好信息.

假定决策者的目标效用函数已经确定为某个序数效用函数 $U(t_1, t_2, \cdots, t_n)$, 那么, 对确定性环境, 多目标决策问题化为效用最大化问题:

$$\max_{x \in X} U(d_1(x), d_2(x), \cdots, d_s(x)) \tag{4.3.1}$$

对不确定性环境, 多目标决策问题化为期望效用最大化问题:

$$\max_{x \in X} E[U(d_1(x), d_2(x), \cdots, d_s(x))] \tag{4.3.2}$$

如果 $d_1(x), d_2(x), \cdots, d_s(x)$ 都是增益型目标函数, 而可行域 X 由一组不等式给出, 则多目标决策问题可以表示为多目标数学规划:

$$\begin{aligned} \max \quad & \{d_1(x), d_2(x), \cdots, d_s(x)\} \\ \text{s.t.} \quad & g_i(x) \leqslant 0, \quad i = 1, 2, \cdots, m \end{aligned} \tag{4.3.3}$$

关于多目标数学规划的解, 有多种概念. 比较重要的一种是 Pareto 均衡有效解. 通过对多目标的常权综合, 将 (4.3.3) 转化为

$$\max \quad \sum_{j=1}^{s} w_j d_j(x) \tag{4.3.4}$$
$$\text{s.t.} \quad g_i(x) \leqslant 0, \quad i=1,2,\cdots,m$$

对相空间 $W = \left\{ (w_1, w_2, \cdots, w_s) \middle| \sum_{j=1}^{s} w_j = 1, 0 \leqslant w_j \leqslant 1, j=1,2,\cdots,s \right\}$ 做分解, 逐一求得

(4.3.4) 的最优解, 然后决策者在这些解中进行挑选, 获得最终决策方案. 其中困难主要在于对相空间的划分, 没有通用的方法. 另外, 决策者最终选择时对目标均衡性的看法至关重要.

例 4.3.1　讨论多目标线性规划问题

$$\max \quad \{x_1, x_2\}$$
$$\text{s.t.} \quad \begin{cases} x_1 + x_2 \leqslant 0.6 \\ x_1 \geqslant 0, x_2 \geqslant 0 \end{cases} \tag{4.3.5}$$

容易求得解集为 $M = \{(x_1, x_2) | x_1 + x_2 = 0.6, x_1 \geqslant 0, x_2 \geqslant 0\}$. 但是, 在很多决策者来说, 多不会选择线段 M 的端点, 因为端点实际上已经放弃了某个目标, 这有悖于多目标决策本意. 而且用常权对目标综合时, 若 $w_1 > w_2$ 时获得解为 $x = (0.6, 0)^{\mathrm{T}}$; 若 $w_1 < w_2$ 时获得解为 $x = (0, 0.6)^{\mathrm{T}}$. 解都在线段 M 的端点, 并没有得到真正 "均衡" 的解.

下面我们用变权综合方法来获取均衡 Pareto 解. 设

$$p = (p_1, p_2, \cdots, p_s)^{\mathrm{T}} \in (0,1)^s, \quad w^{(0)} = (w_1^{(0)}, w_2^{(0)}, \cdots, w_s^{(0)})^{\mathrm{T}} \quad (0 < w_j^{(0)} < 1, j=1,2,\cdots,s)$$

分别为目标的激励策略和常权向量, (4.3.3) 的目标函数为连续函数, 记可行域为有界闭集 $A = \{x \in \mathbf{R}^n | g_i(x) \leqslant 0, i=1,2,\cdots,m\}$. 为方便记, 引入记号

$$\bar{d}_j = \max_{x \in A} d_j(x), \quad \underline{d}_j = \min_{x \in A} d_j(x), \quad \text{且设} \quad \bar{d}_j \neq \underline{d}_j, \quad j=1,2,\cdots,s$$

引入激励效用函数族 $\{u_j(t)\}_{j=1}^{n}$:

$$u_j(t) = \frac{1}{\alpha(\alpha+1)} t^{\alpha+1} - \frac{p_j}{\alpha(\alpha-1)} t^{\alpha} + \left(c - \frac{1}{\alpha(1-\alpha)} p_j^{\alpha}\right) t, \quad j=1,2,\cdots,s \tag{4.3.6}$$

其中

$$\alpha = \max_{1 \leqslant j \leqslant s} \frac{1}{1+p_j}, \quad c = \max_{1 \leqslant j \leqslant s} \frac{1}{\alpha(1-\alpha)} p_j^{\alpha} \tag{4.3.7}$$

取压缩映射

$$y_j = T_j(d_j(x)) = \frac{d_j(x) - \underline{d}_j}{\bar{d}_j - \underline{d}_j} \tag{4.3.8}$$

构造目标变权

$$w_j(y_1, y_2, \cdots, y_s) = \frac{w_j^{(0)} u_j'(y_j)}{\sum_{k=1}^{s} w_k^{(0)} u_k'(y_k)}, \quad j = 1, 2, \cdots, s \tag{4.3.9}$$

记 $y = (y_1, y_2, \cdots, y_s)^{\mathrm{T}}, w(y) = (w_1(y), w_2(y), \cdots, w_s(y))^{\mathrm{T}}$, 兹给出变权综合优化问题:

$$(\mathrm{WP}_p) \begin{cases} \max \quad y^{\mathrm{T}} w(y) \\ \text{s.t.} \quad g_i(x) \leqslant 0, \quad i = 1, 2, \cdots, m \end{cases} \tag{4.3.10}$$

其解称为多目标决策问题的 Pareto 强均衡解.

定理 4.3.1　设 $d_j(x)(j = 1, 2, \cdots, s)$ 和 $g_i(x)(i = 1, 2, \cdots, m)$ 连续且具有二阶连续偏导数, 则 x^* 为多目标决策问题 (4.3.3) 的 Pareto 强均衡解的 Kuhn-Tucker 必要条件为: 存在向量 $\mu = (\mu_1, \mu_2, \cdots, \mu_m)^{\mathrm{T}} (\mu_i \geqslant 0, i = 1, 2, \cdots, m)$ 和 $\lambda = (\lambda_1, \lambda_2, \cdots, \lambda_s)^{\mathrm{T}} (\lambda_j > 0, j = 1, 2, \cdots, s)$ 使

$$(\text{K-T}) \begin{cases} x^* \in A \\ \mu_i g_i(x^*) = 0, \quad i = 1, 2, \cdots, m \\ \sum_{j=1}^{s} \lambda_j \nabla d_j(x^*) - \sum_{i=1}^{m} \mu_i \nabla g_i(x^*) = 0 \end{cases} \tag{4.3.11}$$

证明　由变权的定义 (4.3.9), $\sum_{j=1}^{s} w_j(y_1, y_2, \cdots, y_s) = 1$. 由于当 $0 < t < 1$ 时

$$u_j'(t) = \frac{1}{\alpha} t^{\alpha} - \frac{p_j}{1-\alpha} t^{\alpha-1} + \left(c - \frac{1}{\alpha(1-\alpha)} p_j^{\alpha} \right) > 0, \quad j = 1, 2, \cdots, s$$

故 $w_j(y) > 0 \ (j = 1, 2, \cdots, s)$.

再由 $\dfrac{1}{1 + p_j} \leqslant \alpha < 1 (j = 1, 2, \cdots, s)$ 知 $\alpha \geqslant 1 - \dfrac{p_j}{1 + p_j}$, 即 $1 - \alpha \leqslant \dfrac{p_j}{1 + p_j} = \dfrac{1}{1 + \dfrac{1}{p_j}}$,

故 $\dfrac{1}{1 - \alpha} \geqslant 1 + \dfrac{1}{p_j}$, 即 $\dfrac{1}{1 - \alpha} - 1 \geqslant \dfrac{1}{p_j}$. 因此有

$$\left(\frac{1}{1 - \alpha} - 1 \right) p_j - 1 \geqslant 0$$

所以对 $0 < y_k \leqslant 1$, 有

$$\left(\frac{1}{1-\alpha}-1\right)p_j - y_k \geq \left(\frac{1}{1-\alpha}-1\right)p_j - 1 \geq 0$$

因此, 对给定的 j 及任意 k

$$u''_j(y_j)(y_j - y_k) + u'_j(y_j) = y_j^{\alpha-2}(y_j - p_j)(y_j - y_k) + \frac{1}{\alpha}y_j^{\alpha} - \frac{p_j}{\alpha-1}y_j^{\alpha-1} + \left(c - \frac{1}{\alpha(1-\alpha)}p_j^{\alpha}\right)$$

$$\geq y_j^{\alpha-2}(y_j - p_j)(y_j - y_k) + \frac{1}{\alpha}y_j^{\alpha} - \frac{p_j}{\alpha-1}y_j^{\alpha-1}$$

$$= y_j^{\alpha} - y_k y_j^{\alpha-1} - p_j y_j^{\alpha-1} + p_j y_k y_j^{\alpha-2} + \frac{1}{\alpha}y_j^{\alpha} - \frac{p_j}{\alpha-1}y_j^{\alpha-1}$$

$$> \left[\frac{p_j}{1-\alpha} - p_j - y_k\right]y_j^{\alpha-1} \geq 0$$

从而 $\sum_{k=1}^{s}[u''_j(y_j)(y_j - y_k) + u'_j(y_j)]w_k^{(0)} > 0$ ($j=1,2,\cdots,s$), 故

$$\frac{\partial(y^{\mathrm{T}}w(y))}{\partial y_j} = \frac{\partial}{\partial y_j}\left[\sum_{k=1}^{s}\frac{w_k^{(0)}u'_k(y_k)}{\sum_{k=1}^{s}w_k^{(0)}u'_k(y_k)}y_k\right]$$

$$= \frac{[w_j^{(0)}u''_j(y_j)y_j + w_j^{(0)}u'_j(y_j)]\sum_{k=1}^{s}w_k^{(0)}u'_k(y_k) - \left[\sum_{k=1}^{s}w_k^{(0)}u'_k(y_k)y_k\right]w_j^{(0)}u''_j(y_j)}{\left[\sum_{k=1}^{s}w_k^{(0)}u'_k(y_k)\right]^2}$$

$$= \frac{w_j^{(0)}u''_j(y_j)\left[\sum_{k=1}^{s}w_k^{(0)}u'_k(y_k)(y_j - y_k)\right] - w_j^{(0)}u'_j(y_j)\sum_{k=1}^{s}w_k^{(0)}u'_k(y_k)}{\left[\sum_{k=1}^{s}w_k^{(0)}u'_k(y_k)\right]^2}$$

$$= \frac{w_j^{(0)}\sum_{k=1}^{s}w_k^{(0)}u'_k(y_k)[u''_j(y_j)(y_j - y_k) - u'_j(y_j)]}{\left[\sum_{k=1}^{s}w_k^{(0)}u'_k(y_k)\right]^2} > 0$$

$$\left(下面记 S_j = \frac{\partial(y^{\mathrm{T}}W(y))}{\partial y_j}\right).$$

设 x^* 为 (4.3.10) 的最优解, $y_j^* = T_j[f_j(x^*)]$, 由于 $y_j^* = 0$ 不符合 (4.3.10) 的目标函数定义, 故 $0 < y_j^* \leq 1$. 由 (4.3.10) 的最优解的 Kuhn-Tucker 条件知

(1) $x^* \in A$;

(2) 存在 m 维向量 $\mu = (\mu_1, \mu_2, \cdots, \mu_m)^{\mathrm{T}}$，$\mu_j \geqslant 0$（$j = 1, 2, \cdots, n$）使

$$\mu_j g_j(x^*) = 0 \tag{4.3.12}$$

且

$$\nabla([y(x^*)]^{\mathrm{T}} w(x^*)) - \sum_{j=1}^{n} \mu_j \nabla g_j(x^*) = 0 \tag{4.3.13}$$

又

$$\frac{\partial(y^{\mathrm{T}} w(y))}{\partial x_k} = \sum_{j=1}^{m} \frac{\partial(y^{\mathrm{T}} w(y))}{\partial y_j} \frac{\partial y_j}{\partial x_k} = \sum_{j=1}^{m} S_j \frac{1}{\overline{d}_j - \underline{d}_j} \frac{\partial d_j}{\partial x_k}$$

所以

$$\nabla[[y(x^*)]^{\mathrm{T}} W(y(x^*))]$$

$$= \left(\frac{1}{\overline{d}_1 - \underline{d}_1} S_1 \frac{\partial d_1}{\partial x_1} + \frac{1}{\overline{d}_2 - \underline{d}_2} S_2 \frac{\partial d_2}{\partial x_1} + \cdots + \frac{1}{\overline{d}_s - \underline{d}_s} S_s \frac{\partial d_s}{\partial x_1}, \cdots, \frac{1}{\overline{d}_1 - \underline{d}_1} S_1 \frac{\partial d_1}{\partial x_n} \right.$$

$$\left. + \frac{1}{\overline{d}_2 - \underline{d}_2} S_2 \frac{\partial d_2}{\partial x_n} + \cdots + \frac{1}{\overline{d}_s - \underline{d}_s} S_s \frac{\partial d_s}{\partial x_n} \right)^{\mathrm{T}} \Bigg|_{x = x^*}$$

$$= \sum_{j=1}^{s} S_j^* \frac{1}{\overline{f}_j - \underline{f}_j} \nabla f_j(x^*)$$

其中 $S_j^* = \dfrac{\partial(y^{\mathrm{T}} W(y))}{\partial y_j} \Bigg|_{x = x^*}$. 令 $\lambda_j^* = S_j^* \dfrac{1}{\overline{f}_j - \underline{f}_j}$，则式 (4.3.13) 化为

$$\sum_{i=1}^{s} \lambda_i^* \nabla d_i(x^*) - \sum_{j=1}^{n} \mu_j \nabla g_j(x^*) = 0 \tag{4.3.14}$$

证毕!

　　如果我们将上述 $F(x) = y^{\mathrm{T}} W(y)$ 理解为目标的变权综合满意度（或功效系数）的话，最优解 x^* 的含义是其上的变权综合满意度最大. 显然 x^* 处，任一单子目标的满意度（或功效系数 y_i）都不会太小. 换言之，$f_i(x^*)$ 不会离 $\underline{f}_i$ 太近.

例 4.3.2　讨论多目标线性规划问题 (4.3.5). 构造变权综合问题

$$\max \quad \frac{0.6\left(\dfrac{1}{0.625} x_1^{0.625} + \dfrac{1}{0.375} x_1^{-0.375}\right) x_1 + 0.4\left(\dfrac{1}{0.625} x_2^{0.625} + \dfrac{1}{0.375} x_2^{-0.375}\right) x_2}{0.6\left(\dfrac{1}{0.625} x_1^{0.625} + \dfrac{1}{0.375} x_1^{-0.375}\right) + 0.4\left(\dfrac{1}{0.625} x_2^{0.625} + \dfrac{1}{0.375} x_2^{-0.375}\right)}$$

$$\text{s.t.} \quad \begin{cases} x_1 + x_2 \leqslant 0.6 \\ x_1 \geqslant 0, \quad x_2 \geqslant 0 \end{cases} \tag{4.3.15}$$

由定理 4.3.1 知, (4.3.15) 的最优解必满足等式 $x_1 + x_2 = 0.6$, 因此 (4.3.15) 化为条件极值问题. 我们在计算机上获得 (4.3.15) 的数值解 $x_1 = 0.491236$, $x_2 = 0.108764$. 若改取 $w_1^{(0)} = w_2^{(0)} = 0.5$ 则易得对应的解为 $x_1 = x_2 = 0.3$.

4.4　群　决　策

Bayes 决策、效用理论、多属性决策、多目标决策讨论的是只有一个决策者(或者是目标高度一致的集团)的情形. 但是, 现实中的社会经济系统是一个复杂的自适应系统, 社会的主体是目标不一致甚至冲突的群体. 即使在较小的范围内, 也存在多个个体或利益集团, 重大决策不可能由一个人(集团)说了算, 即使是一个人行使法定职权而最终作出决定, 也离不开其他人的参与, 最终才能实施所作出的决策. 从一般意义上讲, 在民主社会或公民社会, 任何重大决策都会影响一群人, 决策的过程又具备科学的协商机制, 以此最终决策能尽量满足社会成员(群体)的愿望和要求. 随着社会的发展和科技的进步, 知识和信息急剧增长, 任何个体都无法掌握决策所需要的全部信息和知识, 难以应付复杂的重大决策问题. 于是产生了各种议事机构、表决机构、咨询机构和智囊团等来形成最终决策. 凡是决策过程中有多人参与的决策都称为群决策. 群决策理论的内容很丰富, 包括选举理论、社会选择理论、社会福利理论等. Hersanyi 根据决策群中成员的行为分为两类: 一类是按人类群居特性的伦理出发, 成员追求群体的整体利益的集体决策, 其特点是各成员之间没有根本的利害冲突; 另一类是成员追求与他人对立的自身价值, 即成员间存在利益冲突的博弈问题. 关于博弈论, 我们另有章节安排. 集体决策的理想形式是委员会制, 其基本特点是群中各个成员地位平等, 原则上各成员的权力相同. 集体决策的另一种形式是递阶权力结构, 其特点是决策群体有明确的层级结构, 即上下级关系. 关于递阶权力结构的研究是组织行为学的内容. 在此我们介绍集体决策的社会选择理论和社会福利理论的基础内容.

Luce 和 Raffia 认为, 社会选择就是要根据社会中各成员的价值观对不同方案的选择产生集体决策. 在委员会制的集体决策中, 比较简单的是票决制, 或选举理论.

4.4.1　社会选择函数

例 4.4.1　投票悖论. 设 a, b, c 为三个候选者, 决策群体成员有 60 人, 用 "$\succ_i$" 表示第 i 个成员确定的候选者的优先关系, "$\succ_G$" 表示绝对多数票决制下群体确定的候选者的优先关系, 也称社会选择, $N(\cdot)$ 表示优先关系的票数. 每个成员的优先关系 $\succ_i$ 都满足传递性. 投票结果统计为: 23 人认为 $a \succ_i b \succ_i c$; 17 人认为 $b \succ_i c \succ_i a$; 2 人认为 $b \succ_i a \succ_i c$; 8 人认为 $c \succ_i b \succ_i a$, 10 人认为 $c \succ_i a \succ_i b$. 对候选者

的优先关系作两两比较的结果为

$$N(a \succ_i b) = 33, \quad N(b \succ_i a) = 27 \Rightarrow a \succ_G b$$

$$N(b \succ_i c) = 42, \quad N(c \succ_i b) = 18 \Rightarrow b \succ_G c$$

$$N(a \succ_i c) = 25, \quad N(c \succ_i a) = 35 \Rightarrow c \succ_G a$$

因此群的判断为: $a \succ_G b, b \succ_G c, c \succ_G a$, 所以群的偏好的传递性缺失, 出现了多数票循环, 选举结果互不相容. 这种现象称为 Condorcet 投票悖论. Garman 等人给出了候选者个数、成员数与产生多数票循环的概率. 候选者个数为 10 时, 产生多数票循环的概率为 0.4887; 候选者个数为 49 时, 产生多数票循环的概率为 0.8405. 候选者个数为 10, 群成员个数为 5 时, 产生多数票循环的概率为 0.40; 候选者个数为 10, 群成员个数为大数时, 产生多数票循环的概率为 0.4887.

　　投票表决时采用的简单多数规则和过半数规则对从两个候选者中择一时是行之有效的(设定投票人为奇数即可). 当候选者(候选人或方案)个数 $m \geqslant 3$ 时, 由于多数票循环的存在而变得不可靠, 而且会由于不能获得唯一的候选者引发决策群的成员的冲突而导致更大的混乱. 另外, 即使不存在多数票循环, 投票结果的合理性也值得质疑. 自从 Condorcet 发现投票悖论以来, 投票悖论引起了许多数学家、政治学家和经济学家的浓厚兴趣. 由于投票悖论的必然性, 就必将面临如何消除投票悖论的问题. 社会选择理论就是为了克服投票悖论而提出采用某种与群成员偏好有关的数量指标来表达群(社会)对候选者的总体评价. 这种指标就是社会选择函数.

　　$N = \{1, 2, \cdots, n\}$ 表示决策群, 即投票人的集合; $A = \{a_1, a_2, \cdots, a_m\}$ 表示候选者的集合; " $\succ_j$ " 表示成员 j 的候选者优先关系, " $\succ_G$ " 表示群的候选者优先关系; $n_{ik} = N(a_i \succ_j a_k)$ 表示认为 a_i 优先于 a_k 的成员数. " $\succ_G$ " 由 $N(\cdot)$ 定义, 即若 $n_{ik} > n_{ki}$ 则记为 $a_i \succ_G a_k$; 若 $n_{ki} > n_{ik}$ 则记为 $a_k \succ_G a_i$; 若 $n_{ik} = n_{ki}$, 则记为 $a_i \sim_G a_k$.

　　在允许成员 j 对候选者排序时出现无差异 " $\sim_j$ " 的条件下, 定义三值函数:

$$D_j(x, y) = \begin{cases} 1, & x \succ_j y, \\ 0, & x \sim_j y, \\ -1, & y \succ_j x, \end{cases} \qquad \lambda D_j(x, y) = \begin{cases} \lambda, & x \succ_j y, \\ 0, & x \sim_j y, \quad (\lambda > 0) \\ -\lambda, & y \succ_j x \end{cases} \qquad (4.4.1)$$

成员的偏好分布为 $D = (D_1, D_2, \cdots, D_n)$, 偏好分布集合为 $\{-1, 0, 1\}^n$. 社会选择函数是定义在 $\{-1, 0, 1\}^n$ 或 $\{-\lambda, 0, \lambda\}^n$ 上的函数 $F(D) = F(D_1, D_2, \cdots, D_n)$ 且满足

$$F(D) = \begin{cases} 1, & x \succ_G y, \\ 0, & x \sim_G y, \quad \text{或} \\ -1, & y \succ_G x \end{cases} \qquad \lambda F(D) = \begin{cases} \lambda, & x \succ_G y, \\ 0, & x \sim_G y, \\ -\lambda, & y \succ_G x \end{cases} \qquad (4.4.2)$$

May 在 1953 年提出了社会选择函数的公理系统.

定义 4.4.1　设 $F: \bigcup_{\lambda>0}\{-\lambda,0,\lambda\}^n \to \bigcup_{\lambda>0}\{-\lambda,0,\lambda\}, D \mapsto F(D)$ 满足：

(1) 明确性 (decisiveness)：$D \neq 0 \Rightarrow F(D) \neq 0$；

(2) 对偶性 (neutrality)：$F(-D) = -F(D)$；

(3) 匿名性 (anonymity)，又称平等原则：$F(D_{\sigma(n)}) = F(D)$，其中 $D_{\sigma(n)}$ 表示 D 的分量的任一排序；

(4) 单调性 (monotonicity)，又称正响应：$D \geqslant D' \Rightarrow F(D) \geqslant F(D')$；

(5) 一致性 (unanimity)，又称弱 Pareto 性：$F(1,1,\cdots,1) = 1$ 或 $F(-1,-1,\cdots,-1) = -1$；

(6) 齐次性 (homogeneity)：对任意正数 λ，$F(\lambda D) = \lambda F(D)$；

(7) Pareto 性：(i) $D \geqslant 0$，且存在某个 $j_0, D_{j_0} = 1 \Rightarrow F(D) = 1$；(ii) $\forall j, D_j = 0 \Rightarrow F(D) = 0$.

那么，称 F 为社会选择函数.

关于上述定义中的各条性质有实际解释.

(1) 明确性是指，社会的最终选择是确定的，即社会选择函数能从投票者 (成员) 的每一种偏好得出唯一的社会排序.

(2) 对偶性是指，社会选择 (即群决策) 对每个候选者都是公平的，会防止偏袒某个候选者，因为它保证在每个投票者都对两个候选者作出相反选择时，社会也应作出相反的选择，亦即社会选择机制应同等对待所有候选者.

(3) 匿名性是指，对投票人 (成员) 的公平性，它要预先防止某个投票者比其他投票者享有更大的权力，从本质上讲就是实行一人一票原则.

(4) 单调性是指，当其他投票人偏好不变时某个投票人将某个候选者的优先地位提高，则社会选择会有利于这个候选者.

(5) 一致性是指，改变每一个投票者对候选者优先次序的分值 (排序不变) 不影响社会选择的排序.

(6) 齐次性是指，优先次序的得分值不改变社会选择的候选者的排序.

(7) Pareto 性是指，每个投票者 (成员) 都认为候选者 x 不劣于候选者 y 并且至少有一个投票者认为 x 优先于 y，则社会选择也会确定 x 优先于 y.

例 4.4.2　Condorcet 函数. 如果规定，某一个候选者 x 能在与其他候选者逐一比较时按过半数决策规则击败其他所有候选者 (此时称 x 为 Condorcet 候选者)，应该由 x 当选. 若不存在 Condorcet 候选者，则采用如下 Condorcet 函数

$$f_c(x) = \min_{y \in A \setminus \{x\}} N(x \succ_j y) \tag{4.4.3}$$

来对候选者排优劣次序. $f_c(x)$ 是 x 与其他所有候选者逐一比较时得票最少的那一次所得票数，是极大化极小函数. 1977 年 Fishburn 指出，Condorcet 函数满足明确

性、对偶性、匿名性、单调性、齐次性和 Pareto 性, 是一个较好的社会选择函数. 在例 4.4.1 中 $f_c(a) = 25, f_c(b) = 27, f_c(c) = 18$, 所以社会选择函数计算为表 4.4.1.

表 4.4.1

	a	b	c	$f_c(\cdot)$
a	—	33	25	25
b	27	—	42	27
c	35	18	—	18

例 4.4.3　Borda 函数. 法国数学家 Borda 给出的函数是

$$f_B(x) = \sum_{y \in A \setminus \{x\}} N(x \succ_j y) \tag{4.4.4}$$

在例 4.4.1 中, Borda 分值如表 4.4.2 所示.

表 4.4.2

	a	b	c	$f_c(\cdot)$
a	—	33	25	58
b	27	—	42	69
c	35	18	—	53

例 4.4.4　Kemeny 函数. 1972 年, J. G. Kemeny 提出一种社会选择函数, 这种社会选择函数要使社会的排序与成员对候选者的偏好排序的一致性达到最大. 首先计算社会排序矩阵 $L = (l_{i,k})_{m \times m}$, 其中

$$l_{i,k} = \begin{cases} 1, & a_i \succ_G a_k, \\ 0, & a_i \sim_G a_k, \\ -1, & a_k \succ_G a_i \end{cases}$$

再定义 $n_{ik}^* = N(a_i \sim_j a_k)$, $m_{i,k} = (n_{ik} + 0.5 n_{ik}^*)/n, i \neq k; m_{i,i} = 0.5$, 获得比例矩阵 $M = (m_{i,k})_{m \times m}$. $m_{i,k}$ 代表的是所有成员中认可 " $a_i \succ a_k$ " 的比例. 定义投票矩阵 $E = M - M^T$, 即 $e_{i,k} = n_{ik}/n - n_{ki}/n$. 计算 E 和 L 的内积

$$\langle E, L \rangle = \sum_{i,k} e_{i,k} l_{i,k}$$

用 $\langle E, L \rangle$ 度量社会选择的排序与各成员偏好的一致性. Kemeny 函数是所有社会排序矩阵 L 中使与成员偏好一致性 $\langle E, L \rangle$ 最大者, 即

$$f_K(E) = \max_L \langle E, L \rangle \tag{4.4.5}$$

在例 4.4.1 中, 投票矩阵为

$$E = \begin{pmatrix} 0 & 6/60 & -10/60 \\ -6/60 & 0 & 24/60 \\ 10/60 & -24/60 & 0 \end{pmatrix}$$

用 Condorcet 函数和 Borda 函数, 获得社会排序为 $b \succ_G a \succ_G c$, 排序矩阵为

$$b \succ_G a \succ_G c, \quad L_1 = \begin{pmatrix} 0 & -1 & 1 \\ 1 & 0 & 1 \\ -1 & -1 & 0 \end{pmatrix}, \quad \langle E, L_1 \rangle = \frac{16}{60}$$

类似地可以计算另外几种社会排序的一致性:

$$a \succ_G b \succ_G c, \quad L_2 = \begin{pmatrix} 0 & 1 & 1 \\ -1 & 0 & 1 \\ -1 & -1 & 0 \end{pmatrix}, \quad \langle E, L_2 \rangle = \frac{40}{60};$$

$$c \succ_G a \succ_G b, \quad L_3 = \begin{pmatrix} 0 & 1 & -1 \\ -1 & 0 & -1 \\ 1 & 1 & 0 \end{pmatrix}, \quad \langle E, L_3 \rangle = \frac{16}{60};$$

$$c \succ_G b \succ_G a, \quad L_4 = \begin{pmatrix} 0 & -1 & -1 \\ 1 & 0 & -1 \\ 1 & 1 & 0 \end{pmatrix}, \quad \langle E, L_4 \rangle = \frac{40}{60};$$

$$a \succ_G c \succ_G b, \quad L_5 = \begin{pmatrix} 0 & 1 & 1 \\ -1 & 0 & -1 \\ -1 & 1 & 0 \end{pmatrix}, \quad \langle E, L_5 \rangle = -\frac{56}{60};$$

$$b \succ_G c \succ_G a, \quad L_6 = \begin{pmatrix} 0 & -1 & -1 \\ 1 & 0 & 1 \\ 1 & -1 & 0 \end{pmatrix}, \quad \langle E, L_6 \rangle = \frac{56}{60}.$$

于是, $f_K(E) = \frac{56}{60}$, 故 Kemeny 最佳社会选择为 $b \succ_G c \succ_G a$.

例 4.4.5 Cook-Seiford 函数. Cook-Seiford 函数是使社会选择排序和每个成员的排序不一致性达到最小. 用 r_{ji} 记投票人 j 把候选者 i 排在 r_{ji} 位, $j = 1, 2, \cdots, n$; $i = 1, 2, \cdots, m$, 所有投票人对每个候选者的排序记为矩阵 R. r_i^G 表示社会选择排序 G 中群对候选者 a_i 的排序位置 $(i = 1, 2, \cdots, m)$. 投票人 j (成员)与社会选择的距离, 即不一致性定义为

$$\rho_j = \sum_{i=1}^{m} \left| r_{ji} - r_i^G \right|, \quad j = 1, 2, \cdots, n \tag{4.4.6}$$

社会选择排序 $G = (r_1^G, r_2^G, \cdots, r_m^G)^{\mathrm{T}}$ 与所有投票者排序的总距离为

$$\rho(R,G) = \sum_{j=1}^{n} \sum_{i=1}^{m} \left| r_{ji} - r_i^G \right| \tag{4.4.7}$$

Cook-Seiford 函数定义为

$$f_{C-S}(R) = \min_{G} \rho(R,G) \tag{4.4.8}$$

为了获得最小不一致性的社会选择排序, 易知

$$\rho(R,G) = \sum_{i=1}^{m} \rho_{ik} = \sum_{i=1}^{m} \sum_{j=1}^{n} \left| r_{ji} - k \right|, \quad k = 1, 2, \cdots, m$$

因此, Cook-Seiford 函数的求取也化作一个经典的指派问题, 即求解 0-1 规划问题:

$$\min \quad \sum_{i=1}^{m} \sum_{k=1}^{m} \rho_{ik} x_{ik}$$

$$\text{s.t.} \quad \begin{cases} \sum\limits_{i=1}^{m} x_{ik} = 1, & k = 1, 2, \cdots, m \\ \sum\limits_{k=1}^{m} x_{ik} = 1, & i = 1, 2, \cdots, m \end{cases} \tag{4.4.9}$$

其中, 候选者 i 排在第 k 位, 则 $x_{ik} = 1$, 否则 $x_{ik} = 0$.

4.4.2 社会福利函数

社会福利函数的概念是 Bergson 在 1938 年提出来的, 并由 Samulson(1970 年诺贝尔经济学奖获得者)等加以发展. 福利经济学研究的是如何在资源和商品分配中获得最大社会福利. 福利经济学家认为, 社会福利是可以度量的, 即存在社会福利函数, 通过它可以鉴别社会福利制度或税收制度的优劣. 如前所述, 任何重大的社会选择都会给社会成员带来影响. 每个成员都会对各项福利政策(候选方案)产生的后果有自己的评价或判断. 在此基础上, 对各项福利政策或制度有综合的福利判断. 成员的个人福利判断是个人价值观的体现, 可以对各项福利政策或制度生成个人的效用函数, 并成为构成社会福利函数的基础. 福利制度可以理解为公共财政的分配方案, 是一种财富的社会再分配. 所以社会福利函数是公共财政研究的理论基础之一, 是公共部门经济学的重要方法. 我们将选举理论中的候选者替换为公共财政的方案, 所建立的社会选择函数称为社会福利函数. 由于各种福利方案的分量本质上是连续的, 故社会福利的选择要比选举复杂得多. 当然, 理论上我们也可以将这些连续的分量离散化来研究社会福利函数. 另一方面, 公共财政的分配涉及众多成员的利益, 即投票者的总数 n 很大, 因此候选方案个数为 10 时, 产生多数票循环的概率为 0.4887. 显然, 当方案个数较大(如各种税种税率), 产生的社会选择的多数票循环的可能性应该很大. 要找到能够避开多数票循环的社会选择函数似乎是不可能的.

社会福利函数研究有很深的福利经济学背景, 社会福利函数的公理体系以福

利经济学假设为前提. 因此, 无论何种社会福利函数公理体系都很难以偏概全, 通过社会福利函数研究获得的结论的经济解释也只是支持了相应福利经济学流派的观点. 经济学家 Arrow 为了把社会福利函数约束在一个较小的集合上, 提出了一组条件, 即 Arrow 条件, 并证明了 Arrow 不可能定理.

$A = \{a_1, a_2, \cdots, a_m\}$ 为候选方案集, 其他记号如前. $(A, \{\succ_j\}_{j=1}^n, \succ_G)$ 为选择空间. $\succ_j$ 为成员 j 选择的排序, $\succ_G$ 为社会选择的排序. 对应的弱序为 $\succeq_j$ 和 $\succeq_G$. 我们为了描述方便, 引入抽象的记号 $\succ$ 和 $\succeq$.

公理 1　选择空间满足连通性, 也称完全性: $\forall x, y \in A$, 要么 $x \succeq y$, 要么 $y \succeq x$, 或者同时成立.

公理 2　选择空间满足传递性: $(\forall x, y, z \in A) x \succeq y, y \succeq z \Rightarrow x \succeq z$.

公理 3(Arrow 条件)　社会福利函数 $F : \{-1, 0, 1\}^n \to \{-1, 0, 1\}, D \mapsto F(D)$ 满足 Arrow 条件:

(1) $m \geqslant 3, n \geqslant 2$;

(2) 单调性: $D \geqslant D' \Rightarrow F(D) \geqslant F(D')$;

(3) 无关方案独立性: 设 $A_1 \subset A$, D, D' 为两种成员的偏好分布, 那么
$$\forall j, \quad D_j(x, y) = D_j'(x, y) \quad (\forall x, y \in A_1) \Rightarrow F(D')(x, y) = F(D)(x, y)$$

(4) 非加强性, 又称公民主权: $F(D)(x, y) = 1 \Rightarrow \exists j_0, D_{j_0}(x, y) = 1$;

(5) 非独裁性: 不存在成员 j_0 使
$$D_{j_0}(x, y) = 1, \quad D_j(x, y) = -1 (j \neq j_0) \Rightarrow F(D_1, D_2, \cdots, D_{j_0-1}, 1, D_{j_0+1}, \cdots, D_n) = 1$$

(6) Pareto 性: $F(1, 1, \cdots, 1) = 1$.

在着手研究方案数超过两个的一般情况之前, 先考虑只有两个方案的特例, 此即 $m = 2$. 按照票数过半决策,
$$F(D)(x, y) \geqslant 0 \Leftrightarrow x \succeq_G y \Leftrightarrow N(x \succ_j y) \geqslant N(y \succ_j x) \Leftrightarrow N(x \succeq_j y) \geqslant N(y \succeq_j x)$$
$$(4.4.10)$$

即
$$F(D)(x, y) = \begin{cases} 1, & N(x \succ_j y) > N(y \succ_j x), \\ 0, & N(x \succ_j y) = N(y \succ_j x), \\ -1, & N(x \succ_j y) < N(y \succ_j x) \end{cases} \quad (4.4.11)$$

称此社会福利函数为过半票决制函数.

定理 4.4.1(Arrow 可能性定理)　当方案数为 2 时, 过半票决制函数满足公理 1—公理 3, 即过半票决制函数为社会福利函数, 它能将个人排序即成为不会产生循环的社会排序.

证明　显然, 按此定义, 社会选择 "$\succeq_G$" 满足连通性. 设 $x \succeq_G y, y \succeq_G z$, 由于

x, y, z 中只有两个相同的, 不妨令 $y = z$, 则 $y \sim_G z$, 因此

$$N(y \succeq_j z) = N(z \succeq_j y), \quad N(x \succeq_j y) = N(x \succeq_j z), \quad N(y \succeq_j x) = N(z \succeq_j x)$$

由假设 $x \succeq_G y$ 有 $N(x \succ_j y) \geqslant N(y \succ_j x)$, 故 $N(x \succeq_j y) \geqslant N(y \succeq_j x)$, 从而 $N(x \succeq_j z) \geqslant N(z \succeq_j x)$, 即 $x \succeq_G z$. 所以满足传递性.

假设某个成员 j_0 的偏好改变对 x 有利, 即由原来的 $y \succ_{j_0} x$ 变为 $x \succ_{j_0} y$. 若 $x \succ_G y$, 按定义有 $N(x \succ_j y) > N(y \succ_j x)$, 此时

$$N'(x \succ_j y) = N(x \succ_j y) + 1 > N(y \succ_j x) - 1 = N'(y \succ_j x)$$

即仍有 $x \succ_G y$. 若 $x \sim_G y$, 按定义有 $N(x \succ_j y) = N(y \succ_j x)$, 此时

$$N'(x \succ_j y) = N(x \succ_j y) + 1 > N(y \succ_j x) - 1 = N'(y \succ_j x)$$

即有 $x \succ_G y$. 若 $y \sim_G x$, 按定义有 $N(y \succ_j x) > N(x \succ_j y)$, 此时

$$N'(x \succ_j y) = N(x \succ_j y) + 1, \quad N'(y \succ_j x) = N(y \succ_j x) - 1$$

$$N'(y \succ_j x) - N'(x \succ_j y) = N(y \succ_j x) - N(x \succ_j y) - 2 < N(y \succ_j x) - N(x \succ_j y)$$

即在社会选择中 x 的地位会改善. 所以 (4.4.11) 定义的社会福利函数满足单调性.

在只有两个方案时, 不存在无关方案, 即无关方案独立性无意义.

公民主权. 设 $F(D)(x, y) = 1$, 即 $x \succeq_G y$, 则 $N(x \succ_j y) > N(y \succ_j x)$. 则 $x \succeq_G y$; 倘若 $\forall j, y \succeq_j x$, 则 $n = N(y \succeq_j x) \geqslant N(y \succ_j x) \geqslant N(x \succeq_j y) \geqslant N(x \succ_j y)$, 则 $y \succeq_G x$, 即 $F(D)(x, y) \leqslant 0$. 矛盾! 所以, 至少存在一个 j_0, 使 $x \succ_{j_0} y$, 即 $D_{j_0}(x, y) = 1$.

非独裁性. 设存在一个独裁者 j_0, $x \succ_{j_0} y$, 且当 $j \neq j_0$ 时, $y \succ_j x$. 那么,

$$N(y \succ_j x) = n - 1 \geqslant N(x \succ_j y) = 1$$

即 $y \succeq_G x$, 故 $F(D)(x, y) \leqslant 0$, 即 $F(D)(x, y) \neq 1$. 所以, 当只有两个方案时, 多数票决制不会产生独裁者.

Pareto 性是明显的. 证毕!

Arrow 可能性定理是西方两党制民主的逻辑基础.

定理 4.4.2(Arrow 不可能性定理)　若至少存在三个候选者(方案, $m \geqslant 3$)决策群中成员可以对其作任何排序, 满足公理 1—公理 3 之单调性和无关方案独立性的社会选择函数要么独裁要么加强.

证明　取决策群(社会)分的两个子群 M 和 N, 他们具有对立的偏好模式为

$$M : a \succ_M x \succ_M y \succ_M b, \quad N : y \succ_N b \succ_N a \succ_N x$$

候选方案集 $A = \{x, y, a, b\}, A_1 = \{x, y\}, A_2 = \{a, b\}$. 那么 M 和 N 在 A_1, A_2 上的偏序:

(1) $M : x \succ_M y, N : y \succ_N x$;

(2) $M: a \succ_M b, N: b \succ_N a$.

往证 M 为决定性子群, 即
$$\forall x', y' \in A, \quad x' \succ_G y' \Leftrightarrow x' \succ_M y'$$
事实上, 由无关方案独立性, 对 $x' = x, y' = y$, 若 $x \succ_G y$, 由非加强性知 $M \neq \varnothing$, 且
$$x \succ_G y \Rightarrow x \succ_M y \Rightarrow a \succ_M x \succ_M y \succ_M b \Rightarrow a \succ_M b \Rightarrow a \succ_G b$$
另一方面,
$$a \succ_G b \Rightarrow a \succ_M b \Rightarrow a \succ_M x \succ_M y \succ_M b \Rightarrow x \succ_M y \Rightarrow x \succ_G y$$
故 $x \succ_G y \Leftrightarrow x \succ_M y \Leftrightarrow a \succ_G b \Leftrightarrow a \succ_M b$. 因此, 社会排序完全由 M 的排序决定.

将 M 作更小的划分, 得更小的子群 M_1 和 M_2. 那么, 对 $z = b$, M_1, M_2 和 N 的偏好为
$$M_1: \quad x \succ_{M_1} y \succ_{M_1} b; \quad M_2: \quad y \succ_{M_2} b \succ_{M_2} x; \quad N: \quad b \succ_N y \succ_N x$$
类似可证明 M_1 为 M 的决定性子群. 反复对决定性子群进行划分, 由非加强性, 最终将获得一个只有一个成员的决定性子群, 其成员即为独裁者. 证毕!

Arrow 不可能性定理说明当候选方案多于两个时, 不可能找到满足公理 1—公理 3 的社会福利函数. 也就是说, 不可能找到一种合理的多于 2 个的社会福利方案的社会排序. 因此, Arrow 不可能性定理引起了福利经济学家极大的兴趣, 并推动了政治学研究. 按照 Arrow 不可能性定理, 任何多于 2 个候选人的选举规则都会产生一个独裁者!

Arrow 不可能性定理之后, 福利经济学家为了对多于 2 个的候选方案的成员排序获得具有传递性的社会排序, 考虑放宽公理 3 的某些条件.

例 4.4.6　Black-Arrow 单峰偏好. 由于候选方案数 $m \geqslant 3$ 时, 过半票决制函数有相当大的可能性会产生循环的社会排序, 即社会排序的传递性缺失, 因此, 有些学者着手寻求保证社会排序传递性的成员排序的条件. 其中有代表性的是 Black-Arrow 单峰偏好. 单峰偏好的概念是 Black(1948) 首先提出来的, 后由 Arrow 给出明确定义: 候选方案集中任意三个方案构成的子集 $\{a, b, c\}$ 中至少有一个绝不被任何成员排列到第三位. Black 证明了: 若成员排序是具有单峰偏好的, 则过半票决制函数可以得到传递的社会排序. 也就是说, 如果把社会福利函数的定义域限制在单峰偏好的成员偏好分布上, 则过半票决制函数是满足公理 1—公理 3 的社会福利函数.

例 4.4.7　Goodman-Markowitz 社会福利函数. 很多人指出, Arrow 的公理 3 的无关方案独立性条件过于苛刻, Goodman 和 Markowitz(1952) 举例说明了无关方案往往并不独立. 因此社会福利函数应该考虑成员的偏好次序而不仅仅只是偏好次序. 例如, 主人待客可以提供咖啡和茶, 但不能同时提供两种饮料. 设有两位来客, 甲认为咖啡优于茶, 乙认为茶优于咖啡. 按照 Arrow 条件, 过半票决制社会福利函数将确认茶跟咖啡优先次序相同. 但若主人还了解到: 甲认为咖啡优于茶, 且茶

优于可乐、可乐优于牛奶; 乙则认为茶优于可乐、可乐优于牛奶、牛奶优于番茄汁、番茄汁优于白开水、白开水优于咖啡. 对于主人应该用咖啡还是茶招待客人而言, 可乐、牛奶、番茄汁和白开水都是无关方案, 但主人有了上述信息后, 因为乙的偏好要更强烈(不仅茶优于咖啡, 还有更多种饮料都优于咖啡), 会选择茶招待客人. 所以, Goodman 等认为在用成员偏好集结成社会偏好时应该考虑成员的偏好强度, 首先提出了辨别力等级的概念.

设成员 j 根据各候选方案的优劣可以把方案分为 $1,2,\cdots,L_j$ 个等级, 方案越优, 赋予的辨别等级值越小. 每个等级差是该成员能辨别的最小差别, 因此 L_j 可以大于候选方案个数 m. Goodman-Markowitz 的社会福利函数是

$$U(a_i) = \sum_{j=1}^{n} r_{ij}, \quad i = 1,2,\cdots,m \tag{4.4.12}$$

其中, $R = (r_{ij})_{m \times n}$ 是排序矩阵, r_{ij} 是成员 j 赋给方案 a_i 的辨别等级值, 它反映了 a_i 在成员 j 心目中的位置. 用 $U(\bullet)$ 确定社会排序:

$$a_k \succ_G a_i \Leftrightarrow U(a_k) > U(a_i) \tag{4.4.13}$$

此时社会排序 "$\succ_G$" 满足:

(1) Pareto 最优性: 如果没有人认为 $a_i \succ_j a_k$ 而有人认为 $a_k \succ_j a_i$, 则 $a_k \succ_G a_i$;

(2) 对称性: 排序矩阵中任意两行互换后社会排序不变;

(3) 平移性: 成员 j 赋予方案 a_i, a_k 的辨别等级 $r_{ij}, r_{kj}(i \neq k)$ 的等级最大值为 L_j, 且

$$1 \leqslant r'_{ij} = r_{ij} + c, \quad r'_{kj} = r_{kj} + c \leqslant L_j \quad (i \neq k)$$

则在新的排序矩阵 $R' = (r'_{ij})_{m \times n}$ 下, a_i, a_k 的社会排序不变. 例如, 假设各个成员赋予三个方案的辨别等级值如表 4.4.3 所示.

表 4.4.3

成员数 ＼ 方案	a	b	c
23	4	6	5
19	12	10	11
16	3	2	1
2	9	10	7

则各个方案的群体效用分别为

$$U(a) = 4 \times 23 + 12 \times 19 + 3 \times 16 + 9 \times 2 = 386, \quad U(b) = 380, \quad U(c) = 354$$

由此得社会排序为 $a \succ_G b \succ_G c$.

第 5 章　博弈论基础

5.1　完全信息静态博弈

5.1.1　重复剔除与 Nash 均衡

经典的博弈论, 也叫对策论或竞赛论(game theory), 源于 Walras 提出的经济学中一般平衡理论, 因此, 在经济学中博弈论也称均衡理论或平衡理论. Walras 平衡理论考虑了消费者、生产者和投资者三方构成的经济系统, 并得出在完全竞争条件下竞争平衡的存在性. 在完全竞争条件下, 上述三方中任何一方在选择策略(行动方案)的时候都要考虑其他两方的选择, 同时他的选择也将影响其他两方各自的选择. 我们之所以不把这里的选择叫做决策, 是在这样的经济系统中三方是互相制约和利益冲突的, 任何一方都不可能达到效用最大化, 除非有一方居于绝对权威. 由于利益的根本冲突, 他们不可能真正结盟来达到整体利益的最大化, 甚至不能进行任何可能的协商或采用群决策中的过半数票决制等社会选择的方式形成统一行动. 所以, 多方对抗中的选择问题不同于前面各章所述的最优化问题和决策问题. 这是 Walras 理论的精神所在. von Neumann 和 Morgenstern 在《博弈论与经济行为》一书中首先建立了抽象的数学模型并应用于分析经济问题. Debreu 用博弈论从数学上严格证明了 Walras 的结论, 并因此获得了诺贝尔经济学奖. 由于在经济学上的成功应用, 博弈论在 20 世纪 40 年代后迅速发展, 而且在社会经济、军事、政治等领域有了更加广泛的应用.

我们先回顾一下博弈的简单情形, 即矩阵对策, 也叫二人有限零和对策. 设利益互相冲突的两个决策者, 在其他条件都确定的情况下, 唯一不确定的是对手的选择. 在一场角逐中, 第一个局中人的纯策略集为 $S_1 = \{\alpha_1, \alpha_2, \cdots, \alpha_m\}$, 第二个局中人的纯策略集为 $S_1 = \{\beta_1, \beta_2, \cdots, \beta_n\}$. 若在选择结果中, 第一个局中人所得就是第二个局中人所失, 并且设第一个局中人采用纯策略 α_i 且第二个局中人采用纯策略 β_j 时, 第一个局中人所得为 u_{ij}(第二个局中人所得为 $-u_{ij}$). 因此, 可以将选择问题描述为 $(S_1, S_2; U)$, 其中

$$U = \begin{array}{c} \\ \alpha_1 \\ \alpha_2 \\ \vdots \\ \alpha_m \end{array} \begin{array}{cccc} \beta_1 & \beta_2 & \cdots & \beta_n \\ \begin{pmatrix} u_{11} & u_{12} & \cdots & u_{1n} \\ u_{21} & u_{22} & \cdots & u_{2n} \\ \vdots & \vdots & & \vdots \\ u_{m1} & u_{m2} & \cdots & u_{mn} \end{pmatrix} \end{array}$$

按照各自的目标, 平衡选择的规则是寻找矩阵 U 的平衡点(鞍点), 规则为

$$\max_{\alpha_i} \min_{\beta_j} u_{ij} = \min_{\beta_j} \max_{\alpha_i} u_{ij} = u_{i^*j^*} = U(\alpha_{i^*}, \beta_{j^*})$$

有时这样的平衡点不存在, 而且允许重复对局, 那么两个局中人的策略改为混合策略, 即各自纯策略的分布, 第一、第二个局中人的混合策略空间依次为

$$S_1^* = M^m = \left\{ p = (p_1, p_2, \cdots, p_m)^{\mathrm{T}} \left| \sum_{i=1}^m p_i = 1, 0 \leqslant p_i \leqslant 1, i = 1, 2, \cdots, m \right. \right\}$$

$$S_2^* = M^n = \left\{ q = (q_1, q_2, \cdots, q_n)^{\mathrm{T}} \left| \sum_{j=1}^n q_j = 1, 0 \leqslant q_j \leqslant 1, j = 1, 2, \cdots, n \right. \right\}$$

其中 p_i 为第一个局中人选择纯策略 α_i 的概率 $(i = 1, 2, \cdots, m)$, q_j 为第二个局中人选择纯策略 β_j 的概率 $(j = 1, 2, \cdots, n)$, p 和 q 分别称为第一、第二个局中人的混合策略. 此时平衡选择的规则是寻找函数

$$F : S_1^* \times S_2^* \to \mathbf{R}, \quad (p, q) \mapsto F(p, q) := p^{\mathrm{T}} U q$$

的平衡点(鞍点), 规则为

$$\max_{p \in S_1^*} \min_{q \in S_2^*} p^{\mathrm{T}} U q = \min_{q \in S_2^*} \max_{p \in S_1^*} p^{\mathrm{T}} U q = F(p^*, q^*)$$

根据 von Neumann 鞍点定理(见推论 5.3.1), 这样的平衡解 (p^*, q^*) 是存在的.

当然, 实际中的大量博弈问题并不满足矩阵对策的条件. 比如, 不满足矩阵对策的零和性.

例 5.1.1 囚徒困境. 两个犯罪嫌疑人被捕并受到指控, 但除非至少一个人招认犯罪, 警方并无充足证据将其按罪判刑. 警方把他们关入不同的牢室, 并对他们说明不同行动带来的后果. 如果两个人都不坦白, 将均被判为轻度犯罪, 入狱一个月; 如果双方都坦白招认, 都将被判入狱 6 个月; 最后, 如果一人招认而另一人拒不坦白, 招认的一方将马上获释, 而另一人将被判入狱 9 个月, 即所犯罪行 6 个月, 干扰司法加判 3 个月.

囚徒面临的问题可用表 5.1.1 所示的双变量矩阵表来描述(正如同一个矩阵一样, 双变量矩阵可由任意多的行和列组成, "双变量"指的是在两个局中人的博弈中, 每一单元格有两个数字分别表示两个局中人的收益).

表 5.1.1　囚徒困境

		囚徒 2	
		沉默	招认
囚徒 1	沉默	−1, −1	−9, 0
	招认	0, −9	−6, −6

在此博弈中, 每一囚徒有两种策略可供选择: 坦白(或招认)、不坦白(或沉默), 在一组特定的策略组合被选定后, 两人的收益由表 5.1.1 所示双变量矩阵中相应单元的数据所表示. 习惯上, 行代表局中人 1(此列中为囚徒 1)的收益在两个数字中放前面. 列代表局中人 2(此列为囚徒 2)的收益置于其后. 这样, 如果囚徒 1 选择沉默, 囚徒 2 选择招认, 囚徒 1 的收益就是−9(代表服刑 9 个月), 囚徒 2 的收益 0(代表马上开释). 显然, 双变量矩阵中每个元素的两个数字之和未必等于 0. 所以此对策问题不满足零和性.

下面我们给出博弈的标准式表述.

在博弈的标准式表述中, 每一局中人同时选择各自的一个纯策略, 所有局中人选择的策略的组合决定了每个局中人的收益.

博弈的要素包括: ①博弈的局中人; ②每一局中人可供选择的纯策略集; ③针对所有局中人可能选择的纯策略组合, 每一局中人获得的收益.

一般地, 讨论 n 个局中人的博弈, 其中局中人从 1 到 n 排序, 设其中任一局中人的序号为 i, 令 S_i 代表局中人 i 可以选择的纯策略集合(称为 i 的策略空间), 其中任意一个特定的纯策略用 s_i 表示(若不引起混淆, 纯策略也简称策略, 注意与混合策略相区别). 令 $(s_1, \cdots, s_n)$ 表示每个局中人选定一个策略形成的策略组合, u_i 表示第 i 个局中人的收益函数, $u_i(s_1, \cdots, s_n)$ 表示局中人选择策略 $(s_1, \cdots, s_n)$ 时第 i 个局中人的收益.

将上述内容综合起来, 我们得到如下定义.

定义 5.1.1 在一个 n 人博弈的标准式表述中, $N = \{1, 2, \cdots, n\}$ 为局中人集合, 局中人的策略空间为 $S_1, \cdots, S_n$, 收益函数为 $u_1, \cdots, u_n$, 用

$$G = \{S_1, \cdots, S_n; u_1, \cdots, u_n\} \tag{5.1.1}$$

表示此博弈.

注 (1)尽管上面提到在博弈的标准式中, 局中人是"同时"选择策略的, 但这并不意味着各方的行动也必须是同时的: 只要每一局中人在选择行动时不知道其他局中人的选择就足够了, 像例 5.1.1 中牢里分开关押的囚徒可以在任何时间作出他们的选择.

(2)尽管这里博弈的标准式只用来表示局中人行动时不清楚他人选择的静态博弈, 但在后面我们就会看到标准式也可以用来表示序贯行动的博弈, 只不过是另一种变通的方式, 即博弈的扩展式表述更为常用, 它在分析动态问题时也更为方便.

(3)局中人的纯策略集可以是无限集.

下面介绍如何着手分析博弈论问题.

先说重复剔除. 我们从囚徒困境这个例子开始, 因为它较为简单, 只需要用到

理性的局中人不会选择严格劣策略这一原则.

在囚徒的困境中如果一个嫌疑犯选择了招认, 那么另一人也会选择招认, 被判刑 6 个月, 而不会选择沉默从而坐 9 个月的牢; 相似地, 如果一个嫌疑犯选择沉默, 另一人还是会选择招认, 这样会马上获释, 而不会选择沉默在牢里度过 1 个月. 这样, 对第 i 个囚徒讲, 沉默比招认来说是劣策略. 也就是, 对囚徒 j 可以选择的每一策略, 囚徒 i 选择沉默的收益都低于选择招认的收益.

我们还注意到, 对任何双变量矩阵, 上例中的收益的具体数字 $0, -1, -6, -9$ 换成任意的 T, R, P, S, 只要满足 $T > R > P > S$, 上述结论依然成立.

定义 5.1.2 在标准式的博弈 $G = \{S_1, \cdots, S_n; u_1, \cdots, u_n\}$ 中, 令 s_i' 和 s_i'' 代表局中人 i 的两个可行策略 (即 s_i' 和 s_i'' 是 S_i 中的元素). 如果对其他局中人每一个可能的策略组合, i 选择 s_i' 的收益都小于其选择 s_i'' 的收益, 则称策略 s_i' 相对于策略 s_i'' 是严格劣策略. 即对任意 $(s_1, \cdots, s_{i-1}, s_{i+1}, \cdots, s_n) \in (S_1 \times \cdots \times S_{i-1} \times S_{i+1} \times \cdots \times S_n)$, 有

$$u_i(s_1, \cdots, s_{i-1}, s_i', s_{i+1}, \cdots, s_n) < u_i(s_1, \cdots, s_{i-1}, s_i'', s_{i+1}, \cdots, s_n) \tag{5.1.2}$$

在不引起混淆的情况下, 我们可以采用简单的记法:

$$S_{-i} := (S_1 \times \cdots \times S_{i-1} \times S_{i+1} \times \cdots \times S_n), \quad s_{-i} := (s_1, \cdots, s_{i-1}, s_{i+1}, \cdots, s_n) \tag{5.1.3}$$

式 (5.1.3) 可记为

$$\forall s_{-i} \in S_{-i}, \quad u_i(s_i', s_{-i}) < u_i(s_i'', s_{-i}) \tag{5.1.4}$$

理性的局中人不会选择严格劣策略, 因为他 (对其他人选择的策略) 无法作出这样的推断, 使这一策略成为他的最优选择. 在囚徒困境中, 一个理性的局中人会选择招认, 于是 (招认, 招认) 就成为两个理性局中人选择的结果, 尽管 (招认, 招认) 带给双方的福利 (**payoff**) 都比 (沉默, 沉默) 要低. 囚徒困境的例子还有很多应用, 后面将讨论它的变型.

现在, 我们来看理性局中人不选择严格劣策略这一原则是否能解决其他博弈问题.

例 5.1.2 考虑如表 5.1.2 所示的博弈.

表 5.1.2

		局中人 2		
		左	中	右
局中人 1	上	1, 0	1, 2	0, 1
	下	0, 3	0, 1	2, 0

局中人 1 有两个可选策略, 局中人 2 有三个可选策略; $S_1 = \{上, 下\}$,

$S_2 = \{左, 中, 右\}$. 对局中人 1 来讲, 上和下都不是严格占优的: 如果 2 选择左, 则上优于下(因为 $1 > 0$), 但如果 2 选择右, 下就会优于上(因为 $2 > 0$). 但对局中人 2 来讲, 右严格劣于中(因为 $2 > 1$ 且 $1 > 0$), 因此理性的局中人 2 是不会选择右的. 那么, 如果局中人 1 知道局中人 2 是理性的, 他就可以把右从局中人 2 的策略空间剔除, 即如果局中人 1 知道局中人 2 是理性的, 他就可以把表 5.1.3 所示的博弈视同为表 5.1.2 所示的博弈.

表 **5.1.3**

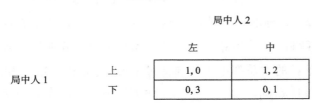

在表 5.1.3 中, 对局中人 1 来讲, 下就成了上的严格劣策略, 于是如果局中人 1 是理性的, 并且局中人 1 知道局中人 2 是理性的, 这样才能把原博弈简化为表 5.1.3 所示的博弈, 那么局中人 1 就不会选择"上".

如果局中人 2 知道局中人 1 是理性的, 并且局中人 2 知道局中人 1 知道局中人 2 是理性的, 从而局中人 2 知道原博弈简化为表 5.1.3 所示博弈. 故局中人 2 就可以把"上"从局中人 1 的策略空间剔除, 余下表 5.1.4 所示博弈. 但这时对局中人 2, "左"又成为"中"的一个劣策略, 仅剩的(下, 中)就是此博弈的结果.

表 **5.1.4**

上面的过程可称为"重复剔除严格劣策略". 尽管此过程建立在理性局中人不会选择一个劣策略这一合乎情理的原则之上, 它仍有两个缺陷.

第一, 每一步剔除都需要局中人间相互了解的更进一步假定, 如果我们要把这一过程应用到任意多步, 就需要假定: "局中人是理性的"是共同认可的. 这意味着, 我们不仅需要假定所有局中人是理性的, 还要假定所有局中人都知道所有局中人是理性的, 如此等等, 以至无穷.

第二, 这一方法对博弈结果的预测经常是不精确的.

例 5.1.3 对表 5.1.5 所示的博弈就没有可以剔除的一个劣策略. 既然所有策略

都经得住对严格劣策略的重复剔除, 该方法对分析博弈将出现什么结果毫无帮助.

表 5.1.5

	左	中	右
上	0, 4	4, 0	5, 3
中	4, 0	0, 4	5, 3
下	3, 5	3, 5	6, 6

再说 Nash 均衡. 针对重复剔除严格劣策略的上述缺陷, 我们自然希望获得一种关于博弈的某种解, 使之具有下列性质: ①存在性; ②唯一性; ③稳定性 (非劣性). 关于稳定性, 可以这样理解: 在这种解中, 每一局中人选择的策略必须是针对其他局中人选择策略的最优反应, 因此没有局中人愿意独自离弃他所选定的策略, 表现出 "策略稳定" 或 "自动实施" 的特征. 也就是说, 这种解中, 对每个局中人, 其选定的策略不会在重复剔除严格劣过程中被剔除.

每一局中人选择的策略是针对其他局中人选择策略的最优反应, 即所有局中人处于 "策略稳定" 或 "自动实施", 没有局中人愿意独自放弃他所选定的策略, 这样的状态称为 Nash 均衡. 下面是 Nash 均衡的准确定义.

定义 5.1.3 在 n 个局中人标准式博弈 $G = \{S_1, \cdots, S_n; u_1, \cdots, u_n\}$ 中, 如果纯策略组合 $\{s_1^*, \cdots, s_n^*\}$ 满足: 对每一局中人 i, s_i^* 是 (至少不劣于) 他针对其他 $n-1$ 个局中人所选策略 $\{s_1^*, \cdots, s_{i-1}^*, s_{i+1}^*, \cdots, s_n^*\}$ 有

$$\forall s_i \in S_i, \quad u_i(s_1^*, \cdots, s_{i-1}^*, s_i^*, s_{i+1}^*, \cdots, s_n^*) \geqslant u_i(s_1^*, \cdots, s_{i-1}^*, s_i, s_{i+1}^*, \cdots, s_n^*) \quad (5.1.5)$$

则称策略组合 $\{s_1^*, \cdots, s_n^*\}$ 是该博弈的一个 Nash 均衡.

换言之, s_i^* 是以下最优化问题的解:

$$\max_{s_i \in S_i} u_i(s_1^*, \cdots, s_{i-1}^*, s_i, s_{i+1}^*, \cdots, s_n^*), \quad i = 1, 2, \cdots, n \quad (5.1.6)$$

(5.1.5) 和 (5.1.6) 也可以写成

$$\forall s_i \in S_i, \quad u_i(s_i^*, s_{-i}^*) \geqslant u_i(s_i, s_{-i}^*) \Leftrightarrow \max_{s_i \in S_i} u_i(s_i, s_{-i}^*), \quad i = 1, 2, \cdots, n \quad (5.1.7)$$

定理 5.1.1 在 n 个局中人的标准式博弈 $G = \{S_1, \cdots, S_n; u_1, \cdots, u_n\}$ 中, 如果策略 $\{s_1^*, \cdots, s_n^*\}$ 是一个 Nash 均衡, 那么它不会被重复剔除严格劣策略所剔除.

证明 用反证法. 假定一个 Nash 均衡解为 $\{s_1^*, \cdots, s_n^*\}$, 且某个局中人 i 的纯策略 s_i^* 在重复剔除严格劣策略的过程中第一个被剔除掉了. 那么 S_i 中一定存在尚未被剔除的策略 s_i'' 严格优先于 s_i^*, 即

$$\forall s_{-i} \in S_{-i}, \quad u_i(s_i^*, s_{-i}) < u_i(s_i'', s_{-i})$$

又由于 s_i^* 是均衡策略中第一个被剔除的策略, 均衡策略中其他局中人的策略尚未被剔除, 于是 s_{-i}^* 作为一个特例, 下式成立

$$u_i(s_1^*,\cdots,s_{i-1}^*,s_i^*,s_{i+1}^*,\cdots,s_n^*) < u_i(s_1^*,\cdots,s_{i-1}^*,s_i'',s_{i+1}^*,\cdots,s_n^*) \qquad (5.1.8)$$

但是公式 (5.1.8) 和 (5.1.7) 是矛盾的! 证毕.

定理 5.1.2　在 n 个局中人的标准式有限博弈 $G = \{S_1,\cdots,S_n; u_1,\cdots,u_n\}$ 中, 如果重复剔除严格劣策略剔除了除策略组合 $\{s_1^*,\cdots,s_n^*\}$ 外的所有策略, 那么策略组合 $\{s_1^*,\cdots,s_n^*\}$ 为该博弈唯一的 Nash 均衡.

证明　由定理 5.1.1, 已经证明了一部分, 即已经证明了: 任何其他的 Nash 均衡必定同样未被剔除, 这已证明了在该博弈中 Nash 均衡的唯一性.

现在需要证明的只是: 如果重复剔除严格劣策略剔除除 $\{s_1^*,\cdots,s_n^*\}$ 之外的所有策略, 则该策略是 Nash 均衡.

反证法. 假定通过重复剔除严格劣策略剔除除 $\{s_1^*,\cdots,s_n^*\}$ 之外的所有策略, 但该策略 $\{s_1^*,\cdots,s_n^*\}$ 不是 Nash 均衡. 那么一定有某一局中人 i 在他的策略集 S_i 中存在 s_i, 使公式 (5.1.7) 不成立, 但 s_i 又必须是在剔除过程某一阶段的一个劣策略. 上述两点的正规表述为: 在 S_i 中存在 s_i, 使

$$u_i(s_1^*,\cdots,s_{i-1}^*,s_i^*,s_{i+1}^*,\cdots,s_n^*) < u_i(s_1^*,\cdots,s_{i-1}^*,s_i,s_{i+1}^*,\cdots,s_n^*) \qquad (5.1.9)$$

并且在局中人 i 的策略集中存在 s_i', 在剔除过程中的某一阶段

$$u_i(s_1,\cdots,s_{i-1},s_i,s_{i+1},\cdots,s_n) < u_i(s_1,\cdots,s_{i-1},s_i',s_{i+1},\cdots,s_n) \qquad (5.1.10)$$

对所有其他局中人在该阶段剩余策略可能的策略组合 $(s_1,\cdots,s_{i-1},s_{i+1},\cdots,s_n)$ 都成立.

由于其他局中人的策略 $(s_1^*,\cdots,s_{i-1}^*,s_{i+1}^*,\cdots,s_n^*)$ 始终未被剔除, 于是下式作为 (5.1.10) 的一个特例成立

$$u_i(s_1^*,\cdots,s_{i-1}^*,s_i,s_{i+1}^*,\cdots,s_n^*) < u_i(s_1^*,\cdots,s_{i-1}^*,s_i',s_{i+1}^*,\cdots,s_n^*) \qquad (5.1.11)$$

如果 $s_i' = s_i^*$ (即 s_i^* 是 s_i 的严格占优策略), 则 (5.1.11) 和 (5.1.9) 相互矛盾, 这时证明结束.

如果 $s_i' \neq s_i^*$, 由于 s_i' 最终被剔除掉了, 则一定有其他策略 s_i'' 在其后严格优先于 s_i'. 这样, 在不等式 (5.1.10) 和 (5.1.11) 中分别用 s_i' 和 s_i'' 换下 s_i 和 s_i' 后仍然成立. 接着, 如果 $s_i'' = s_i^*$ 则证明结束. 否则, 还可以构建两个相似的不等式. 由于 s_i^* 是 S_i 中唯一未被剔除的策略, 重复这一论证过程, 最终一定能完成证明. 证毕!

对于无限博弈, Nash 均衡的存在性需要一些条件.

定理 5.1.1 和定理 5.1.2 表明, Nash 均衡解是这样一种博弈的解, 它可以对非常广泛类型的博弈结果作出更严格的判断. 在有限博弈中, 局中人的 Nash 均衡策略绝不会在重复剔除严格劣策略的过程中被剔除掉, 而重复剔除劣策略后所留策略

却不一定满足 Nash 均衡策略的条件, 即 Nash 均衡是一个比重复剔除严格劣策略要强的解的概念. 以后我们还将证明在扩展式的博弈中甚至 Nash 均衡对博弈结果的判断也可能是不精确的, 从而还需要定义条件更为严格的均衡概念.

设想有一标准式博弈 $G = \{S_1, \cdots, S_n; u_1, \cdots, u_n\}$, 如果策略组合 $\{s_1', \cdots, s_n'\}$ 不是 G 的 Nash 均衡, 就意味着存在一些局中人 i, s_i' 不是针对 $\{s_1', \cdots, s_{i-1}', s_{i+1}', \cdots, s_n'\}$ 的最优反应策略, 即在 S_i 中存在 s_i'', 使得: $u_i\{s_1', \cdots, s_{i-1}', s_i', s_{i+1}', \cdots, s_n'\} < u_i\{s_1', \cdots, s_{i-1}', s_i'', s_{i+1}', \cdots, s_n'\}$. 这就可以从 Nash 均衡导出一种协议的原则: 对给定的博弈, 如果局中人之间要商定一个协议决定博弈如何进行, 那么一个有效的协议中的策略组合必须是 Nash 均衡的策略组合, 否则, 至少有一个局中人会不遵守该协议.

为了更准确地理解这一概念, 下面求解几个例题. 考虑前面已描述过的例 5.1.1—例 5.1.3 中, 对三个标准式博弈寻找博弈 Nash 均衡的一个最直接办法就是简单查看每一个可能的策略组合是否符合定义中不等式 (5.1.5) 的条件. 在两人博弈中, 这一方法开始的程序如下: 对每一个局中人, 并且对该局中人每一个可选策略, 确定另一局中人相应的最优策略. 表 5.1.5 中, 对局中人 i 的每一个可选策略, 在局中人 j 使用最优反应策略时的收益下面划了横线. 例如, 如果列局中人选择 "左", 行局中人的最优策略将会是 "中" (因为 4 比 3 和 0 都要大), 于是我们在双变量矩阵 (中, 左) 单元内行局中人的收益 "4" 下划一条横线. 以此类推, 可得表 5.1.6. 如果在一对策略中, 每一局中人的策略都是对方策略的最优反应策略, 则这对策略满足不等式 (5.1.5) (亦即双变量矩阵相应单元的两个收益值下面都被划了横线). 这样, (下, 右) 是唯一满足 (5.1.5) 的策略组合. 同样的过程可得到囚徒困境中的策略组合 (招认, 招认) 和例 5.1.2 中的策略组合 (上, 中). 这些策略组合就是各自博弈中唯一的 Nash 均衡.

表 5.1.6

	左	中	右
上	0, 4	4, 0	5, 3
中	4, 0	0, 4	5, 3
下	3, 5	3, 5	6, 6

由于重复剔除严格劣策略并不经常会只剩下唯一的策略组合, Nash 均衡作为比重复剔除严格劣策略更强的解的概念. 策略组合 $\{s_1^*, \cdots, s_n^*\}$ 是一个 Nash 均衡, 它一定不会被重复剔除严格劣策略所剔除, 但也可能有重复剔除严格劣策略无法剔除的策略组合, 其本身却和 Nash 均衡一点关系都没有. 为理解这一点, 例 5.1.3 所示

博弈, Nash 均衡给出了唯一解(下, 右), 但重复剔除严格劣策略却没有剔除任何策略组合, 什么结果都有可能出现.

下面的例子说明, 有些情况下, 纯策略意义下的 Nash 均衡可能有多个.

例 5.1.4 性别战博弈. 关于这一博弈的传统表述是一男一女试图决定安排一个晚上的娱乐内容. 不在同一地方工作的帕特和克里斯必须就去听歌剧和看职业拳击赛中选择其一, 帕特和克里斯都希望两人能在一起度过一个夜晚, 而不愿意分开, 但帕特更希望能一起看拳击比赛, 克里斯则希望能在一起欣赏歌剧, 如下面双变量矩阵所示(表 5.1.7).

表 5.1.7 性别战博弈

		帕特	
		歌剧	拳击
克里斯	歌剧	2, 1	0, 0
	拳击	0, 0	1, 2

对此博弈, (歌剧, 歌剧) 和 (拳击, 拳击) 都是 Nash 均衡.

以上定理和例子表明, 比起重复剔除严格劣策略的过程产生的解而言, Nash 均衡解有优点, 但也存在一些未解决的问题.

优点: (1) 对有些博弈可以存在唯一的 Nash 均衡解;

(2) 如果局中人之间能就给定的博弈达成一个可执行的协议, 那么该协议也一定是一个 Nash 均衡.

(3) 在一些存在多个 Nash 均衡的博弈中, 有一个均衡比其他均衡明显占优, 这时, 多个 Nash 均衡的存在本身也不会引出其他矛盾.

问题: (1) 没有提及博弈不能提供唯一解的可能情况.

(2) 没有考虑不能达成协议的可能情况.

比如, 在上面讲的性别战博弈中, (歌剧, 歌剧) 和 (拳击, 拳击) 没有明显占优, 这说明 Nash 均衡对有些博弈并不能提供唯一解, 局中人之间也不能就该博弈的解的执行达成协议.

在存在这些问题的博弈中, Nash 均衡的作用就大大减弱了.

例 5.1.5 古诺(Cournot) 双头垄断模型.

古诺(1838) 早在一个多世纪之前就已提出了类似于 Nash 均衡的概念, 但只是在特定的双头垄断模型中. 古诺的研究现在已成为博弈论的经典文献之一, 同时也是产业组织理论的重要里程碑. 这里, 我们只讨论古诺模型的一种非常简单的情况, 并在后面的例子中涉及这一模型的不同变型. 通过本例可以说明: ①如何把对一个问题的非正式描述转化为一个博弈的标准式表述;②如何通过计算解出博弈的 Nash 均衡. 下面是模型的具体描述.

令 q_1, q_2 分别表述企业 1 和企业 2 生产的同质产品的产量,市场中该产品的总供给为 $q = q_1 + q_2$. 令

$$p(q) = \begin{cases} a-q, & q < a, \\ 0, & q \geqslant a \end{cases}$$

表示市场出清时的价格. 设企业 i 生产 q_i 的总成本 $C_i(q_i) = cq_i$,即企业不存在固定成本,且生产每单位产品的边际成本为常数 c,这里我们假定 $c < a$. 根据古诺的假定,两个企业同时进行产量决策.

为求出古诺博弈中的 Nash 均衡,我们首先要将其化为标准式的博弈. 双头垄断模型中当然只有两个局中人,即模型中的两个垄断企业. 在古诺的模型里,每一企业可以选择的策略是其产品产量,我们假定产品是连续可分割的. 由于产出不可能为负,每一企业的策略空间就可表示为 $S_i = [0, \infty)$,即包含所有非负实数,其中一个代表性策略 s_i 就是企业选择的产量,$q_i \geqslant 0$. 也许有的读者提出特别大的产量也是不可能的,因而不应包括在策略空间之中,不过由于 $q \geqslant a$ 时,$p(q) = 0$,任一企业都不会有 $q_i \geqslant a$ 的产出.

要全面表述这一博弈并求其 Nash 均衡解,还需企业 i 的收益表示为它自己和另一企业所选择策略的函数. 我们假定企业的收益就是其利润额,这样在一般的两个局中人标准式博弈中,局中人 i 的收益 $u_i(s_i, s_j)$ 就可写为

$$u_i(q_1, q_2) = q_i[p(q_1 + q_2) - c] = q_i[a - (q_1 + q_2) - c], \quad i = 1, 2$$

在一个标准式的两人博弈中,一对策略 (s_1^*, s_2^*) 若是 Nash 均衡,则对每个局中人 i,s_i^* 应该满足:

$$u_i(s_i^*, s_j^*) \geqslant u_i(s_i, s_j^*)$$

上式对 S_i 中每一个可选策略 s_i 都成立,这一条件等价于: 对每个局中人 i,s_i^* 必须是下面最优化问题的解:

$$\max_{s_i \in S_i} u_i(s_i, s_j^*)$$

在古诺双头垄断模型中,上面的条件可具体表述为: 一对产出组合 (q_1^*, q_2^*) 若为 Nash 均衡,对每一个企业 i,q_i^* 应为下面最大化问题的解:

$$\max_{0 \leqslant q_i \leqslant \infty} u_i(q_i, q_j^*) = \max_{0 \leqslant q_i \leqslant \infty} q_i[a - (q_i + q_j^*) - c]$$

设 $q_j^* < a - c$ (下面将证明该假设成立),企业 i 的最优化问题的一阶条件既是必要条件,又是充分条件,其解为

$$q_i = \frac{1}{2}(a - q_j^* - c)$$

那么, 如果产量组合 (q_1^*, q_2^*) 要成为 Nash 均衡, 企业的产量选择必须满足:

$$\begin{cases} q_1^* = \dfrac{1}{2}(a - q_2^* - c), \\ q_2^* = \dfrac{1}{2}(a - q_1^* - c) \end{cases}$$

解这一方程组得 $q_1^* = q_2^* = \dfrac{a-c}{3}$, 均衡解的确小于 $a-c$, 满足上面的假设.

　　对这一均衡的直观理解非常简单. 每一家企业当然都希望成为市场的垄断者, 这时它会选择 q_i 使自己的利润 $u_i(q_i, 0)$ 最大化, 结果其产量将为垄断产量 $q_m = (a-c)/2$ 并可赚取垄断利润 $u_i(q_i, 0) = (a-c)^2/4$. 在市场上有两家企业的情况下, 要使两企业总的利润最大化, 两企业的产量之和 $q_1 + q_2$ 应等于垄断产量 q_m, 比如 $q_i = q_m/2$ 时, 就可满足这一条件. 但这种安排存在一个问题, 就是每一家企业都有动机偏离: 因为垄断产量较低, 相应的市场价格 $p(q_m)$ 就比较高, 在这一价格下每一家企业都会倾向于提高产量, 而不顾这种产量的增加会降低市场出清价格 (为更清楚地理解这一点, 参见图 5.1.1, 并检验当企业 1 的产量为 $q_m/2$ 时, 企业 2 的最佳产量并不是 $q_m/2$).

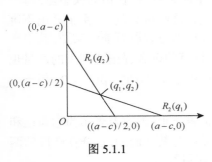

图 5.1.1

　　在古诺的均衡解中, 这种情况就不会发生. 两企业的总产量要更高些, 相应地使价格有所降低.

　　在图 5.1.1 中, 假定企业 1 的策略 q_1 满足 $q_1 < \alpha - c$, 企业 2 的最优反应为

$$R_2(q_1) = \frac{1}{2}(a - q_1 - c)$$

类似地, 如果 $q_2 < \alpha - c$, 企业 1 的最优反应为

$$R_1(q_2) = \frac{1}{2}(a - q_2 - c)$$

这两个最优反应函数只有一个交点, 其交点就是最优产量组合 (q_1^*, q_2^*).

例 5.1.6　贝特兰德(Bertrand)双头垄断模型.

　　Joseph Bertrand(1883)提出企业在竞争时选择的是产品价格, 而不像古诺模型中选择产量. 首先应该明确贝特兰德模型和古诺模型是两个不同的博弈, 这一点十分重要. 局中人的策略空间不同, 收益函数不同, 并且在两个模型的 Nash 均衡中, 企业行为也不同. 一些学者分别用古诺均衡和贝特兰德均衡来概括所有这些不同点, 但这种提法有时可能会导致误解: 它只表示古诺和贝特兰德博弈的差别, 以及两个博弈中均衡行为的差别, 而不是博弈中使用的均衡概念不同. 在两个博弈

中, 所用的都是 Nash 均衡.

我们考虑两种有差异的产品. 如果企业 1 和企业 2 分别选择价格 p_1 和 p_2 消费者对企业 i 的产品的需求为

$$q_i(p_i, p_j) = a - p_i + bp_j$$

其中 $b > 0$, 即只限于企业 i 的产品为企业 j 产品的替代品的情况 (这个需求函数在现实中并不存在, 因为只要企业 j 的产品价格足够高, 无论企业 i 要多高的价格, 对其产品的需求都是正的. 后面将会讲到, 只有在 $b < 2$ 时问题才有意义). 与前面讨论过的古诺模型相似, 我们假定企业生产没有固定成本, 并且边际成本为常数 c, $c < a$, 两个企业是同时行动的 (选择各自的价格).

局中人仍为两个, 不过这里每个企业可以选择的策略是不同的价格, 而不再是其产品产量. 我们假定小于 0 的价格是没有意义的, 但企业可选择任意非负价格, 并且无最高的价格限制. 这样, 每个企业的策略空间又可以表示为所有非负实数 $S_i = [0, \infty)$, 其中企业 i 的一个典型策略 s_i 是所选择的价格 $p_i \geqslant 0$.

我们仍然假定每个企业的收益函数等于其利润额, 当企业 i 选择价格 p_i, 其竞争对手选择价格 p_j 时, 企业 i 的利润为

$$\pi_i(p_i, p_j) = q_i(p_i, p_j)(p_i - c) = (a - p_i + bp_j)(p_i - c)$$

那么, 若价格组合 (p_1^*, p_2^*) 是 Nash 均衡, 则对每个企业 i, p_i^* 应是以下最优化问题的解:

$$\max_{0 \leqslant p_i < \infty} \pi_i(p_i, p_j^*) = \max_{0 \leqslant p_i < \infty} (a - p_i + bp_j^*)(p_i - c)$$

对企业 i 求此最优化问题的解为

$$p_i^* = \frac{1}{2}(a + bp_i^* + c)$$

由上可知, 如果价格组合 (p_1^*, p_2^*) 为 Nash 均衡, 企业选择的价格应满足:

$$\begin{cases} p_1^* = \dfrac{1}{2}(a + bp_2^* + c), \\ p_2^* = \dfrac{1}{2}(a + bp_1^* + c) \end{cases}$$

解这一方程组得

$$p_1^* = p_2^* = \frac{a+c}{2-b}$$

例 5.1.7　最后要价仲裁.

在许多国家, 有些公共部门的职工是不允许罢工的. 这时, 有关工资的分歧通过具有约束力的仲裁解决. 另外, 很多其他争议, 如医疗事故、股票持有人对其股票经纪人的投诉等也多通过仲裁解决. 较为重要的仲裁形式有两类: 协议仲裁和最后

要价仲裁. 在最后要价仲裁中争议双方各自就工资水平要价, 仲裁人选择其中之一作为仲裁结果; 在协议仲裁中, 与之不同的是, 仲裁人可自由选定任意工资水平作为仲裁结果. 法伯 (1982) 的研究得到在最后要价仲裁模型处于 Nash 均衡时的双方对工资水平的要价.

　　假定参与争议的双方为企业和工会, 争议由工资而起. 博弈进行的时序如下. 第一步, 企业和工会同时开出自己希望的工资水平, 分别用 ω_f 和 ω_u 表示. 第二步, 仲裁人在二者之中选择其一作为结果. 与许多被称为静态的博弈相似, 它其实属于动态博弈, 只不过这里我们通过对仲裁者第二步行为的假定, 将其简化为企业和工会之间的静态博弈. 假定仲裁人本身对工资水平有自己认为合理的方案, 用 x 来表示这一理想值, 在观测到双方要价 ω_f 和 ω_u 后, 仲裁人只是简单选择与 x 最为接近的要价. 设若 $\omega_f < \omega_u$ (这与我们的直觉一致, 后面将会证明它是成立的), 仲裁者的仲裁规则为: 如果 $x < (\omega_f + \omega_u)/2$, 仲裁者将选择 ω_f; 如果 $x > (\omega_f + \omega_u)/2$, 则选择 ω_u; 如果 $x = (\omega_f + \omega_u)/2$ 的情况出现时, 选择哪一个都无关紧要 (不妨设仲裁者通过掷硬币决定).

　　进一步假定, 仲裁者知道 x 但参与双方都不知道, 双方都认为 x 是一个随机变量 X, 其分布函数为 $F(x)$, 相应的概率密度函数为 $f(x)$. 那么双方看来, 仲裁结果就是 X 的函数 $g(X)$, 即

$$g(X) = \begin{cases} \omega_f, & X < \dfrac{\omega_f + \omega_u}{2}, \\[2mm] \omega_u, & X \geqslant \dfrac{\omega_f + \omega_u}{2} \end{cases}$$

因此, 推断 ω_f 被选中的概率为

$$P\left\{g(X) = \omega_f\right\} = F\left(\frac{\omega_f + \omega_u}{2}\right)$$

ω_u 被选中的概率为

$$P\left\{g(X) = \omega_u\right\} = 1 - F\left(\frac{\omega_f + \omega_u}{2}\right)$$

据此, 期望的工资水平为

$$E[g(X)] = \omega_f F\left(\frac{\omega_f + \omega_u}{2}\right) + \omega_u \left[1 - F\left(\frac{\omega_f + \omega_u}{2}\right)\right]$$

　　我们假定企业的目标是使期望工资最小化的仲裁结果, 工会则设法使其最大化. 若双方的要价 (ω_f^*, ω_u^*) 是这一企业和工会间博弈的 Nash 均衡, ω_f^* 必须满足:

$$\min_{\omega_f} \omega_f \cdot F\left(\frac{\omega_f + \omega_u^*}{2}\right) + \omega_u^* \cdot \left[1 - F\left(\frac{\omega_f + \omega_u^*}{2}\right)\right]$$

且 ω_u^* 必须满足:

$$\min_{\omega_u} \omega_f^* \cdot F\left(\frac{\omega_f^* + \omega_u}{2}\right) + \omega_u \cdot \left[1 - F\left(\frac{\omega_f^* + \omega_u}{2}\right)\right]$$

从而, 双方对工资的要价组合 (ω_f^*, ω_u^*) 必须满足上面最优化问题的一阶条件为

$$\begin{cases} (\omega_u^* - \omega_f^*) \cdot \dfrac{1}{2} f\left(\dfrac{\omega_f^* + \omega_u^*}{2}\right) = F\left(\dfrac{\omega_f^* + \omega_u^*}{2}\right) \\[4mm] (\omega_u^* - \omega_f^*) \cdot \dfrac{1}{2} f\left(\dfrac{\omega_f^* + \omega_u^*}{2}\right) = \left[1 - F\left(\dfrac{\omega_f^* + \omega_u^*}{2}\right)\right] \end{cases}$$

由于这两个一阶条件的等号左边完全相同, 其右边也应该相等, 这意味着

$$F\left(\frac{\omega_f^* + \omega_u^*}{2}\right) = \frac{1}{2}$$

即双方要价的平均值一定等于仲裁者偏好方案中的值, 代入任何两个一阶条件之一可得

$$\omega_u^* - \omega_f^* = \frac{1}{f\left(\dfrac{\omega_f^* + \omega_u^*}{2}\right)}$$

它表示双方要价之差等于仲裁者偏好方案中值点概率密度的倒数.

　　下面我们考虑一个具体例子. 设仲裁者的偏好方案 $X \sim N(m, \sigma^2)$, 则 X 的密度函数为

$$f(x) = \frac{1}{\sqrt{2\pi\sigma^2}} \exp\left\{-\frac{(x-m)^2}{2\sigma^2}\right\}$$

(在此例中, 我们还可以证明前面给出的一阶条件同时也是充分条件). 因为正态分布在其期望值两侧的分布是对称的, 所以其中值等于其期望值 m. 因此

$$\frac{\omega_f^* + \omega_u^*}{2} = m, \quad \omega_u^* - \omega_f^* = \frac{1}{f(m)} = \sqrt{2\pi\sigma^2}$$

即

$$\omega_u^* - \omega_f^* = \frac{1}{f(m)} = \sqrt{2\pi\sigma^2}$$

于是, Nash 均衡的要价为

$$\omega_u^* = m + \sqrt{\frac{\pi \sigma^2}{2}}, \qquad \omega_f^* = m - \sqrt{\frac{\pi \sigma^2}{2}}$$

这里, 双方的均衡要价以仲裁者偏好方案的期望值(即 m)为中心对称, 且要价之差随双方对仲裁者偏好方案不确定性(即 σ^2)的提高而增大.

对这一均衡结果的直观理解也很简单, 博弈的每一方都需要进行权衡, 一个更为激进的要价(即工会更高的要价或企业更低的出价)一旦被仲裁者选中就会给自己带来更高的收益, 但其被选中的可能性却会相应降低. 当对仲裁者偏好方案的不确定程度增加(即 σ^2 变大)时, 双方的要价之所以能更为激进, 是一个更激进的价格与仲裁者偏好方案有较大差别的可能性变小了. 相反, 如果几乎不存在任何不确定性, 双方都不敢开出一个离期望值很远的要价来, 因为仲裁者选择离 m 最近的方案的可能性非常大.

例 5.1.8 公财问题.

休谟(1739)开始, 政治经济学家已经认识到, 如果公民只关注个人福利, 公共物品就会出现短缺, 并且公共资源也会过度使用. 今天, 只要随便看一下地球的环境, 就能体会这一观念的力量. Hardin 的被广为引用的论文使这一问题引起了非经济学者的关注. 作为公共物品问题的典型, 我们分析牧场的例子.

考虑一个有 n 个村民的村庄, 每年夏天, 所有村民都在村庄公共的草地上放牧. 用 g_i 表示村民 i 放养羊的头数, 则村庄里羊的总头数 $G = g_1 + \cdots + g_n$. 购买和照看一头羊的成本为 c, c 不随一户村民拥有羊的数目多少而变化. 当草地上羊的总头数为 G 时, 一个村民养一头羊的价值为 $v(G)$. 由于一头羊要生存, 至少需要一定数量的青草, 草地可以放牧羊的总数有一个上限 $G_{\max}$: 当 $G < G_{\max}$ 时, $v(G) > 0$; 但 $G \geqslant G_{\max}$ 时, $v(G) = 0$. 由于最初的一些羊有充足的空间放牧, 再加一头不会对已经放养的羊产生太大的影响, 但当草地上放养的总数已多到恰好只能维生的时候(即 G 恰好等于 $G_{\max}$ 时), 再增加一头就会对其他已经放养的羊带来极大的损害. 用公式表述为

$$G < G_{\max}, \qquad v'(G) < 0, \qquad \text{且} \qquad v''(G) < 0$$

春天时, 村民同时选择计划放养羊的数量. 假定羊是连续可分割的, 村民 i 的一个策略就是他选择的在村庄草地上放养羊的数量为 g_i. 假定策略空间为 $[0, +\infty)$, 它包含了可以给村民带来收益的所有可能选择; $[0, G_{\max})$ 其实也足够了. 当其他村民养羊的数量为 $(g_1, \cdots, g_{i-1}, g_{i+1}, \cdots, g_n)$ 时, 村民 i 放养 g_i 头羊所获得的收益为

$$u_i(g_1, \cdots, g_{i-1}, g_i, g_{i+1}, \cdots, g_n) = g_i \cdot v(g_1, \cdots, g_{i-1}, g_i, g_{i+1}, \cdots, g_n) - cg_i, \quad i = 1, 2, \cdots, n$$

这样, 若 $(g_1^*, \cdots, g_n^*)$ 为 Nash 均衡, 则对每个村民 i, 当其他村民选择 $(g_1^*, \cdots, g_{i-1}^*, g_{i+1}^*, \cdots, g_n^*)$ 时, g_i^* 必须使 $u_i(g_i, g_{-i}^*)$ 最大化. 这一最优化问题的一阶条件为

$$v(g_i + g_{-i}^*) g_i v'(g_i + g_{-i}^*) - c = 0, \quad i = 1, 2, \cdots, n$$

这里 $g_{-i}^* = g_1^* + \cdots + g_{i-1}^* + g_{i+1}^* + \cdots + g_n^*$, 将 g_i^* 代入上式, 并把所有村民的一阶条件相加, 然后再除以 n 得

$$v(G^*) + \frac{1}{n}G^* v'(G^*) - c = 0$$

其中, G^* 表示 $g_1^* + \cdots + g_n^*$. 但是, 全社会的最优选择, 用 G^{**} 表示, 应满足:

$$\max_{0 \leqslant G < \infty} G \cdot v(G) - G \cdot c$$

它的一阶条件为

$$v(G^{**}) + G^{**} v'(G^{**}) - c = 0$$

比较可知, $G^* \leqslant G^{**}$. 事实上, 倘若 $G^* \leqslant G^{**}$, 那么由于 $v' < 0$, 知 $v(G^*) \geqslant v(G^{**})$. 又由于 $v'' < 0$, 有 $0 > v'(G^*) \geqslant v'(G^{**})$. 又因为 $\frac{1}{n}G^* \leqslant G^{**}$, 故 $\frac{1}{n}G^* v'(G^*) > G^{**} v'(G^{**})$, 从而

$$v(G^*) + \frac{1}{n}G^* v'(G^*) > v(G^{**}) + G^{**} v'(G^{**})$$

但实际上, $v(G^*) + \frac{1}{n}G^* v'(G^*) = v(G^{**}) + G^{**} v'(G^{**}) = c$. 矛盾!

也就是说, 与社会最优的条件相比, Nash 均衡时放养羊的总数太多了. Nash 均衡的一阶条件表示一个已经放养 g_i 头羊的村民再多养一头羊的收益 (更严格一点讲, 是再多养 "一点儿" 羊的收益). 这多出的一头羊的价值为 $v'(g_i + g_{-i}^*)$, 其成本为 c. 对该村民已经养的羊的损害为每头羊 $v'(g_i + g_{-i}^*)$, 或总共为 $g_i v'(g_i + g_{-i}^*)$. 公共资源被过度使用了.

5.1.2 混合策略意义下的 Nash 均衡

有些博弈, 如表 5.1.8 所示 "猜硬币", 是不存在 Nash 均衡的.

表 5.1.8

		局中人 2	
		正面	背面
局中人 1	正面	−1, 1	1, −1
	背面	1, −1	−1, 1

在此博弈中, 没有一组策略能够满足 Nash 均衡的条件, 其突出特点是每个局中人都试图能先猜中对方的策略. 这一类博弈在其他环境中也经常会发生. 在此类博弈中, 如何决定? 在战争中, 假设进攻方可能在两个攻击点 (或两条进攻路线, 比

如"陆路或水路")中选择其一, 如果防御方能正确预测到进攻路线就可以抵御攻击; 反之, 进攻一方如果事先了解防御部署, 也能调整方向确保取胜.

在博弈中, 一旦每个局中人都竭力猜测其他局中人的策略选择, 就不存在前面定义中的Nash均衡(抑或有其他意义下的Nash均衡?). 因为此种情形下, 局中人的最优行为是不确定的, 而博弈的结果必然要包含这种不确定性. 现在引入混合策略概念, 我们可以将其解释为一个局中人对其他局中人行为的不确定性. 从而把Nash均衡扩展到包含混合策略, 适用于带有上述不确定性的博弈分析.

局中人 i 的一个混合策略是在其纯策略空间 S_i 中策略的概率分布, 对有限的情形, 与矩阵对策介绍的一致. 例如, 在猜硬币博弈中, S_i 内含有两个纯策略, 分别为正面和背面, 这时局中人 i 的一个混合策略为概率分布 $(p, 1-p)$, 其中 p 为出正面向上的概率, $1-p$ 为出背面向上的概率, 且 $0 \leqslant p \leqslant 1$. 混合策略 $(0,1)$ 表示局中人的一个纯策略, 即只出背面向上, 类似地, 混合策略 $(1,0)$ 表示只出正面向上的纯策略.

对于有限的情形, 假设有 n 个局中人, 而局中人 i 有 m_i 个纯策略, 即 $S_i = \{s_{i1}, \cdots, s_{im_i}\}$, 则局中人 i 的一个混合策略是一个概率分布 $x_i = (x_{i1}, \cdots, x_{im_i})$, 其中 x_{ik} 表示对局中人 i 选择纯策略 s_{ik} 的概率 ($k=1,\cdots,m_i$), 对其他局中人而言, 局中人 i 的策略就是一个随机变量 ξ_i, 即 $x_{ik} = P\{\xi_i = s_{ik}\}$, 有

$$0 \leqslant x_{ik} \leqslant 1, \quad k=1,\cdots,m_i, \quad \text{且} \quad \sum_{k=1}^{m_i} x_{ik} = 1$$

记 $S_i^* = \left\{ (x_{i1}, x_{i2}, \cdots, x_{im_i}) \Big| \sum_{k=1}^{m_i} x_{ik} = 1, 0 \leqslant x_{ik} \leqslant 1, k=1,2,\cdots,m_i \right\} \subset \mathbf{R}^{m_i}$. 纯策略 s_{ik} 等同

于 $(\underbrace{0,\cdots,0}_{k-1},1,0,\cdots,0)$, 在这个意义上讲, $S_i \subset S_i^*$. 每一个 $x = (x_1,\cdots,x_n) \in \prod_{i=1}^{n} S_i^*$ 称作

混合局势或混合策略组合. 进一步定义, 局中人 i 的新的收益函数为

$$u_i^*(x) = \sum_{x \in \prod_{i=1}^{n} S_i^*} u_i(s_{1j_1}, s_{2j_2}, \cdots, s_{2j_n}) x_{1j_1} x_{2j_2} \cdots x_{nj_n}$$

$$= \sum_{i=1}^{n} \sum_{j_1=1}^{m_1} \sum_{j_2=1}^{m_2} \cdots \sum_{j_n=1}^{m_n} u_i(s_{1j_1}, s_{2j_2}, \cdots, s_{2j_n}) x_{1j_1} x_{2j_2} \cdots x_{nj_n}$$

这样, 原来的博弈 $G = \{S_1,\cdots,S_n; u_1,\cdots,u_n\}$ 在混合策略意义下化作新的博弈

$$G^* = \{S_1^*,\cdots,S_n^*; u_1^*,\cdots,u_n^*\}$$

对 $G^* = \{S_1^*,\cdots,S_n^*; u_1^*,\cdots,u_n^*\}$ 沿用 Nash 均衡的定义, 即得混合策略意义下的博弈 $G = \{S_1,\cdots,S_n; u_1,\cdots,u_n\}$ 的 Nash 均衡的定义如下.

定义 5.1.4　在标准式博弈 $G = \{S_1,\cdots,S_n; u_1,\cdots,u_n\}$ 中, $x_i, x_i^* \in S_i^* (i=1,2,\cdots,n)$

为局中人 i 的混合策略. 那么, 称混合局势

$$x^* = (x_1^*, \cdots, x_n^*) = (x_{11}^*, \cdots, x_{1m_1}^*; x_{21}^*, \cdots, x_{2m_2}^*; \cdots; x_{n1}^*, \cdots, x_{nm_n}^*) \in \prod_{i=1}^n S_i^*$$

是 $G = \{S_1, \cdots, S_n; u_1, \cdots, u_n\}$ 的混合 Nash 均衡局势, 或扩展的混合 Nash 均衡局势（简称扩展的混合 Nash 均衡）, 是指

$$\forall x_i \in S_i^*, \quad u_i^*(x_1^*, \cdots, x_{i-1}^*, x_i, x_{i+1}^*, \cdots, x_n^*) \geqslant u_i^*(x_1^*, \cdots, x_{i-1}^*, x_i, x_{i+1}^*, \cdots, x_n^*) \quad (5.1.12)$$

即 $\forall x_i = (x_{i1}, x_{i2}, \cdots, x_{im_i}) \in S_i^*$

$$\sum_{i=1}^n \sum_{j_1=1}^{m_1} \sum_{j_2=1}^{m_2} \cdots \sum_{j_n=1}^{m_n} u_i(s_{1j_1}, s_{2j_2}, \cdots, s_{2j_n}) x_{1j_1}^* x_{2j_2}^* \cdots x_{i-1,j_{i-1}}^* x_{ij_i}^* x_{i+1,j_{i+1}}^* \cdots x_{nj_n}^*$$

$$\geqslant \sum_{i=1}^n \sum_{j_1=1}^{m_1} \sum_{j_2=1}^{m_2} \cdots \sum_{j_n=1}^{m_n} u_i(s_{1j_1}, s_{2j_2}, \cdots, s_{2j_n}) x_{1j_1}^* x_{2j_2}^* \cdots x_{i-1,j_{i-1}}^* x_{ij_i} x_{i+1,j_{i+1}}^* \cdots x_{nj_n}^* \quad (5.1.13)$$

当然也可以简单记为

$$\forall x_i \in S_i^*, \quad u_i^*(x_i^*, x_{-i}^*) \geqslant u_i^*(x_i, x_{-i}^*) \quad (5.1.14)$$

由此可见, 一个博弈的混合 Nash 均衡是由原来的博弈生成的一个新博弈的 Nash 均衡.

对于无限情形, 局中人 i 的纯策略空间 S_i 是一个无限集合, 可以由一个随机变量 ξ_i 的值域描述, 此时, 局中人 i 的一个混合策略等同于 ξ_i 的一种分布 $f_i(x)$.

因此, 对有限和无限情形, 我们都可以将混合策略视为定义在 S_i 的随机变量的某种分布.

如果策略 s_i 为博弈的一个劣策略, 那么对其他局中人选择的任何纯策略, 局中人 i 的最优反应策略不可能是 s_i. 如果我们引入混合策略, 就可证明其逆命题为真.

我们将会看到, 如果针对其他局中人的任意策略选择局中人 i 都不可能以策略 s_i 为最优反应策略, 则一定存在一个混合策略严格优于 s_i.

例 5.1.9　表 5.1.9 所示博弈中针对局中人 1 对局中人 2 可能行动所作出的任何推断 $(q, 1-q)$, 局中人 1 的最优反应要么是"上"（在 $q \geqslant 1/2$ 时）, 要么是"中"（在

表 5.1.9

		局中人 2	
		左	右
	上	3,—	0,—
局中人 1	中	0,—	3,—
	下	1,—	1,—

$q \leqslant 1/2$ 时),但不会是"下".虽然"上"或"中"都不严格优于"下".因为"下"是"上"和"中"的一个混合策略 $\left(\dfrac{1}{2}, \dfrac{1}{2}, 0\right)$ 的严格劣策略:如果局中人 1 以 $1/2$ 的概率出"上",以 $1/2$ 的概率出"中",则其期望收益为 $3/2$,不管 2 将会选择什么(纯的或混合的)策略,$3/2$ 都大于选择"下"时将得到的收益 1.这个例子说明了在"寻找另外一个严格优于的策略"时,混合策略所起到的作用.

例5.1.10　我们先以表 5.1.8 所示的猜硬币博弈为例来说明在混合策略意义下 Nash 均衡的概念.

假定局中人 1 推断局中人 2 会以 q 的概率出正面,以 $1-q$ 的概率出背面,亦即局中人 1 推断局中人 2 将使用混合策略 $(q, 1-q)$.

(1)先考虑局中人 1 的纯策略.

局中人 1 出正面可得的期望收益为 $q(-1)+(1-q)\cdot 1=1-2q$;出背面的期望收益为 $q\cdot 1+(1-q)(-1)=2q-1$.由于当且仅当 $q<1/2$ 时,$1-2q>2q-1$,故当 $q<1/2$ 时,局中人 1 的最优纯策略为出正面;同理,当 $q>1/2$ 时,为出背面;当 $q=1/2$ 时,局中人 1 出哪一面都是无差异的.

(2)再来看局中人 1 可能的混合策略反应.

令 $(r, 1-r)$ 表示局中人 1 的混合策略,其出正面的概率为 r,对任意 0 到 1 之间的 q,现在我们计算 r 的值,用 $r^*(q)$ 表示,从而使 $(r, 1-r)$ 为局中人 2 选择 $(q, 1-q)$ 时局中人 1 的最优反应.当局中人 2 选择 $(q, 1-q)$ 时,局中人 1 选择 $(r, 1-r)$ 的期望收益为

$$u_1(r, q)=rq\cdot(-1)+r(1-q)\cdot 1+(1-r)q\cdot 1+(1-r)(1-q)\cdot(-1)=(2q-1)+r(2-4q)$$

其中,rq 是(正面,正面)的概率,$r(1-q)$ 是(正面,背面)的概率,如此等等.由于局

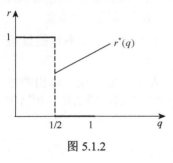

图 5.1.2

中人 1 的期望收益在 $2-4q>0$ 时随 r 递增;在 $2-4q<0$ 时随 r 递减,则如果 $q<1/2$,局中人 1 的最优反应为 $r=1$(即出正面);如果 $q>1/2$,局中人 1 的最优反应为 $r=0$(即出背面),如图 5.1.2 所示 $r^*(q)$ 两段水平实线.

对比上述两个结果,尽管形式上都是:如果 $q<1/2$,正面为最优纯策略;如果 $q>1/2$,背面为最优纯策略.但是,(1)中局中人 1 只在他的纯策略集中选择,(2)中,我们考虑局中人 1 的所有的纯策略和混合策略.所以,二者有着根本的不同.

为对局中人 2 完成图 5.1.2 的内容,还需计算最优的 q 值,用 $q^*(r)$ 表示,从而使 $(q, 1-q)$ 成为局中人 2 对局中人 1 策略 $(r, 1-r)$ 的最优反应.结果如图 5.1.3 所

示, 如果 $r < 1/2$, 则局中人 2 的最优反应为背面, 于是 $q^*(r) = 0$; 相似地, 如果 $r > 1/2$, 则局中人 2 的最优反应为正面, 于是 $q^*(r) = 1$. 如果 $r = 1/2$, 则不仅局中人 2 出正面和出背面是无差别的, 而且对其所有混合策略 $(q, 1-q)$ 也都完全相同, 于是 $q^*(1/2)$ 为整个区间 $[0,1]$.

　　将图 5.1.2 和图 5.1.3 合并成图 5.1.4 最优反应函数 $r^*(q)$ 和 $q^*(r)$ 的交点给出了猜硬币博弈的混合策略 Nash 均衡: 如果局中人 i 的策略是 $(1/2, 1/2)$, 则局中人 j 的最优反应为 $(1/2, 1/2)$, 它满足 Nash 均衡的要求.

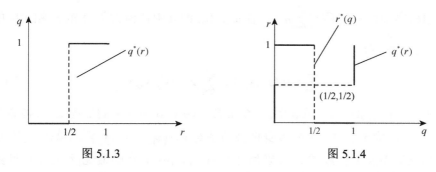

图 5.1.3　　　　　　　　　　　　　　　　　图 5.1.4

　　为了进一步理解在混合策略意义下的 Nash 均衡概念, 我们再来讨论分析两个局中人的情况, 从而可以通过最简单的方式说明主要思想. 令 m 表示 S_1 包含纯策略的个数, n 表示 S_2 包含纯策略的个数, 则 $S_1 = \{s_{11}, \cdots, s_{1m}\}$, $S_2 = \{s_{21}, \cdots, s_{2n}\}$, 我们用 s_{1j} 和 s_{2k} 分别表示 S_1, S_2 中任意一个纯策略, 记 $u_i(s_{1j}, s_{2k}) := u_{jk}^{(i)}, i = 1, 2;$ $j = 1, 2, \cdots, m; k = 1, 2, \cdots, n.$

$$U^{(i)} = \left(u_{jk}^{(i)}\right)_{m \times n} = \begin{pmatrix} u_{11}^{(i)} & u_{12}^{(i)} & \cdots & u_{1n}^{(i)} \\ u_{21}^{(i)} & u_{22}^{(i)} & \cdots & u_{2n}^{(i)} \\ \vdots & \vdots & & \vdots \\ u_{m1}^{(i)} & u_{m2}^{(i)} & \cdots & u_{mn}^{(i)} \end{pmatrix}, \quad i = 1, 2$$

分别为局中人 1 和局中人 2 的收益矩阵.

　　如果局中人 1 推断局中人 2 将以 $(y_1, \cdots, y_n)^{\mathrm{T}}$ 的概率选择策略 $s_{21}, \cdots, s_{2n}$, 则局中人 1 选择纯策略 s_{1j} 的期望收益为

$$\sum_{k=1}^{n} y_k u_{jk}^{(1)} \tag{5.1.15}$$

局中人 1 选择混合策略 $x = (x_1, \cdots, x_m)^{\mathrm{T}}$ 的期望收益为

$$u_1^*(x, y) = \sum_{j=1}^{m} x_j \sum_{k=1}^{n} y_k u_{jk}^{(1)} = \sum_{j=1}^{m} \sum_{k=1}^{n} x_j u_{jk}^{(1)} y_k = x^{\mathrm{T}} U^{(1)} y \tag{5.1.16}$$

类似地, 如果局中人 2 推断局中人 1 采用混合策略 $x = (x_1, \cdots, x_m)^{\mathrm{T}}$, 而自己采用混合

策略 $(y_1, \cdots, y_n)^{\mathrm{T}}$，则局中人 2 的期望收益为

$$u_2^*(x, y) = \sum_{j=1}^{m} x_j \sum_{k=1}^{n} y_k u_{jk}^{(2)} = \sum_{j=1}^{m} \sum_{k=1}^{n} x_j u_{jk}^{(2)} y_k = x^{\mathrm{T}} U^{(2)} y \qquad (5.1.17)$$

其中，$x_j y_k$ 表示局中人 1 选择 s_{1j} 且局中人 2 选择 s_{2k} 的概率. 根据 (5.1.16)，局中人 1 选择混合策略 $x = (x_1, x_2, \cdots, x_m)^{\mathrm{T}}$ 的期望收益，等于每一个纯策略 $\{s_{11}, \cdots, s_{1m}\}$ 的期望收益的加权和，其权重分别为各自的概率 $(x_1, \cdots, x_m)$. 那么，局中人 1 的混合策略 $x^* = (x_1^*, \cdots, x_m^*)^{\mathrm{T}}$ 要成为他对局中人 2 策略 $y = (y_1, y_2, \cdots, y_n)^{\mathrm{T}}$ 的最优反应，则 (5.1.16) 右边的每一项 $x_j^* \sum_{k=1}^{n} u_{jk}^{(1)} y_k$ 需最大化，即其中任何大于 0 的 x_j^* 相对应的纯策略 s_{1j} 必须满足:

$$\sum_{k=1}^{n} y_k u_1(s_{1j}, s_{2k}) \geqslant \sum_{k=1}^{n} y_k u_1(s_{1j}', s_{2k}) \qquad (5.1.18)$$

对 S_1 中每一个 s_{1j}' 都成立. 这表明，一个混合策略 x^* 要成为 y 的最优反应，混合策略中每一个概率大于0的纯策略本身也必须是对 $y = (y_1, y_2, \cdots, y_n)^{\mathrm{T}}$ 的最优反应. 反过来讲，如果局中人 1 有 m_0 个纯策略都是 $y = (y_1, y_2, \cdots, y_n)^{\mathrm{T}}$ 的最优反应，则这些纯策略全部或部分的任意加权线性组合 (同时其他纯策略的概率为 0) 形成的混合策略同样是局中人 1 对 $y = (y_1, y_2, \cdots, y_n)^{\mathrm{T}}$ 的最优反应.

现在我们可以重新表述 Nash 均衡的必要条件，即每一局中人的混合策略是另一局中人混合策略的最优反应: 一对混合策略 (x^*, y^*) 要成为 Nash 均衡, x^* 必须满足:

$$u_1^*(x^*, y^*) \geqslant u_1^*(x, y^*), \quad \forall x \in S_1^* = M^m \qquad (5.1.19)$$

并且 y^* 必须满足:

$$u_2^*(x^*, y^*) \geqslant u_2^*(x^*, y), \quad \forall y \in S_2^* = M^n \qquad (5.1.20)$$

也就是说，在两个局中人标准式博弈 $G = \{S_1, S_2; u_1, u_2\}$ 中，混合策略 (x^*, y^*) 是 Nash 均衡的充要条件为: 每一局中人的混合策略是另一局中人混合策略的最优反应，即 (5.1.19) 和 (5.1.20) 必须同时成立.

例 5.1.11 性别战博弈 (表 5.1.6)，令 $(q, 1-q)$ 为帕特的一个混合策略，其中他选择歌剧的概率为 q，且令 $(r, 1-r)$ 为克里斯的一个混合策略，其中他选择歌剧的概率为 r. 如果帕特的策略为 $(q, 1-q)$，则克里斯选择歌剧的期望收益为 $q \times 2 + (1-q) \times 0 = 2q$，选择拳击的期望收益为 $q \times 0 + (1-q) \times 1 = 1-q$. 从而，在 $q > 1/3$ 时，克里斯的最优反应为歌剧 (即 $r = 1$); $q < 1/3$ 时，克里斯的最优反应为拳击 (即 $r = 0$); $q = 1/3$ 时，任何可行的 r 都是最优反应. 类似地，如果克里斯的策略为 $(r, 1-r)$，则帕特选择歌剧的期望收益为 $r \times 1 + (1-r) \times 0 = r$，选择拳击的期望

收益为 $r \times 0 + (1-r) \times 2 = 2(1-r)$. 从而, $r > 2/3$ 时, 帕特的最优反应是歌剧(即 $q = 1$); $r < 2/3$ 时, 帕特的最优反应是拳击(即 $q = 0$); $r = 2/3$ 时, 任何可行的 q 都是最优反应. 如图 5.1.5 所示, 最优反应对应的交点之一, 即帕特的混合策略 $(q, 1-q) = (1/3, 2/3)$ 与克里斯的混合策略 $(r, 1-r) = (2/3, 1/3)$ 就是原博弈的一个 Nash 均衡.

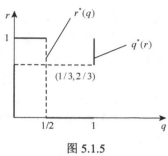

图 5.1.5

本例和图 5.1.4 的不同之处在于, 后者两位局中人的最优反应对应只有一个交点, 而图 5.1.5 中 $r^*(q)$ 和 $q^*(r)$ 有三个交点: ($q = 0$, $r = 0$), ($q = 1$, $r = 1$) 及 ($q = 1/3$, $r = 2/3$). 另外两个交点分别代表了例 5.1.4 中的两个纯策略意义下的 Nash 均衡(拳击、拳击)和(歌剧、歌剧).

在任何博弈中, 一个 Nash 均衡(包括纯策略意义下和混合策略意义下的均衡)都表现为局中人间最优反应对应的一个交点, 即使该博弈的局中人在两人以上, 或有些或全部局中人有两个以上的纯策略. 不过遗憾的是, 唯一一种可以用图形简明表示出局中人之间最优反应对应的博弈, 就是上面介绍的每个局中人只有两个纯策略的两人博弈.

关于多人有限博弈在混合策略意义下的 Nash 均衡, Nash 给出并讨论 Nash 均衡定理(1950), 即任何有限博弈, 即有限个局中人, 并且每个局中人可选择的纯策略有限的所有博弈中, 都存在 Nash 均衡(仍可能会包含混合策略).

定理 5.1.3 (Nash)在 n 个参加者的标准式博弈 $G = \{S_1, \cdots, S_n; u_1, \cdots, u_n\}$ 中, 如果 n 是有限的, 且对每个 i, S_i 是有限的, 则博弈存在至少一个混合策略意义下的 Nash 均衡.

Nash 定理的证明要用到 Kakutani 不动点定理, 将放在 5.3 节给出. Nash 定理保证了相当广泛种类的博弈中均衡的存在性. 例 5.1.6—例 5.1.8 所分析的博弈中每一局中人的策略空间都是无限的. 这说明 Nash 定理中的均衡存在性的充分条件, 却不是必要条件, 还有许多博弈, 虽不满足定理假定的条件, 却同样存在一个或多个 Nash 均衡.

5.2　完全信息动态博弈

前述博弈的标准式中, 局中人是"同时"选择策略的, 或者不同时但彼此不知道对手是否已经作出了选择. 这里我们将考虑另一种博弈的情形, 局中人"不同时"作出选择, 含有多阶段或重复的博弈, 即动态博弈. 博弈论学者运用"扩展式博弈"的概念把这种动态的情形模型化. 这种扩展式博弈很清晰地表明了局中人采取行动的次序, 以及局中人在作出决定之前所知道的信息. 局中人所知道的信息将被分为收益函数的共同知识和关于其他局中人行动的信息.

这里我们仍集中分析完全信息的博弈(即局中人的收益函数是共同知识的博弈). 完全信息的动态博弈又分为完全且完美信息动态博弈和完全但不完美信息动态博弈. 所谓的完全且完美信息的动态博弈是指, 在博弈进行的每一步当中, 要选择行动的局中人都知道这一步之前博弈进行的整个过程; 所谓完全但不完美信息动态博弈是指, 在博弈的某些阶段, 要选择行动的局中人并不知道在这一步之前博弈进行的整个过程.

所有动态博弈的中心问题是可信任性.

例 5.2.1 手雷博弈. 作为不可置信的威胁的一个例子, 考虑下面两步博弈. 第一步, 局中人 1 选择支付 1000 美元给局中人 2 还是一分不给; 第二步, 局中人 2 观察局中人 1 的选择, 然后决定是否引爆一颗手雷把两人一块炸死. 假设局中人 2 威胁局中人 1, 如果他不付 1000 美元就引爆手雷, 如果局中人 1 相信这一威胁, 他的最优反应是支付 1000 美元, 但局中人 1 却不会对这一威胁信以为真, 因为他不可置信: 如果给局中人 2 一个机会, 让他把威胁付诸实施, 局中人 2 也不会选择去实现它, 这样局中人 1 就会一分不付.

动态博弈的简单情形是两阶段博弈: 首先局中人 1 行动, 局中人 2 先观察到局中人 1 的行动, 然后局中人 2 行动, 博弈结束. 手雷博弈即属这一类型, 斯塔克尔贝里(1934)的双头垄断模型、里昂惕夫(Leontief, 1946)的有工会企业中的工资和就业决定模型亦属这一类博弈. 我们定义此类博弈的逆向归纳解(backwards-induction outcome)并简要讨论它与 Nash 均衡的关系. 作为例子, 我们解出在斯塔克尔贝里和里昂惕夫模型中的逆向归纳法解, 并对鲁宾斯坦(Rubinstein, 1982)的讨论还价模型推导出相似的结果, 尽管后面的博弈有潜在无穷多步的行动, 因此并不属于以上类型的博弈.

比较复杂一些的是三阶段博弈: 首先局中人 1 和 2 同时行动, 接着局中人 3 和 4 观察到局中人 1 和 2 选择的行动, 然后局中人 3 和 4 同时行动, 博弈结束. 这里, 由于包含有局中人 3 和局中人 4 的"同时"行动, 意味着此类博弈有不完美信息. 这需要引入这种博弈的子博弈精炼解(subgame-perfect outcome)概念, 它是逆向归纳方法在此类博弈中的自然延伸. 戴蒙德和迪布维格(Diamond and Dybvig, 1983)的银行挤提模型、拉齐尔和罗森(Lazear & Rosen, 1981)的锦标赛模型当属此类.

动态博弈的另一类是重复博弈(repeated game), 它指一组固定的局中人多次重复进行同一给定的博弈, 并且在下次博弈开始前, 局中人都可以观察到前面所有博弈的结果. 这里分析的中心问题是(可信的)威胁和对以后行为所做的承诺可以影响到当前的行为. 我们给出重复博弈中子博弈精炼 Nash 均衡的定义, 并将其逆向归纳法解和子博弈精炼解联系起来, 此类研究将以无限次重复博弈中的无名氏定理(Folk theorem)为理论基础. 这类博弈论模型中, 包括著名的弗里德曼(1971)

古诺双头垄断企业相互串谋模型, 夏皮罗和施蒂格利茨 (Shapiro and Stiglitz, 1984) 的货币政策模型.

从理论上讲, 作为分析一般的完全信息动态博弈所需要的工具, 可以不区分信息是否完美. 通过动态博弈的扩展式表述, 定义一般博弈中的子博弈精炼 Nash 均衡. 重点在于, 一个完全信息动态博弈可能会有多个 Nash 均衡, 其中一些均衡也许包含了不可置信的威胁或承诺, 子博弈精炼 Nash 均衡是通过了可信性检验的均衡.

5.2.1　完全且完美信息动态博弈理论: 逆向归纳法

两阶段完全且完美信息动态博弈, 是指博弈满足如下假设:

(1) 第一阶段: 局中人 1 从可行集 S_1 中选择一个行动 s_1;

(2) 完美信息: 局中人 2 观察到局中人采取的行动 s_1;

(3) 第二阶段: 局中人 2 观察到 s_1 之后从可行集 S_2 中选择一个行动 s_2;

(4) 完全信息: 两人的收益分别为 $u_1(s_1, s_2)$ 和 $u_2(s_1, s_2)$.

完全且完美信息动态博弈的主要特点是: ①行动是按顺序发生的; ②下一步行动选择之前, 所有以前的行动都可以被观察到; ③每一可能的行动组合下局中人的收益都是共同知识.

我们通过逆向归纳法求解此类博弈问题.

当在博弈的第二阶段局中人 2 行动时, 由于其前局中人 1 已经选择行动 s_1, 他面临的决策问题可用下式表示:

$$\max_{s_2 \in S_2} u_2(s_1, s_2)$$

假定对 S_1 中的每一个 s_1, 局中人 2 的最优化问题只有唯一解 $s_2^* := R_2(s_1)$, 为局中人 2 对局中人 1 的行动 s_1 的反应 (或最优反应). 由于局中人 1 能够和局中人 2 一样解出局中人 2 的问题, 局中人 1 可以预测到局中人 2 对局中人 1 每一个可能的行动 s_1 所作出的反应, 这样局中人 1 在第一阶段要解决的问题可归纳为

$$\max_{s_1 \in A_1} u_1(s_1, R_2(s_1))$$

假定局中人 1 的这一最优化问题同样有唯一解 s_1^*, 我们称 $(s_1^*, R_2(s_1^*))$ 是这一博弈的逆向归纳解.

逆向归纳解不含有不可置信的威胁, 有两层含义: 局中人 1 预测局中人 2 将对局中人 1 可能选择的任何行动 s_1 作出最优反应, 选择行动 $R_2(s_1)$; 这一预测排除了局中人 2 不可置信的威胁, 即局中人 2 将在第二阶段到来时作出不符合自身利益的反应.

我们再来讨论一下关于逆向归纳解存在性的理性假定. 逆向归纳解存在意味着博弈在完成第二阶段后终止, 即局中人 1 不再行动, 是因为他相信局中人 2 是理性的, 而且局中人 2 也知道局中人 1 是理性的. 更为完整的表述为关于局中人具有

理性的共同知识: 所有局中人都是理性的, 并且所有局中人都知道所有局中人都是理性的, 并且所有局中人都知道所有局中人都知道所有局中人都知道所有局中人都是理性的, 如此等等, 以至无穷.

为了阐述理性假设的意义, 考虑下面的三步博弈, 其中局中人 1 有两次行动:

第一步: 局中人 1 选择 L 或 R, 其中 L 使博弈结束, 局中人 1 的收益为 2, 局中人 2 的收益为 0;

第二步: 局中人 2 观测局中人 1 的选择, 如果局中人 1 选择 R, 则局中人 2 选择 L' 或 R', 其中 L' 使博弈结束, 两人的收益均为 1;

第三步: 局中人 1 观测局中人 2 的选择(并且回忆在第一阶段时自己的选择). 如果前两阶段的选择分别为 R 和 R', 则可选择 L'' 或 R'', 每一选择都将结束博弈, L'' 时局中人 1 的收益为 3, 局中人 2 的收益为 0, 如选 R'', 两人的收益分别为 0 和 2.

这一过程可以用博弈树表示(图 5.2.1), 博弈树上每一枝的末端都有两个收益值, 左边代表局中人 1 的收益, 右边代表局中人 2 的收益.

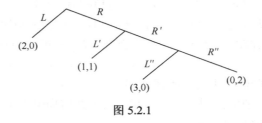

图 5.2.1

为计算出这一博弈的逆向归纳解, 我们从第三阶段(即局中人 1 的第二次行动)开始. 这里局中人 1 面临的选择是: L'' 可得收益 3, R'' 可得收益 0, 于是 L'' 是最优的. 那么在第二阶段, 局中人 2 预测到一旦博弈进入到第三阶段, 则局中人 1 会选择, 这会使局中人 2 的收益为 0, 从而局中人 2 在第二阶段的选择为: L' 可得收益 1, R'' 可得收益 0, 于是 L' 是最优的. 这样, 在第一阶段, 局中人 1 预测到如果博弈进入到第二阶段, 局中人 2 将选择 L', 使局中人 1 的收益为 1, 从而局中人 1 在第一阶段的选择是 L 收益为 2, R 收益为 1, 于是 L 是最优的.

上述过程求出博弈的逆向归纳解为, 局中人 1 在第一阶段选择 L, 从而使博弈结束, 即逆向归纳解预测到博弈将在第一阶段结束. 但论证过程的重要部分却是考虑如果博弈不在第一阶段结束时可能发生的情况. 比如在第二阶段, 当局中人 2 预测如果博弈进入第三阶段, 则局中人 1 会选择 L'', 这时局中人 2 假定 1 是理性的. 由于只有在局中人 1 偏离了博弈的逆向归纳解, 才能轮得到局中人 2 选择行动, 而这时局中人 2 对局中人 1 的理性假定便不成立, 即如果局中人 1 在第一阶段选择了 R, 那么第二阶段局中人 2 就不能再假定局中人 1 是理性的了. 但这时局中人 1 在第一阶段选择了 R, 两个局中人都是理性的就不可能是共同知识. 局中人 1 仍有理

由在第一阶段选择 R, 却不与局中人 2 对局中人 1 的理性假定相矛盾. 一种可能是 "局中人 1 是理性的" 是共同知识, 但 "局中人 2 是理性的" 却不是共同知识: 如果局中人 1 认为局中人 2 可能不是理性的, 则局中人 1 也可能在第一阶段选择 R, 希望局中人 2 在第二阶段选择 R', 从而给局中人 1 有机会在第三阶段选择 L''. 另一种可能是 "局中人 2 是理性的" 是共同知识, 但 "局中人 1 是理性的" 却不是共同知识: 如果 1 是理性的, 但推测局中人 2 可能认为局中人 1 是非理性的, 这时局中人 1 也可能在第一阶段选择 R, 期望局中人 2 会认为局中人 1 是非理性的而在第二阶段选择 R', 期望局中人 1 能在第三阶段选择 R''. 逆向归纳中关于 1 在第一阶段选择 R 的假定可通过上面的情况得到解释. 不过在有些博弈中, 对局中人 1 选择了 R 的更为合理的假定是局中人 1 确实是非理性的. 在这样的博弈中, 逆向归纳解在预测博弈进行方面就会失去其主要作用.

例 5.2.2　斯塔克尔贝里双头垄断模型.

斯塔克尔贝里 (1934) 提出一个双头垄断的动态模型, 其中一个支配企业 (领导者) 首先行动, 然后从属企业 (追随者) 行动. 比如, 在美国汽车产业发展史中的某些阶段, 通用汽车就扮演过这种领导者的角色 (这一例子把模型直接扩展到允许不止一个追随企业, 如福特、克莱斯勒等). 根据斯塔克尔贝里的假定, 模型中的企业选择其产量, 这一点和古诺模型是一致的 (只不过古诺模型中企业是同时行动的, 不同于这里的序贯行动).

博弈的时间顺序如下: ①企业 1 选择产量 $q \geqslant 0$; ②企业 2 观测到 q_1, 然后选择产量 $q_2 \geqslant 0$; ③企业 i 的收益由下面的利润函数给出

$$\pi_i(q_i, q_j) = q_i[p(Q) - c]$$

这里 $p(Q) = a - Q$, 是市场上的总产品 $Q = q_1 + q_2$ 时的市场出清价格, c 是生产的边际成本, 为一常数 (固定成本为 0).

为解出这一博弈的逆向归纳解, 首先计算企业 2 对企业 1 任意产量的最优反应, $R_2(q_1)$ 应满足:

$$\max_{q_2 \geqslant 0} \pi_2(q_1, q_2) = \max_{q_2 \geqslant 0} q_2(a - q_1 - q_2 - c)$$

由上式可得

$$R_2(q_1) = \frac{a - q_1 - c}{2}$$

已知 $q_1 < a - c$, 在例 5.1.5 中同时行动的古诺博弈中, 得出的 $R_2(q_1)$ 和上式完全一致. 两者的不同之处在于, 这里的 $R_2(q_1)$ 是企业 2 对企业 1 已观测到的产量 q_1 的真实反映, 而在例 5.1.5 中的分析中, $R_2(q_1)$ 是企业 2 对假定的企业 1 的产量的最优反应, 且企业 1 的产量选择是和企业 2 同时作出的.

由于企业 1 也能够像企业 2 一样解出企业 2 的最优反应, 企业 1 就可以预测到

如果他选择 q_1, 企业 2 将根据 $R_2(q_1)$ 选择产量. 那么, 在博弈的第一阶段, 企业 1 的问题就可表示为

$$\max_{q_1 \geq 0} \pi_1(q_1, R_2(q_1)) = \max_{q_1 \geq 0} q_1[a - q_1 - R_2(q_1) - c] = \max_{q_1 \geq 0} q_1 \frac{a - q_1 - c}{2}$$

由上式可得斯塔克尔贝里双头垄断博弈的逆向归纳解:

$$q_1^* = \frac{a-c}{2}, \quad R_2(q_1^*) = \frac{a-c}{4}$$

回顾例 5.1.5 中古诺博弈的 Nash 均衡解, 每一企业的产量为 $(a-c)/3$. 也就是说, 斯塔克尔贝里博弈中逆向归纳解的总产量 $3(a-c)/4$, 比古诺博弈中 Nash 均衡的总产量 $2(a-c)/3$ 要高, 从而斯塔克尔贝里博弈相应的市场出清价格就比较低.

不过在斯塔克尔贝里博弈中, 企业 1 完全可以选择古诺均衡产量 $(a-c)/3$, 这时企业 2 的最优反应同样是古诺均衡的产量. 在斯塔克尔贝里博弈中, 企业 1 完全可以使利润水平达到古诺均衡的水平, 而却选择了其他产量, 那么企业 1 在斯塔克尔贝里博弈中的利润一定高于其在古诺博弈中的利润. 而斯塔克尔贝里博弈中的市场出清价格降低了, 从而总利润水平也会下降, 那么与古诺博弈中的结果相比, 在斯塔克尔贝里博弈中, 企业 1 利润的增加必定意味着企业 2 福利的恶化.

与古诺博弈相比, 斯塔克尔贝里博弈中企业 2 利润水平的降低, 揭示了单人决策问题和多人决策问题的一个重要不同之处. 在单人决策理论中, 占有更多的信息决不会对决策制定者带来不利, 然而在博弈论中, 了解更多的信息(或更为精确地说, 是让其他参加者知道一个人掌握更多的信息)却可以让一个局中人受损.

在斯塔克尔贝里博弈中, 存在问题的信息是企业的产量: 企业 2 知道 q_1, 并且(重要的是)企业 1 知道企业 2 知道 q_1. 为看清楚这一信息的影响, 我们把上面序贯行动的博弈稍作修改, 假设企业 1 先选择 q_1, 之后企业 2 选择 q_2, 但事前并没有观测到 q_1. 如果企业 2 确信企业 1 选择了它的斯塔克尔贝里产量 $q_1^* = (a-c)/2$, 则企业 2 的最优反应仍是 $R_2^*(q_1^*) = (a-c)/4$. 但是, 如果企业 1 预测到企业 2 将持有这一推断并选择这一产量, 企业 1 就会倾向于它对 $(a-c)/4$ 的最优反应, 即 $3(a-c)/8$, 而不愿去选择斯塔克尔贝里产量 $(a-c)/2$, 那么企业 2 就不会相信企业 1 选择了斯塔克尔贝里产量. 从而这一修改过的序贯行动博弈的唯一 Nash 均衡, 对两个企业都是选择产量 $(a-c)/3$, 这正是古诺博弈中的 Nash 均衡, 其中企业是同时行动的. 亦即, 使企业 1 知道, 企业 2 知道 q_1 给企业 2 带来了损失.

例 5.2.3 有工会的企业的工资和就业.

在里昂惕夫(1946)模型中, 讨论了一个企业和一个垄断的工会组织(即作为企业劳动力唯一供给者的工会组织)的相互关系. 因此, 工会对工资水平说一不二, 但企业却可以自主决定就业人数(在更符合现实情况的模型中, 企业和工会间就工资水平讨价还价, 但企业仍自主决定就业, 得到的定性结果与本模型相似). 工会的效

用函数为 $U(\omega,L)$，其中 ω 为工会向企业开出的工资水平，L 为就业人数. 假定 $U(\omega,L)$ 是 ω 和 L 的增函数. 企业的利润函数为 $\pi(\omega,L)=R(L)-\omega L$，其中 $R(L)$ 为企业雇佣 L 名工人可以取得的收入(在最优的生产和产品市场决策下)，假定 $R(L)$ 是增函数，并且为凹函数.

　　假定博弈的时序为：①工会给出需要的工资水平 ω；②企业观测到(并接受) ω，随后选择雇佣人数 L；③收益分别为 $U(\omega,L)$ 和 $\pi(\omega,L)$. 即使没有假定 $U(\omega,L)$ 和 $R(L)$ 的具体的表达式，从而无法明确解出该博弈的逆向归纳解，但我们仍可以就解的主要特征进行讨论.

　　首先，对工会在第一阶段任意一个工资水平 ω，我们能够分析在第一阶段企业最优反应 $L^*(\omega)$ 的特征. 给定 ω，企业选择 $L^*(\omega)$ 满足下式：

$$\max_{L\geqslant 0}\pi(\omega,L)=\max_{L\geqslant 0}R(L)-\omega L$$

一阶条件为

$$R'(L)-\omega=0$$

为保证一阶条件 $R'(L)-\omega=0$ 有解，假定 $R'(0)=\infty$，且 $R'(\infty)=0$，如图 5.2.2 所示.

　　图 5.2.3(a)把表示为 ω 的函数(但坐标轴经过旋转，以便于和以后的数据相比较)，并表示出它和企业每条等利润线交于其最高点. 若令 L 保持不变，ω 降低时企业的利润就会提高，位置较低的等利润曲线代表了较高的利润水平. 图 5.2.3(b)描述了工会的无差异曲线. 若令 L 不变，当 ω 提高时工会的福利就会增加，于是位置较高的无差异曲线代表了工会较高的效用水平.

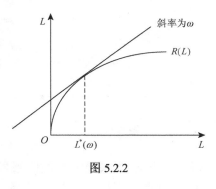

图 5.2.2

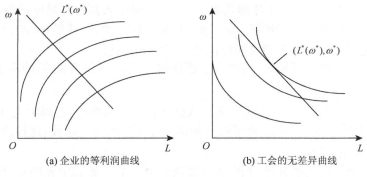

(a) 企业的等利润曲线　　　　(b) 工会的无差异曲线

图 5.2.3

　　下面我们分析工会在第一阶段的问题，由于工会和企业同样可以解出企业在第二阶段的问题, 工会就可预测到如果它要求的工资水平为 ω_1, 企业最优反应的就业人数将会是 $L^*(\omega_1)$. 那么, 工会在第一阶段的问题可以表示为

$$\max_{\omega \geqslant 0} U(\omega, L^*(\omega))$$

表现在图 5.2.3 的无差异曲线上就是, 工会希望选择一个工资水平 ω, 由此得到的结果 $(\omega, L^*(\omega))$ 处于可能达到的最高的无差异线上. 这一最优化问题的解为 ω^*, 这样一个工资要求将使得工会通过 $(\omega^*, L^*(\omega^*))$ 的无差异曲线与 $L^*(\omega)$ 相切于该点. 从而, $(\omega^*, L^*(\omega^*))$ 就是这一工资与就业博弈的逆向归纳解.

更进一步我们还可以看出, $(\omega^*, L^*(\omega^*))$ 是低效率的.

在图 5.2.4 中, 如果 ω 和 L 处于图中阴影部分以内, 企业和工会的效用水平都会提高. 这种低效率对实践中企业对雇佣工人数量保持的绝对控制权提出了质疑(允许工人和企业就工资相互讨价还价, 但是企业仍对雇佣工人数量绝对控制, 也会得到相似的低效率解). 埃斯皮诺萨和里(Espinosa and Rhee, 1989)基于如下事实为这一质疑提供了一个解释: 企业和工会之间经常会进行定期或不定期的重复谈判(在美国经常是每三年一次), 在这样的重复博弈中, 可能会存在一个均衡, 使得工会的选择 ω 和企业的选择 L 都在图 5.2.4 中所示的阴影部分以内, 即使在每一次谈判中, 这样的 ω 和 L 都不是逆向归纳解.

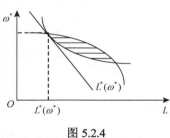

图 5.2.4

例 5.2.4 序贯谈判.

我们首先分析一个三阶段谈判模型. 局中人 1 和 2 就 1 美元的分配进行谈判. 他们轮流提出方案: 首先局中人 1 提出一个分配建议, 局中人 2 可以接受或拒绝; 如果局中人 2 拒绝, 就由局中人 2 提出分配建议, 局中人 1 选择接受或拒绝; 如此一直进行下去. 一个条件一旦被拒绝, 它就不再有任何约束力, 并和后面的过程不再相关. 每一个条件都代表一个阶段, 局中人都没有足够的耐心: 他们对后面阶段得到的收益进行贴现, 每一阶段的贴现因子为 δ, 这里 $0 < \delta < 1$.

下面是对三阶段谈判博弈时序的更为详细的描述:

(1a)在第一阶段开始时, 局中人 1 建议他分走 1 美元的 s_1, 留给局中人 2 的份额为 $1 - s_1$;

(1b)局中人 2 或者接受这一条件(这种情况下, 博弈结束, 局中人 1 的收益为 s_1, 局中人 2 的收益为 $1 - s_1$, 都可以立刻拿到), 或拒绝这一条件(这种情况下, 博弈将继续, 进入第二阶段);

(2a)在第二阶段的开始, 局中人 2 提议局中人 1 分得 1 美元的 s_2, 留给局中人 2 的份额为 $1 - s_2$(请注意在阶段 t, s_t 总是表示分给局中人 1 的, 而不论是谁先提出的条件);

　　(2b)局中人1或者接受条件(这种情况下,博弈结束,局中人1的收益 s_2 和局中人 2 的收益都可以立即拿到),或者拒绝这一条件(这种情况下,博弈继续进行,进入第三阶段);

　　(3)在第三阶段的开始,局中人 1 得到 1 美元的 s ,局中人 2 得到的份额为 $1-s$,这里 $0 < s < 1$.

　　在这样的三阶段博弈中,第三阶段的解决方案 $(s, 1-s)$ 是(外生)给定的.

　　在后面我们将考虑的无限期模型中,第三阶段的收益 s 将表示如果博弈进行到第三阶段(即如果前面两个提议都被拒绝),局中人 1 在其后进行的博弈中可得到的收益.

　　为解出此三阶段博弈的逆向归纳解,首先需要计算如果博弈进行到第二阶段,局中人 2 可能提出最优条件.局中人 1 拒绝局中人 2 在这一阶段的条件 s_2 ,可以在第三阶段得到 s ,但下一阶段的 s ,在当期的价值只有 δs .那么当且仅当 $s_2 \geqslant \delta \cdot s$,局中人 1 才会接受 s_2 (我们假定当接受和拒绝并无差异时,局中人总是选择接受条件).从而局中人 2 在第二阶段的决策问题就可归于在本阶段收入 $1 - \delta \cdot s$ (通过向局中人 1 提出条件,给他 $s_2 = \delta \cdot s$)和下阶段收入 $1-s$ (通过向局中人 1 提出条件,给他任意的 $s_2 < \delta \cdot s$)之间作出选择.后一选择的贴现值为 $\delta \cdot (1-s)$,小于前一选择可得的 $1 - \delta \cdot s$,于是局中人 2 在第二阶段可以提出的最优条件是 $s_2^* = \delta \cdot s$.也就是说,如果博弈进行到第二阶段,局中人 2 将提出条件 s_2^* ,局中人 1 选择接受条件.

　　由于局中人 1 可以和局中人 2 同样地解出局中人 2 在第二阶段的决策问题,局中人 1 也就知道局中人 2 通过拒绝局中人 1 的条件,在第二阶段可以得到 $1 - s_2^*$,但下一阶段得到的 $1 - s_2^*$ 在本阶段的价值只有 $\delta \cdot (1 - s_2^*)$.那么当且仅当 $1 - s_1 \geqslant \delta \cdot (1 - s_2^*)$ 或 $s_1 \leqslant 1 - \delta \cdot (1 - s_2^*)$ 时,局中人 2 才会接受 $1 - s_1$.从而局中人 1 在第一阶段的决策问题就可归于在本阶段收入 $1 - \delta \cdot (1 - s_2^*)$ (通过向局中人 2 提出条件 $1 - s_1 = \delta \cdot (1 - s_2^*)$)和下阶段收入 s_2^* (通过向局中人 2 提出任意的 $1 - s_1 < \delta \cdot (1 - s_2^*)$)之间作出选择.后一选择的贴现值为 $\delta \cdot s_2^* = \delta^2 \cdot s$,小于前一选择可得的 $1 - \delta \cdot (1 - s_2^*) = 1 - \delta \cdot (1 - \delta \cdot s)$,于是局中人 1 在第一阶段的最优条件是 $s_1^* = 1 - \delta \cdot (1 - s_2^*) = 1 - \delta \cdot (1 - \delta \cdot s)$.这样,在此三阶段博弈的逆向归纳解中,局中人 1 向局中人 2 提出分配方案 $(s_1^*, 1 - s_1^*)$,后者接受该方案.

　　现在考虑无限期的情况.博弈时序和前面的描述完全一致,只是阶段(3)给出的外生解决方案被其后的无限步讨价还价(3a)、(3b)、(4a)、(4b)等所代替:奇数步由局中人 1 出条件,偶数步由局中人 2 出条件,直至一方接受条件,讨价还价结束.与前面分析过的所有应用一样,我们希望能够从后向前推出这一无限步博弈的逆向归纳解.但是,由于博弈可能会无限地进行下去,因此并不存在我们借以入手分析的最后一步行动.幸而下面的发现(首先由谢克德和萨顿(Shaked and Sutton 1984)所运用)使我们可以把无限博弈截开,并应用对有限博弈分析的逻辑进行分析: 从第三阶段开始的博弈(如果能进行到这一阶段)与(从第一阶段开始的)整个过程的博弈是相同的. 亦即, 两种情况下, 都是由局中人 1 首先提出条件, 其后两个局中人轮流出价, 直至有一方接受条件谈判结束.

由于尚未正式定义此类无限博弈的逆向归纳解, 我们的讨论也将是非正式的. 假设完整过程的博弈存在逆向归纳解, 此时局中人 1 和局中人 2 分别得到 s 和 $1-s$. 我们可以把这个结果用于从第三阶段开始的博弈, 如果博弈进行到第三阶段, 然后逆向推至第一阶段(过程与三阶段博弈中相同), 可计算出整个博弈的新的逆向归纳解. 在这一新的逆向归纳解中, 局中人 1 将在第一阶段提出解决方案 $(f(s), 1-f(s))$, 局中人 2 会接受这一方案. 这里的 $f(s)=1-\delta(1-\delta \cdot s)$, 就是上面讨论过的, 在第三阶段解决方案 $(s, 1-s)$ 外生给定条件下, 局中人 1 第一阶段得到的份额.

令 s_H 为局中人 1 在全过程博弈中可能得到的逆向归纳解下的最高收益. 设想 s_H 为局中人 1 第三阶段的收益, 则如前所述, 这将产生一个新的逆向归纳解, 其中局中人 1 第一阶段的收益为 $f(s_H)$. 由于 $f(s)=1-\delta+\delta^2 s$ 是 s 的增函数, s_H 是第三阶段可能达到的最高收益, $f(s_H)$ 也就是第一阶段可能达到的最高收益. 但同时 s_H 又是第一阶段可能达到的最高收益, 于是有 $f(s_H)=s_H$. 相似地可证明 $f(s_L)=s_L$, 这里 s_L 为局中人 1 在全过程博弈中可能得到的逆向归纳解下的最低收益. 满足 $f(s)=s$ 的唯一 s 值为 $1/(1+\delta)$, 我们用 s^* 表示. 那么 $s_H=s_L=s^*$, 于是整个过程博弈有唯一的逆向归纳解: 在第一阶段, 局中人 1 向局中人 2 提出分配方案 $(s^*=1/(1+\delta), 1-s^*=\delta/(1+\delta))$, 后者接受该方案.

5.2.2 完全非完美信息两阶段博弈理论: 子博弈精炼

假定博弈的进行分为两个阶段, 下一阶段开始前局中人可观察到前面阶段的行动. 现在考虑每一阶段中存在着同时行动. 这种阶段内的同时行动意味着博弈包含了不完美信息. 但是, 此类博弈和前面所讨论的博弈仍有着很多共同特性.

我们将分析以下类型的简单博弈, 称其为完全非完美信息两阶段博弈:

第一阶段, 局中人 1 和局中人 2 同时从各自的可行集 S_1 和 S_2 中选择行动 s_1 和 s_2;

第二阶段, 局中人 3 和局中人 4 观察到第一阶段的结果 (s_1, s_2), 然后同时从各自的可行集 S_3 和 S_4 中选择行动 s_3 和 s_4;

收益为 $u_i(s_1, s_2, s_3, s_4)$, $i=1,2,3,4$.

许多经济学问题都符合以上的特点. 例如, 银行的挤提、关税和国际市场的不完全竞争以及工作竞赛(如一个企业中, 几个副总裁为下一任总裁而竞争). 还有很多经济问题可通过把以上条件稍加改动而建立模型, 比如增加局中人人数或者允许同一局中人(在一个以上的阶段)多次选择行动. 也可以允许少于四个的局中人, 在一些应用中, 局中人 3 和局中人 4 就是局中人 1 和局中人 2; 还有的则不存在局中人 2 或者局中人 4.

沿用了逆向归纳的思路, 我们来讨论解决此类问题使用的方法. 考虑到, 这里的博弈的最后阶段逆向推导的第一步就包含了求解一个真正的子博弈, 即给定第一阶段结果时, 局中人 3 和局中人 4 在第二阶段同时行动的博弈, 而不再是前一阶段求解单人最优化的决策问题. 为使问题简化, 我们假设对第一阶段博弈每一个可能结果 (s_1, s_2), 其后 (局中人 3 和 4 之间的) 第二阶段博弈有唯一的 Nash 均衡, 表示为 $(s_3^*(s_1, s_2), s_4^*(s_1, s_2))$.

如果局中人 1 和局中人 2 预测到局中人 3 和局中人 4 在第二阶段的行动将由 $(s_3^*(s_1, s_2), s_4^*(s_1, s_2))$ 给出, 则局中人 1 和局中人 2 在第一阶段的问题就可以用以下的同时行动博弈表示:

局中人 1 和 2 同时从各自的可行集 S_1 和 S_2 中选择行动 s_1 和 s_2;

收益情况为 $u_i(s_1, s_2, s_3^*(s_1, s_2), s_4^*(s_1, s_2))$, $i = 1, 2$;

假定 (a_1^*, a_2^*) 为以上同时行动博弈唯一的 Nash 均衡, 称

$$(s_1^*, s_2^*, s_3^*(s_1^*, s_2^*), s_4^*(s_1^*, s_2^*))$$

为这一两阶段博弈的子博弈精炼解. 此解与完全且完美博弈中的逆向归纳解在性质上是一致的, 并且与后者有着类似的优点和不足. 如果局中人 3 和局中人 4 威胁在后面的第二阶段博弈中, 他们将不选择 Nash 均衡下的行动, 局中人 1 和局中人 2 是不会相信的. 因为当博弈确实进行到第二阶段时, 局中人 3 和局中人 4 中至少有一个人不愿把威胁变为现实 (恰好是因为它不是第二阶段博弈的 Nash 均衡). 另一方面, 假设局中人 1 就是局中人 3, 并且局中人 1 在第一阶段并不选择 s_1^*, 局中人 4 就会重新考虑局中人 3 (即局中人 1) 在第二阶段将会选择 $s_1^*(s_1, s_2)$ 的假定.

例 5.2.5　对银行的挤提.

两个投资者每人存入银行一笔存款 D, 银行已将这些存款投入一个长期项目. 如果在该项目到期前银行被迫对投资者变现, 共可收回 $2r$, 这里 $D > r > D/2$. 不过, 如果银行允许投资项目到期, 则项目共可取得 $2R$, 这里 $R > D$.

有两个日期, 投资者可以从银行提款: 日期 1 在银行的投资项目到期之前, 日期 2 则在到期之后. 为使分析简化, 假设不存在贴现. 如果两个投资者都在日期 1 提款, 则每人可得到 r, 博弈结束. 如果只有一个投资者在日期 1 提款, 他可得到 D, 另一人得到 $2r - D$, 博弈结束. 如果两个人都不在日期 1 提款, 则项目结束后投资者在日期 2 进行提款决策. 如果两个投资者都在日期 2 提款, 则每人得到 R, 博弈结束. 如果只有一个投资者在日期 2 提款, 则他得到 $2R - D$, 另一人得到 D, 博弈结束. 最后, 如果在日期 2 两个投资者都不提款, 则银行向每个投资者返还 R, 博弈结束.

两个投资者在日期 1 和日期 2 的收益情况 (作为他们在那时提款决策的函数), 可以用下面的两个标准式博弈表示. 注意这里日期 1 的标准式博弈是不规范

的: 如果在日期 1 两个投资者都选择不提款, 则没有与之对应的收益, 这时投资者要继续进行日期 2 的博弈(表 5.2.1).

表 5.2.1

	提款	不提款
提款	r, r	$D, 2r - D$
不提款	$2r - D, D$	下一阶段

日期 1

	提款	不提款
提款	R, R	$2R - D, D$
不提款	$D, 2R - D$	R, R

日期 2

我们从后往前分析此博弈. 先考虑日期 2 的标准式博弈. 由于 $R > D$ (并且由此可得 $2R - D > R$), "提款" 严格优于 "不提款", 那么这一博弈有唯一的 Nash 均衡: 两个投资者都是将提款, 最终收益为 (R, R), 由于不存在贴现, 我们可以直接用这一收益代替日期 1 的标准式博弈双方都不提款时的情况, 如表 5.2.2 所示.

表 5.2.2

	提款	不提款
提款	r, r	$D, 2r - D$
不提款	$2r - D, D$	R, R

由于 $r < D$ (并且由此可得 $2r - D < r$), 这一由两阶段博弈变形得到的单阶段博弈存在两个纯策略 Nash 均衡: ①两个投资者都提款, 最终收益情况为 (r, r); ②两个投资者都不提款, 最终收益为 (R, R). 从而, 最初的两阶段银行挤提博弈就有两个子博弈精炼解: ①两个投资者都在日期 1 提款, 两人的收益分别为 (r, r); ②两个投资者都不在日期 1 提款, 而在日期 2 提款, 两人在日期 2 的收益分别为 (R, R).

前一种结果可以解释为对银行的一次挤提. 如果投资者 1 相信投资者 2 将在日期 1 提款, 则投资者 1 的最优反应也是去提款, 即使他们等到日期 2 再去提款两人的收益都会提高. 这里的银行挤提博弈在一个很重要的方面不同于前面讨论的囚徒困境, 虽然两个博弈都存在一个对整个社会是低效率的 Nash 均衡; 但在囚徒困境中这一均衡是唯一的(并且是局中人的严格占优策略), 而在这里还同时存在另一个有效率的均衡. 从而, 这一模型并不能预测何时会发生对银行的挤提, 但的确显示出挤提会作为一个均衡结果出现.

例 5.2.6 关税和国际市场的不完全竞争.

下面我们讨论国际经济学中的一个应用. 考虑两个完全相同的国家. 分别用 $i = 1, 2$ 表示. 每个国家有一个政府负责确定关税税率. 一个企业制造产品供给本国的消费者及出口; 一群消费者在国内市场购买本国企业或外国企业生产的产品. 如果国家 i 的市场上总产量为 Q_i, 则市场出清价格为 $p_i(Q_i) = a - Q_i$, 国家 i 中的企业

（后面称为企业 i）为国内市场生产 h_i，并出口 e_i，则 $Q_i = h_i + e_i$；假设企业的边际成本为常数 c，并且没有固定成本. 从而, 企业 i 生产的总成本为 $C_i(h_i + e_i) = c(h_i + e_i)$. 另外, 产品出口时企业还要承担关税成本（费用）: 如果政府 j 制定的关税税率为 t_j，企业 i 向国家 j 出口 e_i 必须支付关税 $t_j e_i$ 给政府 j.

博弈的时间顺序如下: 第一, 两个国家的政府同时选择关税税率 t_1 和 t_2; 第二, 企业观察到关税税率, 并同时选择其提供国内消费和出口的产量 (h_1, e_1) 和 (h_2, e_2); 第三, 企业 i 的收益为其利润额, 政府 i 的收益则为本国总的福利, 其中国家 i 的总福利是国家 i 的消费者享受的消费剩余、企业 i 赚取的利润以及政府 i 从企业 j 收取的关税收入之和:

$$\pi_i(t_i, t_j, h_i, e_i, h_j, e_j) = [a - (h_i + e_j)]h_i + [a - (e_i + h_j)]e_i - c(h_i + e_i) - t_j e_i$$

$$W_i(t_i, t_j, h_i, e_i, h_j, e_j) = \frac{1}{2}Q_i^2 + \pi_i(t_i, t_j, h_i, e_i, h_j, e_j) + t_i e_j$$

假设政府已选定的税率分别为 t_1 和 t_2，如果 $(h_1^*, e_1^*, h_2^*, e_2^*)$ 为企业 1 和企业 2 的（两市场）博弈的 Nash 均衡, 对每一个企业 i, (h_i^*, e_i^*) 必须满足:

$$\max_{h_i, e_i} \pi_i(t_i, t_j, h_i, e_i, h_j^*, e_j^*)$$

由于 $\pi_i(t_i, t_j, h_i, e_i, h_j^*, e_j^*)$ 可以表示为企业 i 在市场 i 的利润与在市场 j 的利润之和, 而企业 i 在市场 i 的利润只是 h_i 和 e_j^* 的函数, 在市场 j 的利润又只是 e_i, h_j^* 和 t_j 的函数, 企业 i 在两市场的最优化问题就可以简单地拆分为一个问题, 在每个市场分别求解: h_i^* 必须满足:

$$\max_{h_i \geqslant 0} h_i[a - (h_i + e_j^*) - c]$$

且 e_j^* 必须满足:

$$\max_{e_i \geqslant 0} e_i[a - (e_i + h_j^*) - c] - t_j e_i$$

假设 $e_j^* \leqslant a - c$，可得

$$h_i^* = \frac{1}{2}(a - e_j^* - c)$$

同时假设 $h_j^* \leqslant a - c - t_j$，可得

$$e_i^* = \frac{1}{2}(a - h_j^* - c - t_j)$$

对每一个 $i = 1, 2, i \neq j$，都必须同时满足上面两个最优反应函数, 从而我们解出关于四个未知数 $(h_1^*, e_1^*, h_2^*, e_2^*)$ 的四个方程式得

$$h_i^* = \frac{a - c + t_i}{3}, \quad e_i^* = \frac{a - c - 2t_j}{3}, \quad i = 1, 2 \tag{5.2.1}$$

　　比较例 5.1.5 的古诺博弈, 两个企业选择的均衡产出都是 $(a-c)/3$, 但这一结果是基于对称的边际成本而推出的. 这里的均衡结果与之不同的是, 政府对关税的选择使企业的边际成本不再对称. 例如, 在市场 i, 企业 i 的边际成本是 c, 但企业 j 的边际成本则是 $c+t_i$. 由于企业 j 的成本较高, 它意愿的产出也相对较低. 但如果企业 j 要降低产出, 市场出清价格又会相应提高, 于是企业 i 又倾向于提高产出, 这种情况下, 企业 j 的产量就又会降低. 结果就是在均衡条件下, h_i^* 随 t_i 的提高而上升, e_j^* 随 t_i 的提高而 (以更快的速度) 下降.

　　在解出了政府选定关税时, 其后第二阶段两企业博弈的结果之后, 我们可以把第一阶段政府间的互动决策表示为以下的同时行动博弈: 首先, 政府同时选择关税税率 t_1 和 t_2; 其次, 政府 i 的收益为 $W_i(t_i, t_j, h_1^*, e_1^*, h_2^*, e_2^*)$, $i=1,2$, 这里 h_i^* 和 e_i^* 是式 (5.2.1) 所表示的 t_i 和 t_j 的函数. 现在我们求解这一政府间博弈的 Nash 均衡.

　　为简化使用的表示符号, 我们把 h_i^* 决定于 t_i, e_i^* 决定于 t_j 隐于式中, 令 $W_i^*(t_i, t_j)$ 表示 $W_i(t_i, t_j, h_1^*, e_1^*, h_2^*, e_2^*)$, 即政府 i 选择关税 t_i, 政府 j 选择关税 t_j, 企业 i 和 j 上述的 Nash 均衡选择行动时政府 i 的收益. 如果 (t_1^*, t_2^*) 是这一政府间博弈的 Nash 均衡, 则对每一个 i, t_i^* 必须满足

$$\max_{t_i \geq 0} W_i^*(t_i, t_j^*)$$

其中

$$W_i^*(t_i, t_j^*) = \frac{(2(a-c)-t_i)^2}{18} + \frac{(a-c+t_i)^2}{9} + \frac{(a-c+2t_j^*)^2}{9} + \frac{t_i(a-c-2t_i)}{3}$$

于是, $t_i^* = \dfrac{a-c}{3}$. 这一结果对每一个 i 都成立, 并不依赖于 t_j^*. 也就是说, 在本模型中, 选择 $(a-c)/3$ 的关税税率对每个政府都是占优策略 (在其他模型中, 比如当边际成本递增时, 政府的均衡策略就不是占优策略). 把 $t_i^* = t_j^* = (a-c)/3$, 代入企业的 Nash 均衡解可得

$$h_i^* = \frac{4(a-c)}{9}, \quad e_i^* = \frac{a-c}{9} \tag{5.2.2}$$

这就得到企业第二阶段所选择的产出. 至此, 我们已求得这一关税博弈的子博弈精炼解为

$$t_1^* = t_2^* = (a-c)/3, \quad h_1^* = h_2^* = 4(a-c)/9, \quad e_1^* = e_2^* = (a-c)/9 \tag{5.2.3}$$

　　在子博弈精炼解中, 每一市场上的总产量为 $5(a-c)/9$. 进一步分析我们会发现, 如果政府选择的关税税率为 0, 则每一市场上的总产量将为 $2(a-c)/3$, 等于古诺模型的结果. 从而, 市场 i 的消费者剩余 (上面已说明, 它简单地等于市场 i 的总产量平方的一半), 在政府选择其占优策略时, 比选择 0 关税税率时要低. 事实

上, 为 0 的关税税率是社会最优选择, 因为 $t_1 = t_2 = 0$ 是下式的解

$$\max_{t_1, t_2 \geq 0} W_1^*(t_1, t_2) + W_2^*(t_2, t_1)$$

于是, 政府就有动因签订一个相互承诺 0 关税税率的协定(即自由贸易). 如果负关税税率, 即补贴, 是可行的, 社会最优化的条件是政府选择 $t_1 = t_2 = -(a-c)$, 这使得国内企业为本国消费者提供的产出为 0, 并向另一国家出口完全竞争条件下的产量. 这样, 由于企业 i 和企业 j 在第二阶段将按给出的 Nash 均衡结果行动, 政府在第一阶段的互动决策就成为囚徒困境式的问题: 唯一的 Nash 均衡是其占优策略, 但对整个社会却是低效率的.

例 5.2.7　工作竞赛.

考虑为同一老板工作的两个工人, 工人 i ($i = 1, 2$)生产的产出 $y_i = e_i + \varepsilon_i$, 其中 e_i 是努力程度, ε_i 是随机扰动项. 生产的程序如下: 第一, 两个工人同时选择非负的努力水平 $e_i \geq 0$; 第二, 随机扰动项 ε_1 和 ε_2 相互独立, 并服从期望值为 0 且密度函数为 $f(\varepsilon)$ 的概率分布; 第三, 工人的产出可以观测, 但各自选择的努力水平无法观测, 从而工人的工资可以决定各人的产出, 却无法(直接)取得其努力水平.

假设老板为激励工人努力工作, 而在他们中间开展工作竞赛. 工作竞赛的优胜者(即产出水平较高的工人)获得的工资为 ω_H, 失败者的工资为 ω_L. 工人获得工资水平 ω 并付出努力程度 e 时的收益为 $u(\omega, e) = \omega - g(e)$, 其中 $g(e)$ 表示努力工作带来的负效用, 是递增的凸函数(即 $g'(e) > 0$ 且 $g''(e) > 0$). 老板的收益为 $y_1 + y_2 - \omega_H - \omega_L$.

设老板为局中人 1, 他的行动 s_1 是选择工作竞赛中的工资水平 ω_H 和 ω_L, 这里不存在局中人2. 两个工人是局中人3 和局中人4, 他们观测第一阶段选定的工资水平, 然后同时行动 s_3 和 s_4, 具体地说就是选定的努力程度 e_1 和 e_2. 最后, 局中人各自的收益如前面所给出. 由于产出不只是局中人行动的函数, 而且同时还受随机扰动因素 ε_1 和 ε_2 的影响, 我们用局中人的期望收益进行分析.

假定老板已选定了工资水平 ω_H 和 ω_L, 如果一对努力水平 (e_1^*, e_2^*) 是第二阶段两个人博弈的 Nash 均衡, 则对每个 i, e_i^* 必须是个人的期望工资减去努力带来的负效用后的净收益最大, 亦即 e_i^* 必须满足:

$$\max_{e_i \geq 0} \left\{ E[W_i] - g(e_i) \right\}$$

其中

$$E[W_i] - g(e_i) = \omega_H P\left\{ y_i(e_i) > y_j(e_j^*) \right\} + \omega_L P\left\{ y_i(e_i) \leq y_j(e_j^*) \right\} - g(e_i)$$

$$= (\omega_H - \omega_L) P\left\{ y_i(e_i) > y_j(e_j^*) \right\} + \omega_L - g(e_i)$$

$$y_i(e_i) = e_i + \omega_i$$

此极大化问题的一阶条件为

$$(\omega_H - \omega_L)\frac{\partial P\{y_i(e_i) > y_i(e_j^*)\}}{\partial e_i} = g'(e_i) \tag{5.2.4}$$

也就是说, 工人 i 选择努力程度 e_i, 从而使得额外努力的边际负效用 $g'(e_i)$, 等于增加努力的边际收益, 后者又等于对优胜者的奖励工资 $\omega_H - \omega_L$, 乘以因努力程度提高而获得概率的增加.

根据贝叶斯法则

$$\begin{aligned}
P\{y_i(e_i) > y_i(e_j^*)\} &= P\{\varepsilon_i > e_j^* + \varepsilon_j - e_i\} \\
&= \int_{\varepsilon_j} P\{\varepsilon_i > e_j^* + \varepsilon_j - e_i \mid \varepsilon_j\} f(\varepsilon_j) \mathrm{d}\varepsilon_j \\
&= \int_{\varepsilon_j} [1 - F(e_j^* - e_i + \varepsilon_j)] f(\varepsilon_j) \mathrm{d}\varepsilon_j
\end{aligned}$$

于是, 一阶条件可化为

$$(\omega_H - \omega_L)\int_{\varepsilon_j} f(e_j^* - e_i + \varepsilon_j) f(\varepsilon_j) \mathrm{d}\varepsilon_j = g'(e_i)$$

在对称的情况下, Nash 均衡满足 $e_1^* = e_2^* = e^*$, 故有

$$(\omega_H - \omega_L)\int_{\varepsilon_j} f(\varepsilon_j)^2 \mathrm{d}\varepsilon_j = g'(e^*)$$

由于 $g(e)$ 是凸函数, 优胜获得的奖励越高(即 $\omega_H - \omega_L$ 的值越大), 就会激发更大的努力, 这和我们的直觉是一致的. 另一方面, 在同样的奖励水平下, 对产出的随机扰动因素越大, 越不值得努力工作, 因为这时工作竞赛的最终结果在很大程度上是决定于运气, 而非努力程度. 例如, 当 $\varepsilon \sim N(0, \sigma^2)$ 时, 有

$$\int_{\varepsilon_j} f(\varepsilon_j)^2 \mathrm{d}\varepsilon_j = \frac{1}{2\sigma\sqrt{\pi}}$$

随 σ 的增加而下降, 也就是说 e^* 的确随 σ 的增加而降低.

下面我们从后往前分析博弈的第一阶段. 假定工人们同意参加工作竞赛(而不是去另谋高就), 他们对给定的 ω_H 和 ω_L 的反应, 采用对称性的 Nash 均衡策略. 假定工人可寻求其他就业机会, 得到的效用为 U_a. 因为在对称的 Nash 均衡中每个工人在竞赛中获得优胜的概率为 $1/2$ (即 $P\{y_i(e^*) > y_i(e^*)\} = 1/2$), 如果老板要使工人有动力参加工作竞赛, 则他必须选择满足下式的工资水平

$$\frac{1}{2}\omega_H + \frac{1}{2}\omega_L - g(e^*) \geqslant U_a$$

假设 U_a 足够低, 以至于老板愿意激励工人参加竞赛, 则他会在满足上面的不等式约束条件下, 选择使自己期望收益 $2e^* - \omega_H - \omega_L$ 最大的工资水平. 由于在最优工资满足无松弛条件下, 此时上述不等式变为等式, 解之得

$$\omega_L = 2U_a + 2g(e^*) - \omega_H$$

则期望利润就成为 $2e^* - 2U_a - 2g(e^*)$，于是老板要考虑的问题就是使 $e^* - g(e^*)$ 最大化，这时他选择的工资水平应使得与之相应的 e^* 满足这一条件. 从而最优选择下的努力程度满足一阶条件 $g'(e^*) = 1$. 将其代入对称的 Nash 均衡条件 $(\omega_H - \omega_L)\int_{\varepsilon j} f(\varepsilon_j)^2 \mathrm{d}\varepsilon_j = g'(e^*)$，则意味着最优激励 $\omega_H - \omega_L$ 满足：

$$(\omega_H - \omega_L)\int_{\varepsilon j} f(\varepsilon_j)^2 \mathrm{d}\varepsilon_j = 1$$

求解方程组

$$\begin{cases} (\omega_H - \omega_L)\int_{\varepsilon j} f(\varepsilon_j)^2 \mathrm{d}\varepsilon_j = 1, \\ \omega_L = 2U_a + 2g(e^*) - \omega_H \end{cases}$$

可解得 ω_H 和 ω_L 的值. 特别地，若 $\varepsilon \sim N(0, \sigma^2)$，则

$$\omega_H^* = U_a + g(e^*) + \sigma\sqrt{\pi}, \quad \omega_L^* = U_a + g(e^*) - \sigma\sqrt{\pi} \tag{5.2.5}$$

5.2.3　可观察行动的重复博弈

现在我们分析在局中人之间长期重复相互往来中，关于将来行动的威胁或承诺能否影响到当期的行动.

我们称每次重复进行的博弈为阶段博弈，它们是构成重复博弈的基石. 假设阶段博弈是有限的完全信息静态博弈 $G = \{S_i, \cdots, S_n; u_1, \cdots, u_n\}$.

动态情形总是伴随着多阶段可观察行为博弈. 这种多阶段可观察行为博弈意味着：

(1) 所有局中人在阶段 k 选择其行动时，都知道他们在以前所有阶段 $0, 1, 2, \cdots$，$k-1$ 所采取的行动；

(2) 所有局中人在阶段 k 都是同时行动的.

通常情况下，我们会把博弈的"阶段"和时间区间加以区分，但在很多具体的模型中二者有着密切的关系.

为了定义重复博弈，我们先得定义重复博弈的策略空间和收益函数. 记 $s^{(t)} = (s_1^{(t)}, s_2^{(t)}, \cdots, s_n^{(t)}) \in \prod_{i=1}^{n} S_i$ 为 t 期实现的行动.

5.2.3.1　有限阶段重复博弈(不考虑贴现)

定义 5.2.1　对给定的阶段博弈 G，令 $G(T)$ 表示 G 重复进行 T 次的有限重复博弈，并且在下一次博弈开始前，所有以前博弈的进行都可被观测到. $G(T)$ 的无贴现收益定义为 T 次阶段博弈收益的简单相加.

通过实例，很容易获得如下定理.

定理 5.2.1　如果阶段博弈 G 有唯一的 Nash 均衡，则对任意有限的 T，重复博弈 $G(T)$ 有唯一的子博弈精炼解，即 G 的 Nash 均衡结果在每一阶段重复进行；如果

完全完美信息动态博弈 G 有唯一的逆向归纳解, 则对任意有限的 T, 重复博弈 $G(T)$ 有唯一的子博弈精炼解, 即 G 的逆向归纳解重复进行; 如果两阶段博弈 G 有唯一的子博弈精炼解, 则对任意有限的 T, 重复博弈 $G(T)$ 有唯一的子博弈精炼解, 即 G 的子博弈精炼解重复进行.

为了说明定理 5.2.1 的意义, 我们来考虑几个具体的博弈.

例 5.2.8 考虑表 5.2.3 给出的囚徒困境的标准式, 假设两个局中人要把这样一个同时行动博弈重复进行两次, 且在第二次博弈开始之前可观测第一次进行的结果, 并假设整个过程博弈的收益等于两阶段各自收益的简单相加(即不考虑贴现因素), 我们称这一重复进行的博弈为两阶段囚徒困境. 它属于完全非完美信息两阶段博弈, 这里局中人 3, 4 与局中人 1, 2 是相同的, 行动空间 A_3 和 A_4 也与行动空间 A_1 和 A_2 相同, 并且总收益 $U_i(a_1, a_2, a_3, a_4)$ 等于第一阶段结果 (a_1, a_2) 的收益与第二阶段结果 (a_3, a_4) 的收益的简单相加. 而且, 两阶段囚徒困境满足假定: 对每一个第一阶段的可行结果 (a_1, a_2), 在局中人 3 和 4 之间进行的博弈都存在唯一的 Nash 均衡, 表示为 $(a_3^*(a_1, a_2), a_4^*(a_1, a_2))$. 事实上, 两阶段囚徒困境满足比上述假定更为严格的条件: 在一般的完全非完美信息两阶段博弈中, 我们允许其余第二阶段博弈的 Nash 均衡依赖于第一阶段的结果, 从而表示为 $(a_3^*(a_1, a_2), a_4^*(a_1, a_2))$, 而不是简单的 (a_3^*, a_4^*) (例如, 在关税博弈中, 第二阶段企业选择的均衡产量决定于政府在第一阶段所选择的关税), 但在此两阶段囚徒困境中, 第二阶段博弈唯一的 Nash 均衡就是 (L_1, L_2), 不管第一阶段的结果如何.

表 5.2.3

		局中人 2	
		L_2	M_2
局中人 1	L_1	1, 1	5, 0
	M_1	0, 5	4, 4

根据求解此类博弈子博弈精炼解的程序, 第二阶段博弈的结果为该阶段的 Nash 均衡, 即为 (L_1, L_2), 两人收益为 $(1,1)$. 我们在此前提下分析两阶段囚徒困境第一阶段的情况. 由此, 两阶段囚徒困境中, 局中人在第一阶段的局势就可归纳为表 5.2.4 所示的一次性博弈, 其中, 第二阶段的均衡收益 $(1,1)$ 分别被加到两人第一阶段每一收益组合之上. 表 5.2.4 所示的博弈同样有唯一的 Nash 均衡: (L_1, L_2). 从而, 两阶段囚徒困境唯一的子博弈精炼解就是第一阶段的 (L_1, L_2) 和随后第二阶段的 (L_1, L_2). 在子博弈精炼解中, 任一阶段都不能达成相互合作 (M_1, M_2) 的结果.

表 5.2.4

		局中人 2	
		L_2	M_2
局中人 1	L_1	2, 2	6, 1
	M_1	1, 6	5, 5

　　这里需要说明的是, Nash 均衡解的唯一性是重复博弈的子博弈精炼解存在的充分但非必要的条件.

　　例 5.2.9　考虑阶段博弈 G 有多个 Nash 均衡的情况, 如表 5.2.5 所示. 策略 L_i 和 M_i 与表 5.2.3 所示的囚徒困境完全相同, 为了说明阶段博弈 Nash 均衡解的唯一性并非重复博弈 Nash 均衡解存在的必要条件, 我们增加了策略 R_i 使阶段博弈有了两个纯策略 Nash 均衡: 其一是囚徒困境中的 (L_1, L_2), 另外还有 (R_1, R_2).

表 5.2.5

	L_2	M_2	R_2
L_1	1, 1	5, 0	0, 0
M_1	0, 5	4, 4	0, 0
R_1	0, 0	0, 0	3, 3

　　这个例子中凭空给囚徒的困境增加了一个均衡解当然是很主观的, 但在此博弈中我们的兴趣主要在理论上, 而非其经济学意义. 我们将看到, 即使重复进行的阶段博弈像囚徒困境一样有唯一的 Nash 均衡, 但当重复博弈无限次进行下去时, 仍表现出这里所分析的多均衡特征. 从而, 我们在最简单的两阶段情况下分析一个抽象的阶段博弈, 以后再分析由有经济学意义的阶段博弈构成的无限重复博弈也就十分容易了.

　　设表 5.2.5 所示的阶段博弈重复进行两次, 并在第二阶段开始前可以观测到第一阶段的结果, 我们可以证明在这一重复博弈中存在一个子博弈精炼解, 其中第一阶段的策略组合为 (M_1, M_2). 假定在第一阶段局中人预测第二阶段的结果将会是下一阶段博弈的一个 Nash 均衡, 由于这里阶段博弈有不止一个 Nash 均衡, 因而局中人可能会根据第一阶段的不同结果, 预测在第二阶段的博弈中将会出现不同的 Nash 均衡. 例如, 设局中人预测如果第一阶段的结果是 (M_1, M_2), 第二阶段的结果将会是 (R_1, R_2), 而如果第一阶段中其他 8 个结果的任何一个出现, 第二阶段的结果就将会是 (L_1, L_2), 那么局中人在第一阶段所面临的局势就可归为表 5.2.6 所示的一次性博弈, 其中在 (M_1, M_2) 单元加上了 $(3, 3)$, 在其余 8 个单元各加上 $(1, 1)$.

在表 5.2.6 的博弈中有 3 个纯策略 Nash 均衡: (L_1, L_2), (M_1, M_2) 和 (R_1, R_2). 这个一次性博弈中的 Nash 均衡对应着重复博弈的子博弈精炼解. 表 5.2.6 中的 Nash 均衡 (L_1, L_2) 对应着重复博弈的子博弈精炼解 $((L_1, L_2), (L_1, L_2))$, 因为除第一阶段的结果是 (M_1, M_2) 外, 其他任何情况发生时, 第二阶段的结果都将是 (L_1, L_2). 类似地, 表 5.2.6 中的 Nash 均衡 (R_1, R_2) 对应了重复博弈的子博弈精炼解 $((R_1, R_2), (L_1, L_2))$. 重复博弈的这两个子博弈精炼解都简单地由两个阶段博弈的 Nash 均衡解相串而成. 但表 5.2.6 里的第三个 Nash 均衡结果却与前两者存在质的差别: 表 5.2.6 中的 (M_1, M_2) 对应的重复博弈子博弈精炼解为 $((M_1, M_2), (R_1, R_2))$, 因为对 (M_1, M_2) 之后的第二阶段结果预期是 (R_1, R_2), 亦即正如我们前面讲过的, 在重复博弈的子博弈精炼解中合作可以在第一阶段达成.

表 5.2.6

	L_2	M_2	R_2
L_1	2, 2	6, 1	1, 1
M_1	1, 6	7, 7	1, 1
R_1	1, 1	1, 1	4, 4

下面是更为一般的情况: 如果 $G = \{S_1, \cdots, S_n; u_1, \cdots, u_n\}$ 是一个有多个 Nash 均衡的完全信息静态博弈, 则重复博弈 $G(T)$ 可以存在子博弈精炼解, 其中对每一 $t < T$, t 阶段的结果都不是 G 的 Nash 均衡, 5.2.3.2 节我们在讨论无限重复博弈时还将涉及这一理念.

这个例子要说明的主要观点是, 对将来行动所作的可信的威胁或承诺可以影响到当前的行动, 也说明了子博弈精炼的概念对可信性的要求并不严格. 例如, 在推导子博弈精炼解 $((M_1, M_2), (R_1, R_2))$ 时, 我们假定如果第一阶段的结果是 (M_1, M_2), 则参与双方都预期 (R_1, R_2) 将是第二阶段的解, 如果第一阶段出现了任何其他 8 种结果之一, 第二阶段的结果就会是 (L_1, L_2). 但是, 由于第二阶段的博弈中 (R_1, R_2) 亦为可选择的 Nash 均衡, 而相应的收益为 $(3, 3)$, 这时选择收益为 $(1, 1)$ 的 (L_1, L_2) 看起来就比较愚蠢了. 不严格地看, 局中人双方进行重新谈判似乎是很自然的事. 如果第一阶段的结果并不是 (M_1, M_2), 从而双方第二阶段的行动应该是 (L_1, L_2), 那么每一个局中人可能会理性地认为过去的反正已经过去了, 在余下的阶段博弈中就会选择双方都偏好的均衡行动 (R_1, R_2). 但是, 如果对每个第一阶段的结果, 第二阶段的结果都将是 (R_1, R_2), 则第一阶段选择 (M_1, M_2) 的动机就被破坏了: 两个局中人在第一阶段面临的局势就可以简化表示为表 5.2.5 所示阶段博弈的每一单元格中的收益都加上 $(3, 3)$ 后形成的一次性博弈, 于是 i 对 M_j 的最优反应就成为 L_i.

例 5.2.10 为说明这一重新谈判问题的解决思路, 我们考虑表 5.2.7 所示的博

弈. 同样, 我们对这一博弈的分析只为了说明问题, 而不考虑其经济学含义, 从这一
杜撰的博弈中我们得出的有关重新谈判的观点, 亦可应用于对无限重复博弈中重
新谈判的分析. 这里的阶段博弈在表 5.2.5 的基础上又加上了策略 P_i 和 Q_i, 从而阶
段博弈有了四个纯策略 Nash 均衡: (L_1, L_2) 和 (R_1, R_2), 同时又增加了 (P_1, P_2) 和
(Q_1, Q_2). 与上例相同, 和 (L_1, L_2) 相比, 局中人双方都更倾向于选择 (R_1, R_2).

　　但更重要的是, 表 5.2.7 的博弈中, 不存在一个 Nash 均衡 (x, y), 使局中双方选
择策略时, 与 (P_1, P_2) 或 (Q_1, Q_2) 或 (R_1, R_2) 相比, 都更倾向于选择 (x, y). 我们称
(R_1, R_2) 帕累托优于 (Pareto-dominates) (L_1, L_2), 而且 (P_1, P_2), (Q_1, Q_2) 和 (R_1, R_2)
都处于表 5.2.7 所示博弈的 Nash 均衡收益的帕累托边界 (Pareto frontier) 之上.

表 5.2.7

	L_2	M_2	R_2	P_2	Q_2
L_1	1, 1	5, 0	0, 0	0, 0	0, 0
M_1	0, 5	4, 4	0, 0	0, 0	0, 0
R_1	0, 0	0, 0	3, 3	0, 0	0, 0
P_1	0, 0	0, 0	0, 0	4, 1/2	0, 0
Q_1	0, 0	0, 0	0, 0	0, 0	1/2, 4

　　设想表 5.2.7 的阶段博弈重复进行两次, 且在第二阶段开始前可以观测到第一
阶段的结果. 进一步假设局中人预期的第二阶段结果如下: 如果第一阶段的结果为
(M_1, M_2), 第二阶段将是 (R_1, R_2); 第一阶段 (M_1, ω), 其中 ω 为除 M_2 之外的任意策
略, 则第二阶段将为 (P_1, P_2); 第一阶段 (x, M_2), 其中 x 为除 M_1 之外的任意策略, 则
(Q_1, Q_2); 第一阶段 (y, z), 其中 y 为除 M_1 之外的任何策略, z 为除 M_2 之外的任何
策略, 则 (R_1, R_2). 那么 (M_1, M_2), (R_1, R_2) 就是重复博弈的子博弈精炼解, 因为先选
M_i, 接着选 R_i, 每个局中人都可得到 $4+3$ 的收益, 但在第一阶段偏离这一选择而选
L_i, 却只能得到 $5+1/2$ (选择其他行动的收益甚至更低). 更为重要的是, 例 5.2.10 中
遇到的困难在这里并没有出现. 在基于表 5.2.5 的两阶段重复博弈中, 对一个局中人在
第一阶段不守信用的惩罚, 只能是在第二阶段的帕累托居劣均衡, 从而同时惩罚了惩
罚者. 在这里与之不同的是, 有三个均衡处于帕累托边界之上, 且其中之一可以奖励参
与双方在第一阶段的良好行动, 另外两个则可以在惩罚第一阶段不守信用者的同
时, 奖励惩罚者. 从而, 一旦在第二阶段有必要实施惩罚, 惩罚者就不会再考虑选择阶
段博弈的其他均衡, 于是也就无法说服惩罚者就第二阶段的行动进行重新谈判.

5.2.3.2　无限重复博弈(有贴现)

　　现在我们来讨论介绍无限重复博弈. 与有限重复博弈一样, 在无限重复博弈

中, 未来行动的可信的威胁或承诺可以影响到当前的行动. 在有限情况的例子中我们已看到, 如果阶段博弈 G 有多个 Nash 均衡, 重复博弈 $G(T)$ 可能存在子博弈精炼解, 其中对任意 $t < T$, 阶段 t 的结果都不是 G 的 Nash 均衡.

我们将会看到, 在无限重复博弈中一个更强的结论成立: 即使阶段博弈有唯一的 Nash 均衡, 无限重复博弈中也可以存在子博弈精炼解, 其中没有一个阶段的结果是 G 的 Nash 均衡.

定义 5.2.2 给定一个阶段博弈 G, 令 $G(\infty, \delta)$ 表示相应的无限重复博弈, 其中 G 将无限次地重复进行, 且局中人的贴现因子都是 δ. 对每一个 t 之前 $t-1$ 次阶段博弈的结果在 t 阶段开始进行前都可被观测到, 每个局中人在 $G(\infty, \delta)$ 中的收益都是该局中人在无限次的阶段博弈中所得收益的现值. 这里无限的收益序列 $\pi_1, \pi_2, \pi_3, \cdots$ 的现值是指

$$\pi_1 + \delta\pi_2 + \delta^2\pi_3 + \cdots = \sum_{t=1}^{\infty} \delta^{t-1}\pi_t \tag{5.2.6}$$

无限序列 $\pi_1, \pi_2, \pi_3, \cdots$ 的平均收益 π 为

$$\pi := (1-\delta)\sum_{t=1}^{\infty} \delta^{t-1} t_t \tag{5.2.7}$$

注 在定义 5.2.2 中, 借助于贴现因子 δ, 可以把无限重复的博弈解释为一个有限重复的博弈, 但在其结束之前重复进行的次数是随机的, 即设想在博弈的每一阶段完成后, 都要掷一枚(加权的)硬币来决定博弈是否结束. 如果博弈立刻结束的概率为 p, 则博弈将至少再进行一个阶段的概率为 $1-p$, 在下一阶段将可以得到的收益(如果能继续进行) π, 在当前阶段的硬币未掷之前的价值只有 $(1-p)^2\pi(1+r)^2$. 令 $\delta = (1-p)/(1+r)$, 则现值 $\pi_1 + \delta\pi_2 + \delta^2\pi_3 + \cdots$ 既包含了货币的时间价值又包含了博弈将要结束的可能性.

我们仍将每一局中人在无限重复博弈 $G(\infty, \delta)$ 的收益定义为该局中人在无限个阶段博弈中收益的现值, 但我们用同样无限个收益值的平均收益(average payoff)来表示这一现值却更为方便, 平均收益指为得到相等的收益现值而在每一阶段都应该得到的等额收益值. 令贴现因子为 δ, 设无限的收益序列 $\pi_1, \pi_2, \pi_3, \cdots$ 的现值为 V, 如果每一阶段都能得到的收益为 π, 则现值为 $\pi/(1-\delta)$. 在贴现因子为 δ 时, 为使 π 等于无限序列 $\pi_1, \pi_2, \pi_3, \cdots$ 的平均收益, 这两个现值必须相等, 于是 $\pi = V(1-\delta)$, 也就是说, 平均收益为现值的 $(1-\delta)$ 倍. 与现值相比, 使用平均收益的优点在于后者能够和阶段博弈的收益直接比较.

定义 5.2.3 在无限重复博弈 $G(\infty, \delta)$ 中, 局中人的一个策略是指在每一阶段, 针对其前面阶段所有可能的进行过程, 局中人将会选择的行动.

定义 5.2.4 在有限重复博弈 $G(T)$ 中, 由第 $t+1$ 阶段开始的一个子博弈为 G 进

行 $T-t$ 次的重复博弈, 可表示为 $G(T-t)$. 由第 $t+1$ 阶段开始有许多子博弈, 到 t 阶段为止的每一可能的进行过程之后都是不同的子博弈. 在无限重复博弈 $G(\infty,\delta)$ 中, 由 $t+1$ 阶段开始的每个子博弈都等同于初始博弈 $G(\infty,\delta)$, 博弈 $G(\infty,\delta)$ 到 t 阶段为止有多少不同的可能进行过程, 就有多少从 $t+1$ 阶段开始的子博弈.

有一点务请注意, 重复博弈的第 t 阶段本身并不是整个博弈的一个子博弈. 子博弈是原博弈的一部分, 不只是说博弈到此为止的进行过程已成为全体局中人的共同知识, 还包括了原博弈在这一时间点之后的所有阶段. 只单独分析 t 阶段的博弈就等于把第 t 阶段看成原处罚博弈的最后一个阶段, 这样的分析也可能会得到一些结论, 但却完全无助于对整个重复博弈的分析.

定义 5.2.5 对有限重复博弈 $G(T)$ 或无限重复博弈 $G(\infty,\delta)$, 如果局中人的策略在每一子博弈中都构成 Nash 均衡, 我们则说 Nash 均衡是子博弈精炼的.

定理 5.2.2(弗里德曼, 1971) 令 $G=\{A_1,A_2,\cdots,A_n;u_1,u_2,\cdots,u_n\}$ 为一个有限的完全信息静态博弈, 令 $(e_1,\cdots,e_n)$ 表示 G 的一个 Nash 均衡的收益, 且 $(x_1,\cdots,x_n)$ 表示 G 的其他任何可行收益. 如果对每一局中人 i 有 $x_i > e_i$, 且如果 δ 足够接近于 1, 则无限重复博弈 $G(\infty,\delta)$ 存在一个子博弈精炼 Nash 均衡, 其平均收益可达到 $(x_1,\cdots,x_n)$.

证明 令 $(a_{e_1},\cdots,a_{e_n})$ 为 G 的 Nash 均衡, 均衡收益为 $(e_1,\cdots,e_n)$. 类似地, 令 $(a_{x_1},\cdots,a_{x_n})$ 为带来可行收益 $(x_1,\cdots,x_n)$ 的行动组合.(后面的符号只是象征性的, 因为它忽略了要达到的任意可行收益一般都需要借助于公用的随机发生器)考虑以下局中人 i 的触发策略:

在第一阶段选择 a_{x_i}, 在第 t 阶段, 如果所有前面 $t-1$ 个阶段的结果都是 $(a_{x_1},\cdots,a_{x_n})$, 则选择 a_{x_i}; 否则选择 a_{e_i}.

如果参与双方都采用这种触发策略, 则无限重复博弈的每一阶段的结果都将是 $(a_{x_1},\cdots,a_{x_n})$, 从而(期望的)收益为 $(x_1,\cdots,x_n)$.

首先, 我们论证如果 δ 足够接近于 1, 则局中人的这种策略是重复博弈的 Nash 均衡, 其后再证明这样一个 Nash 均衡是子博弈精炼的.

设想除局中人 i 之外的所有局中人都采用了这一触发策略. 由于一旦某一阶段的结果不是 $(a_{x_1},\cdots,a_{x_n})$, 其他局中人将永远选择 $(a_{e_1},\cdots,a_{e_{i-1}},a_{e_{i+1}},\cdots,a_{e_n})$, 局中人 i 的最优反应为: 一旦某一阶段的结果偏离了 $(a_{x_1},\cdots,a_{x_n})$, 就永远选择 a_{e_i}. 其余就是要确定局中人 i 在第一阶段的最优反应, 以及之前所有阶段的结果都是 $(a_{x_1},\cdots,a_{x_n})$ 时的最优反应. 令 a_{d_i} 为局中人 i 对 $(a_{x_1},\cdots,a_{x_n})$ 的最优偏离, 即 a_{d_i} 为下式的解

$$\max_{a_i \in A_i} u_i(a_{x_1},\cdots,a_{x_{i-1}},a_{x_i},a_{x_{i+1}},\cdots,a_{x_n})$$

令 d_i 为 i 从此偏离中得到的收益: $d_i = u_i(a_{x_1}, \cdots, a_{x_{i-1}}, a_{x_i}, a_{x_{i+1}}, \cdots, a_{x_n})$(再一次我们忽略了随机数发生器的作用: 最优偏离及其收益可以依赖于随机数发生器产生的纯策略). 我们有

$$d_i \geqslant x_i = u_i(a_{x_1}, \cdots, a_{x_{i-1}}, a_{x_i}, a_{x_{i+1}}, \cdots, a_{x_n}) > e_i = u_i(a_{e_1}, \cdots, a_{e_n})$$

选择 a_{d_i} 将会使当前阶段的收益为 d_i, 但却将触发其他参与人永远选择 $(a_{e_1}, \cdots, a_{e_{i-1}}, a_{e_{i+1}}, \cdots, a_{e_n})$, 对比局中人 i 的最优选择为 a_{e_i}, 于是未来每一阶段的收益都将是 e_i. 这一收益序列的现值为

$$d_i + \delta \cdot e_i + \delta^2 \cdot e_i + \cdots = d_i + \frac{\delta}{1-\delta} e_i$$

(由于任何偏离都将触发其他局中人的相同反应, 我们只需要考虑能带来最大收益的偏离就足够了). 另一方面, 选择 a_{x_i} 将在本阶段得到收益 x_i, 并且在下一阶段可在 a_{d_i} 和 a_{x_i} 之间进行完全相同的选择. 令 V_i 表示局中人 i 就此作出这样选择时各阶段博弈收益的现值(目前及其后每一次面临这样选择时). 如果选择 a_{x_i} 是最优的, 则

$$V_i = x_i + \delta V_i \quad \text{或} \quad V_i = x_i / (1-\delta)$$

如果选择 a_{d_i} 是最优的, 则

$$V_i = d_i + \frac{\delta}{1-\delta} e_i$$

上式前面已经导出(假定随机数发生器序列不相关(serially uncorrelated), 则令 d_i 为局中人 i 偏离随机数发生器确定的不同纯策略可能得到的最高收益就足够了), 那么, 当且仅当下式成立选择 a_{x_i} 是最优的

$$\frac{x_i}{1-\delta} \geqslant d_i + \frac{\delta}{1-\delta} e_i \quad \text{或} \quad \delta \geqslant \frac{d_i - x_i}{d_i - e_i}$$

从而, 在第一阶段, 并且在之前的结果都是 $(a_{x_1}, \cdots, a_{x_n})$ 的任何假定, 当且仅当 $\delta \geqslant (d_i - x_i) / (d_i - e_i)$ 时, 局中人 i 的最优行动(给定其他局中人已采用了触发策略)是 a_{x_i}.

给定这一结果以及一旦某一阶段的结果偏离了 $(a_{x_1}, \cdots, a_{x_n})$, 则 i 的最优反应是永远选择 a_{e_i}, 我们得到当且仅当下式成立时, 所有局中人采用开始时描述的触发策略是 Nash 均衡

$$\delta \geqslant \max_i \frac{d_i - x_i}{d_i - e_i}$$

由于 $d_i \geqslant x_i \geqslant e_i$, 对每一个 i 都一定有 $(d_i - x_i) / (d_i - e_i) < 1$, 那么对所有局中人上式的最大值也一定严格小于 1.

余下的就是证明这一 Nash 均衡是子博弈精炼的, 即触发策略必须在 $G(\infty,\delta)$ 的每一个子博弈中构成 Nash 均衡. 我们已讲过, $G(\infty,\delta)$ 的每一个子博弈都等同于 $G(\infty,\delta)$ 本身. 在触发策略 Nash 均衡中, 这些子博弈可分为两类: ①所有前面阶段的结果都是 $(a_{x_1},\cdots,a_{x_n})$ 时的子博弈; ②前面至少有一个阶段的结果偏离了 $(a_{x_1},\cdots,a_{x_n})$ 时的子博弈. 如果局中人在整个博弈中采用了触发策略, 则: ①局中人在第一类子博弈中的策略同样也是触发策略, 而我们刚刚证明它是整个博弈的 Nash 均衡; ②局中人在第二类子博弈中的策略永远是简单重复阶段博弈均衡 $(a_{e_1},\cdots,a_{e_n})$, 它也是整个博弈的一个 Nash 均衡. 从而, 我们证明了无限重复博弈的触发策略 Nash 均衡是子博弈精炼的. 证毕!

例 5.2.11　无限重复的囚徒困境博弈.

设想表 5.2.8 的囚徒困境将无限次地重复进行, 并且对每个 t, 在第 t 阶段开始前的 $t-1$ 次阶段博弈的结果都可被观测到. 将这无限次阶段博弈的收益简单相加, 对衡量局中人在无限次重复博弈中的总收益并无太大意义, 比如每一阶段得到的收益为 4 显然要优于每一阶段得到的收益为 1, 但两者之和却都是无穷大. 贴现因子 $\delta=1/(1+r)$ 为一个时期后的一美元今天的价值, 其中 r 为每一阶段的利率. 给定一个贴现因子及局中人在无限次博弈中每次的收益, 我们可以计算收益的现值——如果现在把这笔钱存入银行, 在一定期间结束时, 银行存款的余额与那时可得到的金额相等. 假设每一局中人的贴现因子都为 δ, 且每一局中人在重复博弈中得到的收益等于各自在所有阶段博弈中得到收益的现值. 我们将证明尽管阶段博弈中唯一的 Nash 均衡是不合作, 即 (L_1,L_2), 但在无限重复博弈的一个子博弈精炼解中, 每一阶段的结果都将是相互合作, 即 (R_1,R_2). 论证中要运用我们分析基于表 5.2.5 的两阶段重复博弈时的思想(在该阶段博弈中我们在囚徒困境的基础上加入了第二个 Nash 均衡): 如果目前局中人相互合作, 则下一阶段他们将选择高收益的均衡结果, 否则将选择低收益的均衡结果. 两阶段重复博弈和无限重复博弈的不同之处在于, 这里下一次可选择的高收益均衡, 并不是人为加在阶段博弈之上的另一个均衡结果, 而是代表着在下一阶段及其后的继续合作.

表 5.2.8

局中人 2

		L_2	R_2
局中人 1	L_1	1, 1	5, 0
	R_1	0, 5	4, 4

假设局中人 i 在无限重复博弈的开始选择相互合作的策略, 并且当且仅当前面每个阶段局中双方都选择相互合作时, 在其后的阶段博弈中也选择相互合作. 我

们可把局中人 i 的这一策略正式表述为:

在第一阶段选择 R_i, 且在第 t 阶段, 如果所有前面 $t-1$ 阶段的结果都是 (R_1, R_2), 则选择 R_i, 否则选择 L_i.

这一策略是触发策略(trigger strategy)的一种, 之所以称之为触发策略, 是如果没有人选择不合作, 合作将一直进行下去; 一旦有人选择不合作, 就会触发其后所有阶段都不再相互合作. 如果参与双方都采取这种触发策略, 则此无限重复博弈的结果就将是每一阶段选择 (R_1, R_2). 我们首先论证如果 δ 距 1 足够近, 则采取这种策略, 对局中双方都是无限重复博弈的 Nash 均衡.

为证明采取上述触发策略, 对局中双方来讲都是无限重复博弈的 Nash 均衡, 我们将假定局中人 i 已采取触发策略, 并证明 δ 在足够接近 1 的条件下, 局中人 j 的最优反应为也选择同样的策略. 由于一旦某阶段的结果偏离了 (R_1, R_2), 局中人 i 将在其后永远选择 L_i, 那么如果某阶段的结果偏离了 (R_1, R_2), 局中人 i 的最优反应同样是在其后永远选择 L_i. 余下的就是计算局中人 j 在第一阶段的最优反应, 以及前面的结果都是 (R_1, R_2) 时, 下一阶段的最优反应. 选择 L_i 将会使当期得到 5 的收益, 但却会触发局中人 i 的永远不合作策略(从而亦引发局中人 j 本人的不合作), 于是未来每一阶段的收益都将成为 1. 由于 $1 + \delta + \delta^2 + \cdots = 1/(1-\delta)$, 上述一系列收益的现值为

$$5 + \delta \cdot 1 + \delta^2 \cdot 1 + \cdots = 5 + \frac{\delta}{1-\delta}$$

采取另外的策略, 选择 R_j 在本期的收益将为 4, 并且在下一阶段还可得到完全相同的选择机会, 令 V 表示, 局中人 j 在(当前和以后每一次面临同样选择时)无限次的选择中总选择最优策略时收益的现值. 如果选择 R_j 是最优的, 则

$$V = 4 + \delta \cdot V$$

或 $V = 4/(1-\delta)$, 因为选择 R_j 时, 下一阶段还有机会进行相同选择. 如果选择 L_j 是最优的, 则

$$V = 5 + \frac{\delta}{1-\delta}$$

此结果前面已经导出. 于是, 当且仅当下式成立, 选择 R_j 为最优:

$$\frac{4}{1-\delta} \geqslant 5 + \frac{\delta}{1-\delta} \tag{5.2.8}$$

即 $\delta \geqslant 1/4$. 于是, 当且仅当 $\delta \geqslant 1/4$ 时, 在第一阶段, 并且在前面结果都是 (R_1, R_2) 的下一阶段, 局中人 j 的最优反应(给定局中人 i 已采取了触发策略为 R_j. 这一结论, 再加上前面已证明的, 一旦某一阶段的结果偏离了 (R_1, R_2), j 的最优反应就是永远选择 L_j, 我们已经证明当且仅当 $\delta \geqslant 1/4$ 时, 参与双方都采取触发策略是博弈的 Nash 均衡.

　　下面我们要论证的是这一 Nash 均衡同时又是子博弈精炼的. 为做到这一点, 首先定义重复博弈中的以下三个概念: 重复博弈中的策略、重复博弈中的子博弈以及重复博弈的子博弈精炼 Nash 均衡.

　　在所有博弈(无论是重复的还是非重复的)中, 局中人的一个策略都是行动的一个完整计划——它包括了该局中人在所有可能的情况下, 需要作出选择时的行动. 更形象一点讲, 如果一个局中人在博弈开始前把一个策略留给他的律师, 律师就可以代理该局中人参加博弈, 在任何情况下都无须再征询局中人的意见, 指客观上不需要, 即各种情况下应该怎么办已由局中人的策略安排好了, 而不是指律师可以代理决策. 例如, 在一个完全信息静态博弈中, 一个策略就是一个简单的行动(这也是为什么将这样的博弈表示为 $G=\{S_1,\cdots,S_n;u_1,\cdots,u_n\}$, 而在本段中又表示为 $G=\{A_1,\cdots,A_n;u_1,\cdots,u_n\}$: 对一个完全信息静态博弈而言, 局中人 i 的策略空间 S_i 即简单等于其行动空间 A_i). 不过在动态博弈中, 一个策略就较为复杂了.

　　在有限重复博弈 $G(T)$ 或无限重复博弈 $G(\infty,\delta)$ 中, 博弈到阶段 t 的进行过程(history of play through stage t)指各方局中人从阶段 1 到阶段 t 所有行动的记录. 例如, 局中人可能在第一阶段选择 $(a_{11},\cdots,a_{n1})$, 在第二阶段选择 $(a_{12},\cdots,a_{n2})$, $\cdots$, 在第 t 阶段选择 $(a_{1t},\cdots,a_{nt})$, 其中对每一局中人 i, 在阶段 t 的行动 a_{it} 属于行动集 A_i.

　　下面我们讨论子博弈. 一个子博弈是全部博弈的一部分, 当全部博弈进行到任何一个阶段, 到此为止的进行过程已成为参与各方的共同知识, 而其后尚未开始进行的部分就是一个子博弈. 在两阶段囚徒困境中, 就有 4 个子博弈, 分别为第一阶段 4 种可能的结果出现后, 第二阶段的博弈. 在有限重复博弈 $G(T)$ 或无限重复博弈 $G(\infty,\delta)$ 中, 策略的定义和子博弈的定义关系非常密切: 局中人的一个策略指该局中人在博弈的第一阶段选择的行动以及其所有子博弈的第一阶段将要选择的行动.

　　博弈精炼 Nash 均衡在动态博弈中局中人的潜在复杂性: 在所有博弈中, Nash 均衡是所有局中人的一个策略组合, 每个局中人都有一个策略, 并且每一局中人的策略都是针对其他局中人策略的最优反应.

　　子博弈精炼 Nash 均衡把 Nash 均衡的概念进一步严格化, 即一个子博弈精炼 Nash 均衡首先必须是 Nash 均衡, 然后还需通过其他检验.

　　为证明无限重复囚徒困境中的触发策略 Nash 均衡是子博弈精炼的, 我们必须证明触发策略在此无限重复博弈中的每一子博弈中都构成了 Nash 均衡. 我们已提到, 无限重复博弈的每一子博弈都等同于原博弈. 在无限重复囚徒困境的触发策略 Nash 均衡中, 这些子博弈可分为两类: ①所有以前阶段的结果

都是 (R_1,R_2) 的子博弈; ②至少有一个前面阶段的结果不是 (R_1,R_2) 的子博弈. 如果局中人在整个博弈中采取触发策略, 则: ①局中人在第一类子博弈中的策略同样是触发策略, 我们已证明它是整个博弈的一个 Nash 均衡; ②局中人在第二类子博弈中的策略只是永远单纯重复阶段博弈的 Nash 均衡 (L_1,L_2), 它同样是整体博弈的 Nash 均衡. 从而证明了, 无限重复囚徒困境中的触发策略 Nash 均衡是子博弈精炼的.

在本节最后, 我们简单介绍无限重复博弈理论的两个进一步发展, 这两方面都由于囚徒困境的特殊性而被掩盖了. 在表 5.2.8 的(一次性)囚徒困境中局中人 i 通过选择 L_i, 可保证至少得到 Nash 均衡收益 1, 但是在一次性的古诺双头博弈中, 一个企业通过生产 Nash 均衡产出, 并不能保证得到 Nash 均衡下的利润; 而一个企业所能保证得到的唯一的利润为 0, 这时它可以完全停工. 给定一个任意的阶段博弈 G, 令 r_i 表示局中人 i 的保留收益(reservation payoff), 即无论其他局中人如何行动, 局中人 i 能够保证的最大收益, 则一定会有 $r_i \leqslant e_i$ (这里 e_i 为弗里德曼定理中使用的 Nash 均衡下的收益), 因为如果 r_i 大于 e_i, 则局中人再选择其 Nash 均衡策略就不是他的最优反应. 在囚徒困境中, $r_i = e_i$, 但在古诺双头博弈(此类居多)中, $r_i < e_i$.

弗登伯格和马斯金(1986)证明对两个局中人的博弈, 弗里德曼定理中的均衡收益 (e_1,e_2) 换为保留收益 (r_1,r_2), 结论同样成立. 即如果 (x_1,x_2) 为 G 的一个可行收益, 且对每个 i 都有 $x_i > r_i$, 则对足够接近于 1 的 δ, $G(\infty,\delta)$ 存在一个子博弈精炼 Nash 均衡, 其平均收益等于 (x_1,x_2), 即使对某个或双方局中人来说, $x_i < e_i$. 对局中人为两方以上的博弈, 弗登伯格和马斯金给出了一个较宽松的条件, 使得定理中的均衡收益 $(e_1,\cdots,e_n)$ 可以替换为保留收益 $(r_1,\cdots,r_n)$.

另外, 一个互补性的问题同样有趣: 在贴现因子并不"足够接近于 1"时, 子博弈精炼 Nash 均衡能达到什么样的平均收益? 处理这样问题的思路之一是令 δ 等于一个固定值, 并在假设局中人运用触发策略, 一旦发生任何偏离就永远转到阶段博弈的 Nash 均衡的条件下, 计算可以达到的平均收益. 在决定当前阶段是否偏离时, δ 越小, 下一阶段开始进行惩罚的效果就越小. 然而, 一般来讲局中人总可以比简单惩罚阶段博弈的 Nash 均衡得到更高的收益. 第二种方法, 由阿布勒(Abreu, 1988)最先提出, 基于如下思路, 即阻止一个局中人偏离既定策略的最有效的方法是威胁该局中人, 一旦偏离, 就将受到最严厉的可信的惩罚(即威胁该局中人, 一旦偏离, 就将选择使偏离者收益最低的无限重复博弈的子博弈精炼 Nash 均衡). 在绝大多数博弈中, 永远转到阶段博弈的 Nash 均衡并不是最严厉的可信惩罚, 于是有些使用触发策略方法无法达到的平均收益, 运用阿布勒的方法可以达到. 不过, 在囚徒困境中, 阶段博弈的 Nash 均衡恰好得到保留收益(即 $e_i < r_i$),则这两种方法是等价的. 下面将对着两种方法分别给出相应的例子.

例 5.2.12 古诺双头垄断下的共谋.

弗里德曼在研究无限重复博弈中首先采取触发策略, 即只要发生任何背离, 就在以后阶段永远转到阶段博弈的 Nash 均衡, 由此可以达成在整个博弈中的合作. 最初使用的例子是古诺双头垄断时的共谋: 如果市场中的总产量为 $Q = q_1 + q_2$, 则市场出清价格为 $P(Q) = a - Q$, 假定 $Q < a$. 每一企业的边际成本为 c, 且无固定成本, 两企业同时选择产量. 在唯一的 Nash 均衡条件下, 每一企业的产量为 $(a-c)/3$, 我们称之为古诺产量并用 q_c 表示. 由于均衡条件下的总产量 $2(a-c)/3$ 大于垄断产量 $q_m \equiv (a-c)/2$, 如果两企业分别生产垄断产出的一半, 即 $q_i = q_m/2$ 时, 每一企业的福利都将较均衡情况下提高.

考虑上述古诺博弈为阶段博弈的无限重复博弈, 两企业的贴现因子均为 δ. 下面我们计算两个企业的下述触发策略成为无限重复博弈的 Nash 均衡时, 贴现因子 δ 的值:

在第一阶段生产垄断产量的一半, $q_m/2$. 第 t 阶段, 如果前面 $t-1$ 个阶段两个企业的产量都为 $q_m/2$, 则生产 $q_m/2$; 否则, 生产古诺产量 q_c.

当双方都生产 $q_m/2$ 时, 每个企业的利润为 $(a-c)^2/8$, 我们用 $\pi_m/2$ 来表示. 当双方都生产 q_c 时, 每个企业的利润为 $(a-c)^2/9$, 我们用 π_c 表示. 最后, 如果企业 i 将在本期生产 $q_m/2$, 则使企业 j 本期利润最大化的产量是下式的解

$$\max_{q_j} \left(a - q_j - \frac{1}{2}q_m - c \right) q_j$$

它的解为 $q_j = 3(a-c)/8$, 相应的利润水平为 $9(a-c)^2/64$, 我们用 π_d 表示(d 表示偏离). 那么, 要使两企业采取上述触发策略成为 Nash 均衡, 必须满足

$$\frac{1}{1-\delta} \cdot \frac{1}{2} \pi_m \geqslant \pi_d + \frac{\delta}{1-\delta} \cdot \pi_c \tag{5.2.9}$$

式(5.2.9)和分析囚徒困境时的式(5.2.8)是相同的. π_m, π_d, π_c 的值代入(5.2.9)得到 $\delta \geqslant 9/17$. 这一 Nash 均衡又是子博弈精炼的.

我们可以进一步追问如果 $\delta \geqslant 9/17$, 企业的行为将如何? 首先来计算对任意一个给定的 δ 值, 如果双方都采用触发策略, 一旦出现背离就永远转到古诺产出, 企业可以达到的利润最大化的产量. 我们已经知道, 这样的触发策略不能支持低到垄断产出一半的产量, 但对任意 δ 的值, 永远简单重复古诺产量却都是一个子博弈精炼 Nash 均衡. 从而, 触发策略可以支持的利润最大化产量处于 $q_m/2$ 和 q_c 之间. 为计算这一产量, 考虑如下的触发策略.

第一阶段生产 q^*. 在第 t 阶段, 如果在此之前的 $t-1$ 个阶段两企业的产量都是 q^*, 生产 q^*; 否则, 生产古诺 q_c.

如果双方都生产 q^*, 每个企业的利润为 $(a-2q^*-c)q^*$, 用 π^* 表示. 如果企业 i 计划在当期生产 q^*, 则使企业 j 当期收益 (利润) 最大化的产量为下式的解:

$$\max_{q_j}(a-q^*-c)q_j$$

其解为 $q_j=(a-q^*-c)/2$, 相应的利润为 $(a-q^*-c)^2/4$, 仍用 π_d 表示. 当下式成立时, 两个企业都采取上面给出的触发策略下的 Nash 均衡满足:

$$\frac{1}{1-\delta}\pi^* \geqslant \pi_d + \frac{\delta}{1-\delta}\cdot\pi_c \tag{5.2.10}$$

解由式 (5.2.10) 形成的关于 q^* 的二次方程, 可得上面给出的触发策略成为子博弈精炼 Nash 均衡的 q^*

$$q^* = \frac{9-5\delta}{3(9-\delta)}(a-c) \tag{5.2.11}$$

它随 δ 单调递减, 且当 δ 达到 $9/17$ 时, 达到 $q_m/2$, 当 δ 达到 0 时达到 q_c.

下面我们试着使用第二种方法, 它的出发点是威胁使用最严厉的可信的惩罚. 阿布勒 (1986) 将这一思路运用于古诺模型中, 比我们使用一个任意的贴现因子更具有一般性; 这里只简单证明在我们的模型中, 如果用阿布勒的方法, 在 $\delta=1/2$ (小于 $9/17$) 时, 也可以达到垄断产量. 考虑下面的 "两面" (two-phase) (亦称胡萝卜加大棒 (carrot-and-stick) 策略).

在第一阶段生产垄断产量的一半, $q_m/2$. 如果两个企业在第 $t-1$ 阶段都生产 $q_m/2$, 则在第 t 阶段生产 $q_m/2$; 如果两个企业在第 $t-1$ 阶段的产量都是 x, 则在第 t 阶段生产 x; 其他情况下生产 x.

这一策略为局中人提供了两种手段: 其一是 (单阶段的) 惩罚, 这时企业生产 x; 其二是 (潜在无限阶段的) 合作, 这时企业的产量为 $q_m/2$. 如果任何一个企业偏离了合作, 则惩罚开始, 如果任何一个企业背离了惩罚, 则会使博弈进入又一轮惩罚. 如果两个企业都不背离惩罚, 则在下一阶段又回到合作.

如果两企业都生产 x, 每个企业利润为 $(a-2x-c)x$, 用 $\pi(x)$ 表示. 令 $V(x)$ 表示当期的利润 $\pi(x)$, 以后每阶段的利润永远是垄断利润的一半, 企业总收益的现值:

$$V(x) = \pi(x) + \frac{\delta}{1-\delta}\cdot\frac{1}{2}\pi_m$$

如果企业 i 计划在当期生产 x, 则使企业 j 利润最大化的产出为下式的解

$$\max_{q_j}(a-q_j-x-c)q_j$$

其解为 $q_j = (a - x - c)/2$, 相应的利润为 $(a - x - c)^2 / 4$, 用 $\pi_{dp}(x)$ 表示, 其中 dp 的含义是对惩罚的背离.

如果两家企业都采用上面的两面策略, 则无限重复博弈里的子博弈就可归为两类: ①合作的子博弈, 其前面一个阶段的结果是 $(q_m/2, q_m/2)$ 或 (x, x); ②惩罚的子博弈, 其前面一个阶段的结果既不是 $(q_m/2, q_m/2)$, 又不是 (x, x). 两企业都采取上面的两面策略要成为一个子博弈精炼 Nash 均衡, 则在其每一类子博弈中遵循该策略必须是 Nash 均衡, 具体地说, 在合作的子博弈中, 每一企业与本期得到 π_d 的收益且下期得到惩罚的现值收益 $V(x)$ 相比, 必须更愿意永远得到垄断收益的一半:

$$\frac{\delta}{1-\delta} \cdot \frac{1}{2} \pi_m \geqslant \pi_d + \delta V(x) \tag{5.2.12}$$

在惩罚的子博弈中, 每一企业与本期得到 π_{dp} 的收益, 且下期又开始惩罚相比, 企业更愿意共同执行惩罚产量:

$$V(x) \geqslant \pi_{dp}(x) + \delta V(x) \tag{5.2.13}$$

将 $V(x)$ 代入 (5.2.12) 可得

$$\delta \left(\frac{1}{2} \pi_m - \pi(x) \right) \geqslant \pi_d - \frac{1}{2} \pi_m \tag{5.2.14}$$

它表示, 在本期背离所得的好处必须不大于下一期惩罚带来损失的现值 (假设两个企业都不背离惩罚期, 则下一阶段之后就没有损失了, 因为惩罚已经结束, 企业又回到垄断产出, 就像根本没发生过背离一样). 同样, (5.2.13) 又可写成

$$\delta \left(\frac{1}{2} \pi_m - \pi(x) \right) \geqslant \pi_{dp}(x) - \pi(x) \tag{5.2.15}$$

其含义与上面是相似的. 对 $\delta = 1/2$, 如果 $x/(a-c)$ 不在 $1/8$ 到 $3/8$ 之间, 式 (5.2.12) 即可满足, 并且如果 $x/(a-c)$ 处于 $3/10$ 到 $1/2$ 之间, 式 (5.2.14) 亦可满足. 从而, 对 $\delta = 1/2$ 可达到垄断产出的两面策略成为子博弈精炼 Nash 均衡的条件是 $3/8 \leqslant x/(a-c) \leqslant 1/2$.

在本节最后, 我们将通过例子, 简要讨论两个模型: 状态变量 (state-variable) 模型和不完美监督 (imperfect-monitoring) 模型. 两类模型除寡头垄断之外还有许多应用. 例如, 效率工资模型便是不完美监督的一个例子.

罗滕贝格和萨隆纳 (Rotemberg and Saloner, 1986) 通过允许需求函数的截距在不同阶段随机波动, 研究了存在商业周期时的串谋: 在每一阶段, 所有企业在选择该阶段的行动之前都可观测到那一阶段需求函数的截距; 在其他的应用中, 局中人在每一阶段的开始可以观测到另一个状态变量的值. 这种情况下, 背离一个给定策略的动机不仅依赖于当期的需求值, 还决定于将来阶段可能的需求. (罗滕贝格和

萨隆纳假定需求在各阶段是独立的, 这样对后面的考虑与当期的需求值也是独立的, 但其后的研究放松了这一假定.)

格林和波特(Green and Porter, 1984)研究了在背离无法完美地被观测时的共谋: 企业不再能观测到另外企业的产出选择, 每个企业只能观测到市场出清价格, 而这一价格在每一阶段又会受到无法观测的因素的冲击. 在这样的条件下, 企业无法分辨市场出清价格的降低是由另外企业背离形成的还是其他不利因素的冲击带来的. 格林和波特检验了触发价格均衡, 其中, 任何低于触发水平的价格都会引发一个惩罚阶段, 在惩罚阶段所有企业都选择古诺产出. 在均衡条件下, 没有企业会背离. 然而, 市场因素一次严重的不利冲击也会使价格降至触发点之下, 从而引发一个惩罚阶段, 由于惩罚是由偶然因素引发的, 触发策略里惩罚将无限地持续下去的做法就不再是最优的, 而由阿布勒给出的两面策略更为合理, 事实上, 阿布勒、皮尔斯和斯泰切提(Pearce and Stacchetti, 1986)证明了它们可以成为最优选择.

例 5.2.13　效率工资.

在效率工资的模型中, 一个企业劳动力的产出决定于企业支付的工资水平. 在发展中国家的环境中, 更高的工资收入可提供更好的营养; 在发达国家, 更高的工资收入可吸引更多有能力的工人到企业求职, 或者可以激励现有工人更加努力工作.

夏皮罗和施蒂格里茨(1984)就此建立了一个动态模型, 其中企业为激励工人努力工作, 一方面支付很高的薪水; 同时又威胁一旦被发现偷懒, 立即开除. 作为这种高薪的一个后果, 企业减少了对劳动力的需求, 造成部分工人的高薪就业, 但其他工人(非自愿)失业并存. 失业工人的人数越多, 一个被解雇的工人寻找新的工作岗位所需时间越长, 于是解雇的威胁就更加有效. 在竞争均衡条件下, 工资水平 ω 和失业率 u 恰好可以使工人不去偷懒, 并且企业在工资水平 ω 时的劳动需求恰好使失业率等于 u. 我们分析一个企业和一个工人的情况, 从重复博弈的角度研究这一模型(而不考虑其竞争均衡的特点). 阶段博弈为:

第一, 企业对工人开出一个工资水平 ω;

第二, 工人接受或拒绝企业的开价. 如果工人拒绝了 ω, 则工人成为自我雇佣者, 工资水平为 ω_0, 如果工人接受了 ω, 则工人选择是努力工作(会带来 e 的负效用)还是偷懒(不会带来任何负效用). 工人对努力程度的决策企业无法观测, 但企业和工人都可观测到工人的产出水平. 产出可能高也可能低, 为简单起见, 我们认为低水平的产出为 0, 高水平的产出为 $y > 0$. 假设如果工人努力工作则肯定可以得到高产出, 但如果工人偷懒则以 p 的概率得到高产出, $1 - p$ 的概率得到低产出. 从而, 在此模型中, 低产出是偷懒无可辩驳的证据.

假设企业以 ω 的工资雇佣了工人, 那么如果工人努力工作, 带来高产出时参与人的收益分别为: 企业 $y-\omega$, 工人 $\omega-e$. 如果工人偷懒, 则 e 变为 0; 如果出现低产出, 则 y 变为 0. 我们假定 $y-e>\omega_0>py$, 从而对工人来讲, 受雇于企业并且努力工作是有效率的, 工人自我雇佣要优于受雇于企业并偷懒.

这一阶段博弈的子博弈精炼解是使人失望的: 因为企业先付给工人工资 ω, 工人没有动机去努力工作, 于是企业将开出 $\omega=0$ (或任何其他的 $\omega\leqslant\omega_0$) 且工人选择自我雇佣. 不过, 在无限重复博弈中, 企业通过给工人高于 ω_0 的工资水平 ω, 并且威胁一旦低产出出现, 就将工人开除, 是可以激励工人努力工作的. 下面我们证明在某些取值范围内, 企业给出较高的工资并借此激励工人努力工作是值得的.

我们也许会想, 为什么企业和工人不能签订一个依据产出水平的补偿合同, 从而激励工人努力工作. 这样的合同也许不合适, 原因之一是法院要执行这样的合约将十分困难, 也许因为对产出合适的计量方法包含了产出的质量、生产条件方面预想不到的困难等. 更为一般地讲, 依赖于产量的合约总不会是完美的(并不是完全不可行), 但对这里我们研究重复博弈中的激励仍有一定作用.

考虑无限重复博弈中下面的策略, 其中包含了将在以后决定的 $\omega^*>\omega_0$. 如果所有前面的工资开价都是 ω^*, 所有的开价都被接受了, 并且所有前期的产出都是高的, 我们就称博弈的过程是 "高工资、高产出". 企业的策略为第一阶段开出工资水平 $\omega=\omega^*$, 并且在其后的每一阶段, 如果博弈的过程是 "高工资、高产出", 则继续开出工资 ω^*; 但其他情况下开出 $\omega=0$. 工人的策略为: 如果 $\omega\geqslant\omega_0$, 则接受企业的工资(否则, 选择自我雇佣), 并且如果博弈的过程(包括本阶段的工资)是 "高工资、高产出", 则努力工作(否则偷懒).

企业的策略类似于前两节所分析的触发策略: 如果在前面所有阶段的博弈中都相互合作就继续合作, 但一旦有一次合作被打破, 就永远转向阶段博弈的子博弈精炼解. 工人的策略也类似于这样的触发策略, 但由于工人在序贯行动的阶段博弈中的行动在后, 其策略也更加灵活一些. 在一个基于同时行动阶段博弈的重复博弈中, 一方的背离只能在某一阶段结束时才可被观测到; 不过当阶段博弈是序贯行动时, 首先行动方的背离在同一阶段就可被观测到(并且可以对其作出反应). 工人的策略将会是: 如果前面所有阶段的博弈都合作则继续合作, 但如果企业一旦有背离就选择自己本阶段的最优行动, 因为他知道将来所有阶段的博弈都将出现阶段博弈的子博弈精炼解. 具体地说, 如果 $\omega\neq\omega^*$, 但 $\omega\geqslant\omega_0$, 则工人将接受企业的工资但选择偷懒.

下面我们将导出上述双方的策略成为子博弈精炼 Nash 均衡的条件. 论证由两部分组成: ①导出双方策略成为 Nash 均衡的条件; ②证明它们是子博弈精炼的.

假设企业在第一阶段开出的工资是 ω^*. 给定企业的策略, 工人接受这一工资水平是最优的. 如果工人努力工作, 则他可以肯定得到高产出, 那么企业将再次开

出工资水平 ω^*, 而工人将在下一阶段就努力与否进行相同的决策. 从而, 如果对工人来讲努力工作是最优的, 则工人失业的现值为

$$V_e = (\omega^* - e) + \delta V_e \quad \text{或} \quad V_e = (\omega^* - e)/(1-\delta) \tag{5.2.16}$$

不过, 如果工人偷懒, 则工人将以 p 的概率得到高产出, 这时下一阶段他还可以就努力与否进行决策; 但工人还将以 $1-p$ 的概率得到低产出, 这时企业将在以后永远开出工资 $\omega = 0$, 于是工人亦将永远选择自我雇佣. 从而, 如果对工人来讲偷懒是最优的, 则工人收益的现值(期望值)为

$$V_s = \omega^* + \delta \left[p V_s + (1-p) \frac{\omega_0}{1-\delta} \right]$$

或

$$V_s = [(1-\delta)\omega^* + \delta(1-p)\omega_0] / (1-p\delta)(1-\delta) \tag{5.2.17}$$

对工人来讲, 如果 $V_e > V_s$, 选择努力工作是最优的, 即

$$\omega^* \geqslant \omega_0 + \frac{1-p\delta}{\delta(1-p)} e = \omega_0 + \left[1 + \frac{1-\delta}{\delta(1-p)} \right] e \tag{5.2.18}$$

于是, 为激励工人努力工作, 企业必须向工人支付的不仅足以补偿工人自我雇佣时的机会收入以及努力工作带来的负效用 $\omega_0 + e$, 还要包含工资水平 $(1-\delta)e / \delta(1-p)$. 很自然地, 如果 p 接近于 1(即如果偷懒很难被发现), 则工资水平必须非常高才可以激励工人努力工作. 另一方面, 如果 $p = 0$, 则在下式成立, 工人努力工作是最优的

$$\frac{1}{1-\delta}(\omega^* - e) \geqslant \omega^* + \frac{\delta}{1-\delta} \omega_0 \tag{5.2.19}$$

式 (5.2.19) 的导出与 (5.2.8) 和 (5.2.9) 相似, 而 (5.2.19) 又可以化为下式:

$$\omega^* \geqslant \omega_0 + \left(1 + \frac{1-\delta}{\delta} \right) e \tag{5.2.20}$$

它的确是 (5.2.18) 中 $p = 0$ 时的情况.

为了使 (5.2.18) 成立, 从而令工人的策略为其对企业策略的最优反应, 还应该研究企业支付 ω^* 是否值得. 给定工人的策略, 企业在第一阶段的问题可归为就以下进行选择: ①支付 $\omega = \omega^*$, 并通过威胁工人一旦出现低产出就将其开除来激励工人努力工作, 这样每一阶段都可以得到 $y - \omega^*$ 的收益; ②支付 $\omega = 0$, 促使工人选择自我雇佣, 自己在每一阶段的收益均为 0. 于是, 企业策略成为工人策略最优反应的条件为

$$y - \omega^* \geqslant 0 \tag{5.2.21}$$

前面已假定 $y - e > \omega_0$ (即对工人而言, 选择受雇于企业并努力工作是有效率的).

但要使双方策略成为子博弈精炼 Nash 均衡, 我们还要求进一步的条件:(5.2.18) 和 (5.2.21) 合并为

$$y - e \geqslant \omega_0 + \frac{1-\delta}{\delta(1-p)} e \tag{5.2.22}$$

对此, 我们仍可以沿用前面的解释, 即要使合作能够得以维持, 贴现因子 δ 的值必须足够大.

到此为止, 我们已证明如果 (5.2.18) 和 (5.2.21) 成立, 则前面给出的策略为 Nash 均衡. 为证明这些策略同时又是子博弈精炼的, 首先需定义原重复博弈的子博弈. 我们前面讲过, 在阶段博弈为同时行动时, 重复博弈的子博弈由原重复博弈的两个阶段之间开始, 在这里分析的阶段博弈为序贯行动的情况下, 子博弈不仅在阶段之间开始, 还可以始于每一阶段之中, 即在工人观测到企业给出的工资水平以后. 给定局中人的策略, 我们可以把子博弈归为两类: ①始于高工资、高产出之后的子博弈; ②其他进行过程之后的子博弈. 我们已证明前一种博弈进行过程下, 局中人的策略为 Nash 均衡, 余下的就是证明后一种过程下局中人的策略为 Nash 均衡: 由于工人将来不再会努力工作, 企业促使工人选择自我就业是最优的. 由于企业将在下一阶段及其以后永远支付工资 $\omega = 0$, 工人在当前阶段也不会努力工作, 并只有在 $\omega \geqslant \omega_0$ 时才会接受给付的工资.

在这一均衡中, 自我雇佣是永远性的: 如果工人曾有一次被捉住偷懒, 则企业在其后将永远给付工资 $\omega = 0$; 如果企业曾偏离 $\omega = \omega^*$ (最优工资), 则工人将永远不再努力工作, 于是企业也不会再雇佣这个工人. 在我们单一企业、单一工人的模型中, 与永远选择阶段博弈的子博弈精炼解相比, 双方局中人都会更愿意回到无限重复博弈的高工资、高产出的 Nash 均衡. 如果局中人知道惩罚将不会被执行, 则以这种惩罚相威胁促成的合作便不再是一个 Nash 均衡.

在存在劳动力市场的情况下, 如果企业同时雇佣了许多工人, 则它更倾向于不进行重新谈判, 因为和一个工人的重新谈判会使处于高工资、高产出均衡的其他工人(或将要选择这一 Nash 均衡的工人)十分失望而改变策略. 如果存在许多企业, 问题成为企业 j 是否会雇佣以前企业 i 曾雇佣的工人. 合理的结果可能是 "否", 因为它担心会使现有高工资、高产出的工人失望, 正如一个企业的情况一样. 诸如此类的原因可以解释日本大企业间白领男性的成年雇员缺乏流动性.

换一种情况, 如果被解雇的工人总可以找到比自我雇佣更喜欢的工作, 则这时那些新工作的工资 (减去努力带来的负效用) 就起到了自我雇佣收入 ω_0 的作用. 在一个被解雇工人根本不会受到任何损失的极端情况下, 在无限重复博弈中无法提供对偷懒有效的惩罚, 从而也不存在工人将努力工作的子博弈精炼 Nash 均衡. 布洛和罗戈夫(Bulow and Rogoff, 1989)就同一思路提供的一个关于国家债务的精致

的例子: 如果一个债务国能够在国际资本市场上通过预先收款的短期交易重复从债权国借入长期贷款, 则在无限重复博弈中对债务国和债权国之间的违约行为就没有一个可行的惩罚方案.

例 5.2.14 时间一致性的(time-consistent)货币政策.

考虑如下序贯行动博弈, 其中雇主和工人就名义工资进行谈判, 之后货币当局选择货币供给, 货币供给量又决定了通货膨胀率. 如果工资合同无法完美地指数化, 雇主和工人在决定工资时都将尽力去预测通货膨胀的因素. 不过, 一个不完美指数化的名义工资一旦设定, 真实的通货膨胀率若高于预测的通货膨胀率, 将会使工人实际收入下降, 导致雇主扩大雇佣人数, 扩大生产. 这样货币当局也要就通货膨胀成本和意料之外的通货膨胀使失业率降低及总产出提高之间进行权衡(即高于预测水平之上的通货膨胀).

巴罗和戈登(Barro and Gordon, 1983)用下面的阶段博弈来分析这一问题的简化形式:

第一, 雇主形成一个对通货膨胀的预期值 π^e;

第二, 货币当局观测到这一预期并选择真实的通货膨胀率 π.

这样, 雇主的收益为 $-(\pi - \pi^e)^2$, 即雇主总是简单地试图正确预测通货膨胀率, 在 $\pi = \pi^e$ 时他们达到收益最大化(最大收益为0). 货币当局从自身目标出发, 希望通货膨胀率为 0, 但产出 (y) 能达到有效率的水平 (y^*). 我们可以把货币当局的收益用下式表示:

$$U(\pi, y) = -c\pi^2 - (y - y^*)^2$$

其中参数 $c > 0$ 代表了货币当局在两个目标之间的替代关系. 假设真实产出可表示为如下的目标产出和意料外通货膨胀的函数:

$$y = by^* + d(\pi - \pi^e)$$

其中 $b < 1$ 表示产品市场上垄断力量的存在(从而如果没有意料外的通货膨胀则真实产出小于有效率的产出水平), 且 $d > 0$ 表示意料外通货膨胀通过真实工资对产出的作用. 由此, 我们可以将货币当局的收益重新表示为

$$W(\pi, \pi^e) = -c\pi^2 - [(b-1)y^* + d(\pi - \pi^e)]^2$$

为解出这一阶段博弈的子博弈精炼解, 首先计算对给定的雇主期望的通货膨胀率 π^e, 货币当局的最优选择. 令 $W(\pi, \pi^e)$ 最大化可得

$$\pi^*(\pi^e) = \frac{d}{c+d^2}[(1-b)y^* + d\pi^e] \tag{5.2.23}$$

由于雇主们预测到货币当局将选择 $\pi^*(\pi^e)$, 雇主的问题就是选择 π^e, 使 $-[\pi^*(\pi^e) - \pi^e]^2$ 最大化, 得到 $\pi^*(\pi^e) = \pi^e$ 或

$$\pi^e = \frac{d(1-b)}{c} y^* = \pi_s \qquad (5.2.24)$$

其中 π 的脚标 s 代表了"阶段博弈"（stage game）. 由此, 我们可以等价地说, 雇主持有的理性期望值为将在随后被货币当局所确认证实的通货膨胀水平, 因为 $\pi^*(\pi^e) = \pi^e$, 从而又有 $\pi^e = \pi_s$. 当雇主持有的期望值 $\pi^e = \pi_s$ 时, 货币当局设定的 π 略高于 π_s 的边际成本刚好抵消掉意料外通货膨胀的边际利益. 在这一子博弈精炼解中, 货币当局被预测到要实施通货膨胀, 并且事实上也是如此, 但如果它能承诺不实行通货膨胀政策就可提高其福利水平. 事实上, 如果雇主们持有理性预期（即 $\pi = \pi^e$ 时, $W(\pi, \pi^e) = -c\pi^2 - (b-1)^2 y^{*2}$, 这时 $\pi = 0$ 是最优的）.

现在考虑双方局中人的贴现因子都为 δ 时无限重复博弈的情况. 我们将导出双方的下述策略成为子博弈精炼 Nash 均衡的条件, 从而使某一阶段 $\pi = \pi^e = 0$. 在第一阶段, 雇主们持有预期 $\pi^e = 0$, 在其后各阶段, 如果所有前期的预期 π^e 都为 0 并且所有前期的真实通货膨胀率 π 也都为 0, 则持有预期 $\pi^e = 0$, 否则, 雇主持有预期 $\pi^e = \pi_s$, 即从阶段博弈导出的理性预期. 相似地, 对货币当局, 在当期预期 $\pi^e = 0$ 并且所有以前的预期 π^e 都为 0, 且所有以前的真实通货膨胀率 π 也都为 0, 货币当局选择令 $\pi = 0$ 的货币供给; 否则, 货币当局设定 $\pi = \pi^*(\pi^e)$, 即对雇主期望值的最优反应, 如（5.2.23）给出的.

假定雇主们在第一阶段持有的通货膨胀预期为 $\pi^e = 0$. 给定雇主们的策略（即在雇主们观测到真实的通货膨胀水平之后对其的调整方式）, 货币当局可以集中考虑对如下两个方案的选择: ① $\pi = 0$, 它将使下一阶段的 $\pi^e = 0$, 从而使货币当局在下一阶段仍可面临同样的选择; ② 从式（5.2.23）计算得出的阶段最优选择 $\pi = \pi^*(0)$, 它将使得此后所有的 $\pi^e = \pi_s$, 这种情况下货币当局将发现此后永远选择 $\pi = \pi_s$ 也是最优的. 在本期选择 $\pi = 0$ 可使得每一期的收益均为 $W(0,0)$, 而在本期选择 $\pi = \pi^*(0)$ 可使得本期收益为 $W(\pi^*(0), 0)$, 但其后每期的收益永远为 $W(\pi_s, \pi_s)$. 从而, 当下式成立时, 货币当局的策略是雇主调整方式的最优反应:

$$\frac{1}{1-\delta} W(0,0) \geqslant W(\pi^*(0), 0) + \frac{\delta}{1-\delta} W(\pi_s, \pi_s) \qquad (5.2.25)$$

式（5.2.25）与（5.2.18）是类似的.

通过对（5.2.25）的简化可得 $\delta \geqslant c/(2c+d^2)$. 参数 c 和 d 都起到两方面的效果. 例如, 在 d 增大时, 可使得阶段博弈的解 π_s 增大, 后者又增大了惩罚对货币当局的效果. 类似地, c 的增大使得通货膨胀更为严重. 从而使意料外通货膨胀吸引力减小, 但同时又使 π_s 下降. 在两种情况下, 后一作用都超过了前一影响, 因而贴现因子的临界值也必须支持这一均衡: $c/(2c+d^2)$ 随 d 的增大而递减, 随 c 而递增.

至此, 我们已经证明了如果（5.2.25）式成立, 货币当局的策略是雇主策略的最优反应. 要证明这一组策略是 Nash 均衡, 还需证明后者是前者的最优反应. 我们可以看到, 根据这一策略, 雇主们每一期都可得到其最优的可能收益(即为 0), 因此雇主的策略是最优策略.

5.2.4　完全非完美信息动态博弈

在前面的章节中, 多数情况下, 我们应采用了博弈的标准式, 即完全且完美静态博弈. 但是, 在后面的两个例子中局中人的选择是序贯的, 即阶段博弈是完全非完美信息动态博弈. 因此, 需要适当阐释一下此类动态博弈. 为了区别于标准式, 我们把此类形式称为博弈的扩展式:

(1)博弈中的参与人.

(2)(2a)每一局中人在何时行动;

(2b)每次轮到某一局中人行动时, 可供他选择的行动;

(2c)每次轮到某一局中人行动时, 他所了解的信息.

(3)与局中人可能选择的每一行动组合相对应的各个局中人的收益.

不过, 可以通过一定技巧将标准式和扩展式进行相互转化. 例如, 作为博弈扩展式表述的一个例子, 前面介绍过的完全且完美信息两阶段博弈的扩展式为:

(1)局中人 1 从可行集 $A_1 = \{L, R\}$ 中选择行动 a_1;

(2)局中人 2 观测到 a_1, 然后从可行集 $A_2 = \{L', R'\}$ 中选择行动 a_2;

(3)两局中人的收益分别为 $u_1(a_1, a_2)$ 和 $u_2(a_1, a_2)$.

这一博弈始于局中人 1 的一个决策节(decision node), 这时 1 要从 L 和 R 中作出选择, 如果局中人 1 选择 L, 其后就到局中人 2 的一个决策节, 这时 2 要从 L' 和 R' 中选择行动. 类似地, 如果局中人 1 选择 R, 则将达到局中人 2 的另一个决策节, 这时局中人 2 从 L' 和 R' 中选择行动. 无论 2 选择了哪一个, 都将达到终点节(terminal node)(即博弈结束)且两局中人分别得到相应终点节下面的收益.

标准式定义中"一个局中人可以的策略"(第二条)与扩展式定义中"一个局中人何时行动、可以如何行动及了解什么信息"(见(2)), 有着非常密切的关系. 为把一个动态博弈表示为标准式, 我们需把扩展式中的信息转换为对标准式中每一局中人策略空间的描述. 为做到这一点, 我们非正式地重新定义动态博弈中"策略".

定义 5.2.6　局中人的一个策略是关于行动的一个完整计划, 它给出了在局中人可能遇到的每一种情况下对可行行动的选择.

要求局中人的一个策略明确该参与者可能会遇到的每一种情况下的行动选择, 看起来似乎是不必要的. 不过, 很快我们将会看到, 如果允许局中人的一个策略中没有明确某些情况下该局中人的行动, 将无法在完全信息动态博弈中使用 Nash 均衡概念. 在局中人 j 计算针对局中人 i 的策略的最优反应时, j 需要考虑在每一种情况下 i 将如何行动, 而并非只考虑在 i 或 j 认为最有可能发生的情况下对方的行动.

例如, 在两阶段的动态博弈中, 局中人 1, 先行动, 有两个行动, 即 $A_1 = \{L, R\}$. 局中人 1 之所以只有两个策略, 是局中人 1 行动时只有可能面临一种情况(具体地说, 就是在博弈的一开始, 这时自然由局中人 1 行动), 于是局中人 1 的策略空间与其行动空间是相同的, 即 $S_1 = \{L, R\}$. 局中人 2, 后行动, 有两个行动, 即 $A_2 = \{L', R'\}$, 却有 4 个策略, 即 $S_2 = \{(L', L'), (L', R'), (R', L'), (R', R')\}$, 因为还存在着两种不同的情况(具体地说, 分别是观测到局中人 1 选择 L 和观测到局中人 1 选择 R 后的情况), 局中人 2 将可能在这两种情况下进行选择.

策略 1: 如果局中人 1 选择 L, 则选择 L', 如果局中人 1 选择 R, 则选择 L', 表示为 (L', L');

策略 2: 如果局中人 1 选择 L, 则选择 L', 如果局中人 1 选择 R, 则选择 R', 表示为 (L', R');

策略 3: 如果局中人 1 选择 L, 则选择 R', 如果局中人 1 选择 R, 则选择 L', 表示为 (R', L');

策略 4: 如果局中人 1 选择 L, 则选择 R', 如果局中人 1 选择 R, 则选择 R', 表示为 (R', R').

从上述例子可以看到, 给出两个局中人的策略空间后, 从博弈的扩展式表述导出其标准式表述就十分简单了. 用标准式表述中的行表示局中人 1 的可行策略, 列表示局中人 2 的可行策略.

我们再来说明一个静态(即同时行动)博弈如何用扩展式表述. 静态博弈中局中人不一定要同时行动: 每个局中人在选择策略时不知道其他局中人的选择就足够了. 正如囚徒困境中分开关押的囚犯可以在任何时间作出他们的决策. 从而我们可以把(所谓的)局中人 1 和 2 之间的同时行动博弈表示如下:

(1)局中人从可行集中选择行动 a_1;

(2)局中人 2 没有观测到局中人 1 的行动, 并从可行集中选择行动 a_2;

(3)两个局中人的收益分别为 $u_1(a_1, a_2)$ 和 $u_2(a_1, a_2)$.

为了在博弈的扩展式中表示此类不知道以前行动的情况, 我们引入一个新的概念——局中人的信息集(information set).

定义 5.2.7　局中人的一个信息集指满足以下条件的决策节的集合:

(i)在此信息集中的每一个节都轮到该局中人行动;

(ii)当博弈的进行到达信息集中的一个节, 应该行动的局中人并不知道到达了(或没有达到)信息集中的哪一个节.

这一定义的(ii)意味着局中人在一个信息集中的每一个决策节都有着相同的可行行动集合, 否则该局中人就可通过他面临的不同的可行行动集来推断到达了(或没有到达)某些节.

例 5.2.15　作为运用信息集表示不了解前面行动的例子, 考虑下面的完全非完美信息动态博弈:

(1) 局中人 1 从可行集 $A_1 = \{L, R\}$ 中选择行动 a_1;

(2) 局中人 2 观测到 a_1, 然后从可行集 $A_2 = \{L', R'\}$ 中选择行动 a_2;

(3) 局中人 3 观测是否 $(a_1, a_2) = (R, R')$, 然后从可行集 $A_3 = \{L'', R''\}$ 中选择行动 a_3.

这一博弈的扩展式(为简化起见, 略去每个局中人的相应收益), 局中人 3 有两个信息集: ①如果局中人 1 选择 R, 局中人 2 选择 R', 局中人 3 进入只有一个决策节的信息集; ②此种情况之外轮到局中人 3 行动时, 则他进入包含其余所有决策节的信息集. 从而, 局中人 3 所能够观测到的只是 (a_1, a_2) 是否等于 (R, R').

在引入了信息集的概念之后, 我们可以给出区分完美信息和非完美信息的另外一种定义. 前面我们曾将完美信息定义为在博弈的每一步行动中轮到行动的局中人了解前面博弈进行的全部过程. 对完美信息的一个等价的定义是每一个信息集都是单节的; 相反, 非完美信息则意味着至少存在一个非单节的信息集. 那么, 一个同时行动博弈(如囚徒困境)的扩展式表述就是一个非完美信息博弈. 同理, 5.2.2 节开头所讨论的两阶段博弈也是非完美信息的, 因为局中人 1 和 2 的行动是同时的, 局中人 3 和 4 的行动也是同时的. 一般地, 一个完全但非完美信息动态博弈可用含有非单节信息集的扩展式表示, 从而可以看出每一局中人在轮到他行动时, 知道(以及不知道)什么.

前面我们给出了子博弈精炼 Nash 均衡的一般性定义. 但当时我们只是把这一定义用于重复博弈, 因为我们只针对重复博弈定义了策略和子博弈的概念. 现在再给出扩展式完全信息动态博弈的子博弈及子博弈精炼 Nash 均衡的一般性定义.

在前述的子博弈的非正式定义中, 我们设定, 从博弈进行到的某一点开始, 前面整个博弈的进行过程对所有局中人中都是共同知识, 始于该点的其余部分的博弈就是原博弈的一个子博弈, 并针对重复博弈给出了子博弈的正式定义. 下面我们对用扩展式表述的一般完全信息动态博弈给出子博弈的正式定义. 该定义将借助树形结构加以描述. 博弈的扩展式可以用树形图直观地表示出来, 称为博弈树, 树的每一个节点就是决策节, 它们分属于某个信息集.

定义 5.2.8　扩展式博弈中的子博弈是指满足下列条件的子树对应的扩展式博弈:

(a) 始于单节信息集的决策节 h;

(b) 包含博弈树中 h 之下所有的决策节和终点节, 但不在 h 下面的除外;

(c) 没有对任何信息集形成分割, 即如果博弈树中 h 之下有一个决策节 h', 则和 h' 处于同一信息集的其他决策节也必须在 h 之下, 从而也必须包含于子博弈中.

图 5.2.5 给出例 5.2.15 的博弈树, 该博弈只有一个子博弈, 它始于局中人 1 选择 R, 局中人 2 选择 R' 之后局中人 3 的决策节. 由于 (c) 的限制, 局中人 2 的两个决策节之下都不能构成一个子博弈, 即使这两个决策节都处于单节的信息集.

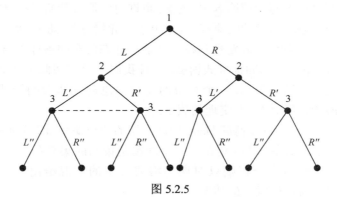

图 5.2.5

之所以要加上 (c) 的限制, 是我们希望能够把子博弈当成一个独立的博弈进行分析, 并且分析的结果能用于原博弈. 在图 5.2.5 中, 如果我们试着把局中人 1 选择 L 之后局中人 2 的决策节看成一个子博弈的起点, 事实上我们是制造了一个子博弈, 其中局中人 3 不知道局中人 2 的行动, 但却知道局中人 1 的行动. 对子博弈的分析与原博弈就不存在相关性, 因为在原博弈中局中人 3 并不知道 1 的行动, 而只能观测到 (a_1, a_2) 是否等于 (R, R'). 请回顾在讨论重复博弈时相似的论证, 即第 t 阶段的阶段博弈 (有限重复时 $t < T$) 本身并不是重复博弈的一个子博弈.

对条件 (c) 必要性的另一种理解, 是 (a) 只保证了在决策节 h 应该行动的局中人知道博弈到此为止的整个进行过程, 而不能保证其他局中人也知道这一过程, (c) 则保证了博弈到该点为止的整个过程在所有局中人中是共同知识, 原因如下: 在 h 之后的任何节, 比如 h', 在 h' 应该行动的局中人知道博弈到达了决策节 h, 从而即使 h' 处于非单节的信息集, 由于在该信息集中的所有节都在 h 之下, 在该信息集行动的局中人就知道博弈已经到达了 h 下面的某个决策节 (如果认为后面的叙述有些拗口, 部分因为博弈的标准式表述只明确了在局中人 i 的每一个决策节 i 知道的信息, 而并没有明确指出在 j 的决策节 i 知道的信息). 前面已讲过, 图 5.2.5 就提供了不符合 (c) 的一个例子. 现在, 我们可以重新解释这个例子, 如果我们 (非正式地) 分析一下在局中人 1 选择 L 之后局中人 2 的决策节上局中人 3 知道的信息, 就会发现局中人 3 并不知道博弈到该点为止的全部进行过程, 因为在其后局中人 3 的决策节中, 他并不知道局中人 1 是选择了 L 还是选择了 R.

在给出子博弈的一般定义之后, 我们就可以使用下面给出的子博弈精炼 Nash 均衡的定义了.

定义 5.2.9　如果局中人的策略在每一个子博弈中都构成了 Nash 均衡, 则称 Nash 均衡是子博弈精炼的.

任何有限的完全信息动态博弈(即任何局中人有限, 每一局中人的可行策略集有限的博弈)都存在子博弈精炼 Nash 均衡, 也许包含混合策略. 这一结论的证明思路非常简单, 即根据逆向归纳的原理, 构建出子博弈精炼 Nash 均衡, 并基于下面两个观察结论: 第一, 尽管 Nash 定理是在完全信息静态博弈的条件下给出的, 它适合用于任何有限的完全信息的标准式博弈, 并且我们已经证明此类博弈既可以是静态的, 又可以是动态的; 第二, 一个有限的完全信息动态博弈的子博弈也是有限的, 而每个子博弈都满足 Nash 定理的假定.

我们已介绍过与子博弈精炼 Nash 均衡密切的两个概念, 即逆向归纳解和子博弈精炼解. 不太正式地讲, 其区别在于一个均衡是策略的集合(策略又是关于行动的完全的计划), 而另一个解则只对期望将要发生的情况给出相应的行动及结果, 而不是针对所有可能发生的情况.

5.3　完全信息静态博弈的一般理论

5.3.1　二人零和对策的 von Neumann 定理和 Ky Fan 定理

本节中, 我们将证明两个在博弈论中有十分重要应用的基本定理.

一个是 von Neumann 极小极大定理, 这个定理是 von Neumann 于 1928 年给出的, 之后出现了各种不同的证明和应用. 另一个是 Ky Fan 极小极大不等式, 该定理是 Ky Fan 于 1972 年给出的, 这个定理被证明是与 Brouwer 不动点定理等价的. 该定理是非线性分析和博弈论中很多定理的证明的重要工具. 因此, Ky Fan 定理比 Brouwer 不动点定理和 Kakutani(角谷)不动点定理更好一些.

二人零和博弈问题的一般表述为: X, Y 是 Hilbert 空间, $E \subseteq X, F \subseteq Y$, $f_E : E \times F \to \mathbf{R}$, $f_F : E \times F \to \mathbf{R}$ 满足:

$$\forall x \in E, \forall y \in F, \quad f_E(x,y) + f_F(x,y) = 0$$

记

$$f(x,y) := f_E(x,y), \quad -f(x,y) = f_F(x,y)$$

和

$$f^h(x) := \sup_{y \in F} f(x,y), \quad v^* := \inf_{x \in E} \sup_{y \in F} f(x,y)$$

$$f^l(y) := \inf_{x \in E} f(x,y), \quad v_* := \sup_{y \in F} \inf_{x \in E} (x,y)$$

非合作的二人博弈记为 $G = \{E, F; f\}$, 由于

$$\forall x \in E, \forall y \in F, \quad f^l(y) = \inf_{x \in E} f(x,y) \leqslant \sup_{y \in F} f(x,y) = f^h(x)$$

故 $v_* \leqslant v^*$.

一般情况下, 等号不成立.

定义 5.3.1 若 $(\bar{x}, \bar{y}) \in E \times F, f(\bar{x}, \bar{y}) = v^* = v_*$, 则称 $(\bar{x}, \bar{y})$ 为 $G = \{E, F; f\}$ 的非合作均衡点或鞍点, 此时 $v^* = v_*$ 称为 $G = \{E, F; f\}$ 的对策值.

此时,

$$f(\bar{x}, \bar{y}) = \min_{x \in E} \max_{y \in F} f(x, y) = \max_{y \in F} \min_{x \in E} f(x, y) \tag{5.3.1}$$

命题 5.3.1 $(\bar{x}, \bar{y})$ 为 $G = \{E, F; f\}$ 的非合作均衡点当且仅当(图 5.3.1)

$$\forall (x, y) \in E \times F, \quad f(\bar{x}, y) \leqslant f(\bar{x}, \bar{y}) \leqslant f(x, \bar{y}) \tag{5.3.2}$$

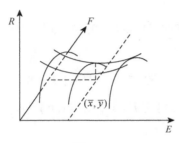

图 5.3.1

命题 5.3.2 若 E 是紧集, 且 $\forall y \in F, f_y : E \to \mathbf{R}, x \mapsto f(x, y)$ 是下半连续函数, 记 $\aleph$ 为 F 的所有有限子集所成的集合, $v_0 := \sup_{K \in \aleph} v_K^* = \sup_{K \in \aleph} \inf_{x \in E} \sup_{y \in K} f(x, y)$, 则存在 $\bar{x} \in E$ 使

$$\sup_{y \in F} f(\bar{x}, y) = v^* \tag{5.3.3}$$

且 $v_0 = v^*$.

证明 由于 $\forall y \in F, f_y : E \to \mathbf{R}, x \mapsto f(x, y)$ 是下半连续函数, 而 $f^h(x) = \sup_{y \in F} f(x, y)$ 为 $\{f_y(x)\}_{y \in F}$ 的上包络, 故 $f^h(x)$ 也是下半连续函数, 又 E 是紧集, 故 $f^h(x)$ 可达极小值, 即则存在 $\bar{x} \in E$ 使

$$f^h(\bar{x}) = \sup_{y \in F} f(\bar{x}, y) = v^*$$

由于

$$\forall K \in \aleph, \quad \sup_{y \in K} f(\bar{x}, y) \leqslant \sup_{y \in F} f(\bar{x}, y) = v^*$$

所以

$$v_0 = \sup_{K \in \aleph} \inf_{x \in E} \sup_{y \in K} f(x, y) \leqslant \sup_{K \in \aleph} \sup_{y \in K} f(\bar{x}, y) \leqslant \sup_{y \in F} f(\bar{x}, y) = v^*$$

现在证明相反的不等式 $v_0 \geqslant v^*$. 记

$$S_y := \{x \mid f(x,y) \leqslant v_0\}$$

可以证明 $\bigcap\limits_{y \in F} S_y \neq \varnothing$. 事实上, $S_y := \{x \mid f(x,y) \leqslant v_0\}$ 为下半连续函数 $f_y : E \to \mathbf{R}$,

$x \mapsto f(x,y)$ 的下截集, 故为闭集. 若 $\bigcap\limits_{y \in F} S_y = \varnothing$, 那么 $\bigcup\limits_{y \in F} S_y^c = E$, 即 $\{S_y^c\}_{y \in F}$ 是 E 的

开覆盖, 故存在其有限子覆盖 $\bigcup\limits_{i=1}^{n} S_{y_i}^c = E$, 即 $E = \bigcup\limits_{i=1}^{n} \{x \mid f(x,y_i) > v_0\}$. 对于 F 的有限

子集 $K = \{y_1, y_2, \cdots, y_n\}$, 定义 $f_K : E \to \mathbf{R}, x \mapsto \max\limits_{1 \leqslant i \leqslant n} f(x,y_i) = \max\limits_{y \in K} f(x,y_i)$, f_K 是

$\{f(x,y_i)\}_{i=1}^{n}$ 的上包络, 也是下半连续的, 而且 E 是紧集. 所以, f_K 在 E 上可达最小

值. 即存在 $\hat{x} \in E$ 使

$$f_K(\hat{x}) = \max\limits_{1 \leqslant i \leqslant n} f(\hat{x}, y_i) = \max\limits_{y \in K} f(\hat{x}, y) = \inf\limits_{x \in E} \max\limits_{y \in K} f(x,y) \leqslant \sup\limits_{K' \in \aleph} \inf\limits_{x \in E} \max\limits_{y \in K} f(x,y) = v_0$$

即存在 $\hat{x} \in E$ 使

$$\forall y_i \in K, \quad f(\hat{x}, y_i) \leqslant v_0$$

所以 $\hat{x} \notin \bigcup\limits_{i=1}^{n} \{x \mid f(x,y_i) > v_0\}$. 这与 $E = \bigcup\limits_{i=1}^{n} \{x \mid f(x,y_i) > v_0\}$ 矛盾! 故 $\bigcap\limits_{y \in F} S_y \neq \varnothing$.

现取 $\overline{x} \in \bigcap\limits_{y \in F} S_y$, 则

$$\forall y \in F, \quad f(\overline{x}, y) \leqslant v_0$$

故

$$\sup\limits_{y \in F} f(\overline{x}, y) \leqslant v_0$$

进一步有

$$v^* = \inf\limits_{x \in E} \sup\limits_{y \in F} f(x,y) \leqslant \sup\limits_{y \in F} f(\overline{x}, y) \leqslant v_0$$

证毕!

引理 5.3.1 若 E 是凸集, 且 $\forall y \in F, f_y : E \to \mathbf{R}, x \mapsto f(x,y)$ 是凸函数, F 的有

限子集 $K = \{y_1, y_2, \cdots, y_n\} \subset F$, $\phi_K(x) := (f(x,y_1), f(x,y_2), \cdots, f(x,y_n))$, 则 $\phi_K(E) + \mathbf{R}_+^n$ 为

凸集.

引理 5.3.2 若 E 是凸集, 且 $\forall y \in F, f_y : E \to \mathbf{R}, x \mapsto f(x,y)$ 是凸函数,

$K = \{y_1, y_2, \cdots, y_n\}$ 是 F 的有限子集, $\phi_K(x) := (f(x,y_1), f(x,y_2), \cdots, f(x,y_n))$, 记

$$M^n := \left\{ \lambda \in \mathbf{R}^n \,\middle|\, \sum\limits_{i=1}^{n} \lambda_i = 1, \lambda_i \geqslant 0, i = 1, 2, \cdots, n \right\}$$

$$w_K := \sup\limits_{\lambda \in M^n} \inf\limits_{x \in E} \langle \lambda, \phi_K(x) \rangle, \quad v_K := \inf\limits_{x \in E} \sup\limits_{y \in K} f(x,y)$$

那么有 $v_K \leqslant w_K$.

证明　对 $\varepsilon > 0$, 我们将证明
$$(w_K + \varepsilon)(1,1,\cdots,1) \in \phi_K(E) + \mathbf{R}_+^n$$

假若 $(w_K + \varepsilon)(1,1,\cdots,1) \notin \phi_K(E) + \mathbf{R}_+^n$, 根据凸集分离定理, 存在 $\lambda \in \mathbf{R}^n, \lambda \neq 0$ 使得

$$\sum_{i=1}^n \lambda_i(w_K + \varepsilon) = \langle \lambda, (w_K + \varepsilon) \cdot 1 \rangle \leqslant \inf_{\mu \in \phi_K(E)+\mathbf{R}_+^n} \langle \lambda, \mu \rangle = \inf_{x \in E} \langle \lambda, \phi_K(x) \rangle + \inf_{\eta \in \mathbf{R}_+^n} \langle \lambda, \eta \rangle$$

所以, $\inf_{\eta \in \mathbf{R}_+^n} \langle \lambda, \eta \rangle$ 有下界, 故 $\lambda_i \geqslant 0, i = 1,2,\cdots,n$. 又由于 $\lambda \in \mathbf{R}^n, \lambda \neq 0$, 故 $\sum_{i=1}^n \lambda_i > 0$. 取

$\bar{\lambda} = \lambda / \sum_{i=1}^n \lambda_i \in M^n$, 则有

$$w_K + \varepsilon \leqslant \inf_{x \in E} \langle \lambda, \phi_K(x) \rangle \leqslant \sup_{\lambda \in M^n} \inf_{x \in E} \langle \lambda, \phi_K(x) \rangle = w_K$$

矛盾! 所以, 对 $\varepsilon > 0$, 存在 $x_\varepsilon \in E, \eta_\varepsilon \in \mathbf{R}_+^n$, 使
$$(w_K + \varepsilon)(1,1,\cdots,1) = \phi_K(x_\varepsilon) + \eta_\varepsilon$$
由 $\phi_K(x) := \big(f(x,y_1), f(x,y_2),\cdots,f(x,y_n)\big)$ 知,
$$f(x_\varepsilon, y_i) \leqslant w_K + \varepsilon, \quad i = 1,2,\cdots,n$$
所以,
$$v_K \leqslant \sup_{1 \leqslant i \leqslant n} f(x_\varepsilon, y_i) \leqslant w_K + \varepsilon$$
令 $\varepsilon \to 0^+$, 即得 $v_K \leqslant w_K$.

引理 5.3.3　设 F 是凸集, $\forall x \in E, f_x : F \to \mathbf{R}, y \mapsto f(x,y)$ 是凹函数, $K = \{y_1, y_2, \cdots, y_n\}$ 是 F 的有限子集, 则 $w_K \leqslant v_*$.

证明　对任一个 $\lambda \in M^n$, 考虑 $y_\lambda := \sum_{i=1}^n \lambda_i y_i \in F$, 又由于 $\forall x \in E, f_x : F \to \mathbf{R}$, $y \mapsto f(x,y)$ 是凹函数, 故

$$\forall x \in E, \quad \sum_{i=1}^n \lambda_i f(x,y_i) \leqslant f(x, y_\lambda)$$

所以,

$$\inf_{x \in E} \sum_{i=1}^n \lambda_i f(x,y_i) \leqslant \inf_{x \in E} f(x, y_\lambda) \leqslant \sup_{y \in F} \inf_{x \in E} f(x,y) = v_*$$

证毕!

命题 5.3.3　设 X 是 Hilbert 空间, $E, F \subseteq X$, E 是紧凸集, F 是凸集. $C(E,F)$ 是 E 到 F 的连续映射的集合. 若 $f : E \times F \to \mathbf{R}$ 满足:

(i) $\forall y \in F, f_y : E \to \mathbf{R}, x \mapsto f(x,y)$ 是下半连续函数;

(ii) $\forall x \in E, f_x : F \to \mathbf{R}, y \mapsto f(x,y)$ 是凹函数,

则 $v_* = v^*$.

证明　由引理 5.3.1—引理 5.3.3 知, 对 F 的任意有限子集 $K = \{y_1, y_2, \cdots, y_n\}$ 有

$$v_K^* := \inf_{x \in E} \sup_{y \in K} f(x, y)$$

$$v_0 := \sup_K v_K^* = \sup_K \left[\inf_{x \in E} \sup_{y \in K} f(x, y) \right] \leqslant \sup_K w_K \leqslant v_*$$

所以, $v_0 \leqslant v_*$. 证毕!

由命题 5.3.2 和命题 5.3.3, 直接可得下面的定理.

定理 5.3.1　设 X, Y 是 Hilbert 空间, $E \subseteq X, F \subseteq Y$, E 是紧凸集, F 是凸集. 若 $f : E \times F \to \mathbf{R}$ 满足:

(i) $\forall y \in F, f_y : E \to \mathbf{R}, x \mapsto f(x, y)$ 是凸的下半连续函数;

(ii) $\forall x \in E, f_x : F \to \mathbf{R}, y \mapsto f(x, y)$ 是凹函数,

则存在 $\overline{x} \in E$ 使

$$\sup_{y \in F} f(\overline{x}, y) = v_* = v^* \tag{5.3.4}$$

用 $-f$ 代替定理 5.3.1 中的 f, 立即可得如下定理.

定理 5.3.2（von Neumann）　设 X, Y 是 Hilbert 空间, $E \subseteq X, F \subseteq Y$, E 是紧凸集, F 也是紧凸集. 若 $f : E \times F \to \mathbf{R}$ 满足:

(i) $\forall y \in F, f_y : E \to \mathbf{R}, x \mapsto f(x, y)$ 是凸的下半连续函数;

(ii) $\forall x \in E, f_x : F \to \mathbf{R}, y \mapsto f(x, y)$ 是凹的上半连续函数,

则存在 $(\overline{x}, \overline{y}) \in E \times F$ 使

$$\min_{x \in E} \max_{y \in F} f(x, y) = \max_{y \in F} \min_{x \in E} f(x, y) = f(\overline{x}, \overline{y}) = v_* = v^* \tag{5.3.5}$$

即 $f : E \times F \to \mathbf{R}$ 存在鞍点.

推论 5.3.1　矩阵对策 $G = \{S_1, S_2; U\}$ 必存在混合策略意义下的 Nash 均衡 $(p^*, q^*) \in S_1^* \times S_2^*$ 使

$$\max_{p \in S_1^*} \min_{q \in S_2^*} p^{\mathrm{T}} U q = \min_{q \in S_2^*} \max_{p \in S_1^*} p^{\mathrm{T}} U q = (p^*)^{\mathrm{T}} U q^* = v_* = v^*$$

我们来考虑一般映射 $D : F \to E, y \mapsto C(y) \in E$, $C : E \to F, x \mapsto C(x) \in F$, 分别称为局中人 1 和局中人 2 的选择规则. 并记

$$f^l(C) = \inf_{x \in E} f(x, C(x), f^h(D)) = \sup_{y \in F} f(D(y), y)$$

用 E^F (F^E) 表示从 F (E) 到 E (F) 的所有映射（选择规则）, 即局中人 1（局中人 2）的选择规则.

命题 5.3.4　X, Y 是 Hilbert 空间, $E \subseteq X, F \subseteq Y$, $f : E \times F \to \mathbf{R}$, 那么, 对博弈 $G = \{E, F; f\}$ 有

$$\sup_{C\in F^E} f^l(C) = \sup_{C\in F^E}\inf_{x\in E} f(x,C(x)) = v^*,\quad \inf_{D\in E^F} f^h(D) = \inf_{D\in E^F}\sup_{y\in F} f(D(y),y) = v_*$$

$$(5.3.6)$$

证明　由定义, 由于 $\inf\limits_{x\in E}\sup\limits_{y\in F} f(x,y) = v^*$, $\forall \varepsilon > 0, \forall x\in E$, 存在 $D_\varepsilon(x)\in F$ 使

$$\sup_{y\in F} f(x,y)\leqslant f(x,D_\varepsilon(x)) + \varepsilon$$

因此

$$v^* = \inf_{x\in E}\sup_{y\in F} f(x,y)\leqslant f^l(D_\varepsilon)+\varepsilon\leqslant \sup_{C\in F^E} f^l(C)+\varepsilon = \sup_{C\in F^E}\inf_{x\in E} f(x,C(x))+\varepsilon$$

令 $\varepsilon\to 0^+$, 得

$$v^*\leqslant \sup_{C\in F^E} f^l(C)$$

另一方面, $\forall C: E\to F$

$$f(x,C(x))\leqslant \sup_{y\in F} f(x,y)\Rightarrow \inf_{x\in E} f(x,C(x))\leqslant \inf_{x\in E}\sup_{y\in F} f(x,y) = v^*$$

所以,

$$\sup_{C\in F^E} f^l(C) = \sup_{C\in F^E}\inf_{x\in E} f(x,C(x))\leqslant \inf_{x\in E}\sup_{y\in F} f(x,y) = v^*$$

即

$$\sup_{C\in F^E} f^l(C) = v^*$$

同理, 可证第二式. 证毕!

定理 5.3.3　设 X 是 Hilbert 空间, $E,F\subseteq X$, E 是紧集, F 是凸集. $C(E,F)$ 是 E 到 F 的连续映射的集合. 若 $f: E\times F\to \mathbf{R}$ 满足:

(i) $\forall y\in F, f_y: E\to \mathbf{R}, x\mapsto f(x,y)$ 是下半连续函数;

(ii) $\forall x\in E, f_x: F\to \mathbf{R}, y\mapsto f(x,y)$ 是凹函数,

那么

$$\sup_{D\in C(E,F)}\inf_{x\in E} f(x,D(x)) = \inf_{x\in E}\sup_{y\in F} f(x,y) = v^* \tag{5.3.7}$$

证明　我们已经从式 (6.3.6) 知道

$$\sup_{D\in C(E,F)}\inf_{x\in E} f(x,D(x))\leqslant v^*$$

下面证明相反的不等式. 由于 $\inf\limits_{x\in E}\sup\limits_{y\in F} f(x,y) = v^*$, $\forall \varepsilon > 0, \forall x\in E$, 存在 $D_\varepsilon(x)\in F$ 使

$$\sup_{y\in F} f(x,y)\leqslant f(x,D_\varepsilon(x))+\varepsilon$$

又由于 $f_y: E\to \mathbf{R}, x\mapsto f(x,y)$ 是下半连续函数, 故存在 $B(x,\eta(x))$, 使得

$$\forall z\in B(x,\eta(x)),\quad f(x,D_\varepsilon(x))\leqslant f(z,D_\varepsilon(x))+\varepsilon \tag{5.3.8}$$

由于 E 是紧集, 所以存在有限个开球 $\{B(x_i,\eta(x_i))\}_{i=1}^n$ 覆盖 E. 由定理 1.2.7, 存在

$\{B(x_i,\eta(x_i))\}_{i=1}^{n}$ 的连续单位分解, 设为 $\{g_i(x)\}_{i=1}^{n}$, 即 $\sum_{i=1}^{n}g_i(x)=1,g_i(x)\geqslant 0,i=1,2,\cdots,n$.
我们定义

$$D(x)=\sum_{i=1}^{n}g_i(x)D_\varepsilon(x_i)$$

由于 $\{g_i(x)\}_{i=1}^{n}$ 为连续函数族, 故 $D(x)$ 为连续映射. 再由 $f_x:F\to\mathbf{R},y\mapsto f(x,y)$ 是凹函数知,

$$f(x,D(x))\geqslant\sum_{i=1}^{n}g_i(x)f(x,D_\varepsilon(x_i))=\sum_{g_i(x)>0}g_i(x)f(x,D_\varepsilon(x_i)) \qquad (5.3.9)$$

更进一步, 当 $g_i(x)>0$ 时, 由式 (5.3.9) 和 $g_i(x)$ 在 $B(x_i,\eta(x_i))$ 上连续, 有

$$f(x,D(x))\geqslant\sum_{i=1}^{n}g_i(x)f(x,D_\varepsilon(x_i))\geqslant f(x,D_\varepsilon(x_i))\geqslant f(x_i,D_\varepsilon(x_i))-\varepsilon$$

另外, 由 $D_\varepsilon(x)$ 的定义, 有

$$f(x_i,D_\varepsilon(x_i))-\varepsilon\geqslant\left[\sup_{y\in F}f(x_i,y)-\varepsilon\right]-\varepsilon\geqslant v^*-2\varepsilon$$

即 $f(x,D(x_i))\geqslant f(x_i,D_\varepsilon(x_i))-\varepsilon\geqslant v^*-2\varepsilon$. 因此

$$f(x,D(x))\geqslant\sum_{i=1}^{n}g_i(x)f(x,D_\varepsilon(x_i))\geqslant v^*-2\varepsilon$$

故 $\inf_{x\in E}f(x,D(x))\geqslant v^*-2\varepsilon$. 由于 $D\in C(E,F)$, 故

$$\sup_{D\in C(E,F)}\inf_{x\in E}f(x,D(x))\geqslant v^*-2\varepsilon$$

令 $\varepsilon\to 0^+$, 即知

$$\sup_{D\in C(E,F)}\inf_{x\in E}f(x,D(x))=\inf_{x\in E}\sup_{y\in F}f(x,y)=v^*$$

证毕!

定理 5.3.4　设 X 是 Hilbert 空间, $E,F\subseteq X$, E 是紧集, F 是凸集. $C(F,E)$ 是 F 在 E 中的连续的决策规则的集合. 若 $f:E\times F\to\mathbf{R}$ 满足:

(i) $\forall y\in F,f_y:E\to\mathbf{R},x\mapsto f(x,y)$ 为下半连续函数;

(ii) $\forall x\in E,f_x:F\to\mathbf{R},y\mapsto f(x,y)$ 为凹函数,

那么

$$\inf_{C\in C(F,E)}\sup_{y\in F}f(C(y),y)=\inf_{x\in E}\sup_{y\in F}f(y,y) \qquad (5.3.10)$$

证明　记

$$M^n:=\left\{\lambda\in\mathbf{R}^n\left|\sum_{i=1}^{n}\lambda_i=1,\lambda_i\geqslant 0,i=1,2,\cdots,n\right.\right\}$$

显然, $\inf\limits_{C\in C(F,E)}\sup\limits_{y\in F}f(C(y),y)\leqslant\inf\limits_{x\in E}\sup\limits_{y\in F}f(x,y)=v^*$.

由于 E 是紧集而且 $\forall y\in F,f_y:E\to\mathbf{R},x\mapsto f(x,y)$ 为下半连续函数, 所以上包络

$$F(x):=\sup_{y\in F}f(x,y)$$

也是下半连续的, 而且在紧集 E 上可达最小值, 即存在 $\bar{x}\in E$, 使

$$F(\bar{x})=\inf_{x\in E}\sup_{y\in F}f(x,y)=\sup_{y\in F}f(\bar{x},y)=v^*$$

往证

$$F(\bar{x})=\inf_{x\in E}\sup_{y\in F}f(x,y)=v^*=\sup_{y\in F}f(\bar{x},y)=\sup_{\{y_1,y_2,\cdots,y_n\}\subseteq F}\inf_{x\in E}\max_{1\leqslant i\leqslant n}f(x,y_i)$$

只需证明, 对任一有限子集 $K=\{y_1,y_2,\cdots,y_n\}\subseteq F$ 及连续映射 $C\in C(F,E)$, 有

$$\inf_{x\in E}\max_{1\leqslant i\leqslant n}f(x,y_i)\leqslant\sup_{y\in F}f(C(y),y)$$

因此,

$$\inf_{x\in E}\max_{1\leqslant i\leqslant n}f(x,y_i)=\inf_{x\in E}\sup_{\lambda\in M^n}\sum_{i=1}^n\lambda_i f(x,y_i)\leqslant\inf_{\mu\in M^n}\sup_{\lambda\in M^n}\sum_{i=1}^n\lambda_i f\left(C\left(\sum_{j=1}^n\mu_j y_j\right),y_i\right)$$

$$=\inf_{\mu\in M^n}\sup_{\lambda\in M^n}\varphi(\mu,\lambda)$$

此处记

$$\varphi:M^n\times M^n\to\mathbf{R},\quad(\mu,\lambda)\mapsto\varphi(\mu,\lambda):=\sum_{i=1}^n\lambda_i f\left(C\left(\sum_{j=1}^n\mu_j y_j\right),y_i\right)$$

由于 C 是连续的, 且 $f_y:E\to\mathbf{R},x\mapsto f(x,y)$ 为下半连续函数, 因此

$$\varphi_\lambda:M^n\to\mathbf{R},\quad\mu\mapsto\varphi(\mu,\lambda):=\sum_{i=1}^n\lambda_i f\left(C\left(\sum_{j=1}^n\mu_j y_j\right),y_i\right)$$

是一组下半连续之和, 也是下半连续的. 而函数

$$\varphi_\mu:M^n\to\mathbf{R},\quad\lambda\mapsto\varphi(\mu,\lambda):=\sum_{i=1}^n\lambda_i f\left(C\left(\sum_{j=1}^n\mu_j y_j\right),y_i\right)$$

则是线性函数, 故为凹函数. 又 M^n 为紧凸集, 由定理 5.3.3, 知

$$\inf_{\mu\in M^n}\sup_{\lambda\in M^n}\varphi(\mu,\lambda)=\sup_{D\in C(M^n,M^n)}\inf_{\mu\in M^n}\varphi(\mu,D(\mu))$$

由 Brouwer 不动点定理, 映射 $D\in C(M^n,M^n)$ 存在不动点 $\mu_D\in M^n$,

$$\inf_{\mu\in M^n}(\mu,D(\mu))\leqslant\varphi(\mu_D,D(\mu_D))=\varphi(\mu_D,\mu_D)\leqslant\sup_{\mu\in M^n}\varphi(\mu,\mu)$$

所以,

$$\sup_{D \in C(M^n, M^n)} \inf_{\mu \in M^n} \varphi(\mu, D(\mu)) \leqslant \sup_{\mu \in M^n} \varphi(\mu, \mu)$$

又由于 $\forall x \in E, f_x : F \to \mathbf{R}, y \mapsto f(x, y)$ 为凹函数, 有

$$\varphi(\mu, \mu) = \sum_{i=1}^{n} \mu_i f\left(C\left(\sum_{j=1}^{n} \mu_j y_j\right), y_i\right) \leqslant f\left(C\left(\sum_{j=1}^{n} \mu_j y_j\right), \sum_{j=1}^{n} \mu_j y_j\right) \leqslant \sup_{y \in F} f(C(y), y)$$

所以,

$$\inf_{x \in E} \max_{1 \leqslant i \leqslant n} f(x, y_i) \leqslant \inf_{\mu \in M^n} \sup_{\lambda \in M^n} \varphi(\mu, \lambda) \leqslant \inf_{\mu \in M^n} \varphi(\mu, \mu) \leqslant \sup_{y \in F} f(C(y), y)$$

证毕!

定理 5.3.5(Ky Fan 不等式)　设 X 是 Hilbert 空间, $E \subseteq X$ 是紧凸子集, 若 $f : E \times E \to \mathbf{R}$ 满足:

(i) $\forall y \in E, f_y : E \to \mathbf{R}, x \mapsto f(x, y)$ 是下半连续函数;

(ii) $\forall x \in E, f_x : E \to \mathbf{R}, y \mapsto f(x, y)$ 是凹函数,

那么, 存在 $\bar{x} \in E$ 使

$$\sup_{y \in E} f(\bar{x}, y) \leqslant \sup_{y \in E} f(y, y) \tag{5.3.11}$$

证明　由定理 5.3.4 知, 因为单位映射 $I : E \to E, x \mapsto I(x) = x$ 是连续的, 存在 $\bar{x} \in E$ 使

$$\sup_{y \in E} f(\bar{x}, y) \leqslant v^* \leqslant \inf_{C \in C(E, E)} \sup_{y \in E} f(C(y), y) \leqslant \sup_{y \in E} f(y, y)$$

证毕!

这里, 我们用 Brouwer 不动点定理导出了 Ky Fan 不等式. 事实上, 也可以从 Ky Fan 不等式导出 Brouwer 不动点定理.

设 $E \subseteq \mathbf{R}^n$ 为紧凸子集, $\psi : E \to E$ 为连续映射. 定义

$$f(x, y) := \langle x - \psi(x), x - y \rangle, \quad \forall (x, y) \in K \times K$$

显然 f 满足 Ky Fan 不等式的条件, 所以存在 $\bar{x} \in E$ 使

$$\sup_{y \in K} f(\bar{x}, y) = \sup_{y \in K} \langle \bar{x} - \psi(\bar{x}), \bar{x} - y \rangle \leqslant \sup_{y \in K} \langle y - \psi(y), y - y \rangle = 0$$

故

$$\forall y \in K, \quad \langle \bar{x} - \psi(\bar{x}), \bar{x} - y \rangle \leqslant 0$$

特别地, 取 $y = \psi(\bar{x})$, 得 $\left\| \bar{x} - \psi(\bar{x}) \right\|^2 = 0$, 即 $\bar{x} = \psi(\bar{x})$. 即 $\bar{x} \in E$ 为 ψ 的不动点. 当 E 为单纯形时, 必为紧凸, 故 ψ 有不动点. Brouwer 不动点定理为真.

由此可见, Ky Fan 不等式和 Brouwer 不动点定理等价. 由 Ky Fan 不等式可以导出一系列的关于非线性方程和包含式的解的结论, 如著名的 Kakutani 不动点定

理. 这些结论有很多实际应用, 包括在博弈论中的应用.

5.3.2 多人非合作对策的 Nash 定理

在博弈论中, 需要研究博弈的均衡解的存在. 设

$$M^n := \left\{ \lambda \in \mathbf{R}^n \,\middle|\, \sum_{i=1}^{n} \lambda_i = 1, \lambda_i \geqslant 0, i = 1, 2, \cdots, n \right\}$$

集值映射 $C: M^n \to \mathcal{P}(\mathbf{R}^n), \lambda \mapsto C(\lambda) \subseteq \mathbf{R}^n$. 考虑下列问题的解

$$C(\lambda) \bigcap \mathbf{R}_+^n = \varnothing, \quad \text{即} \quad \theta \in C(\lambda) - \mathbf{R}_+^n$$

更一般地, 对应很多无限博弈, 我们可以将问题归结为: 对 Hilbert 空间 X, Y 及紧凸子集 $K \subseteq X$, 集值映射 $C: K \to \mathcal{P}(Y), x \mapsto C(x) \subseteq Y$, 包含问题

$$\theta \in C(x)$$

解的存在问题.

定义 5.3.2 设 X, Y 为 Hilbert 空间, $K \subseteq X$ 为紧凸集, 称一个 K 上的集值映射 $C: K \to \mathcal{P}(Y), x \mapsto C(x) \subseteq Y$ 在 x_0 处是弱上半连续的 (upper hemi-continuous), 当且仅当

$$\forall p \in Y^*, \quad \sigma_C: X \to \mathbf{R}, \quad x \mapsto \sigma(C(x), p) = \sup_{y \in C(x)} \langle p, y \rangle$$

在 x_0 处是上半连续的. 称 C 是弱上半连续的, 当且仅当 C 在所有 $x \in K$ 处都是弱上半连续的.

对连续的单值映射 $C: K \to Y$, 由于, $\forall p \in Y^*$, $\sigma(C(x), p) = \langle p, C(x) \rangle$ 是连续函数, 所以 C 是弱上半连续的.

定义 5.3.3 设 X, Y 为 Hilbert 空间, $K \subseteq X$ 为紧凸集, 称一个 K 上的集值映射 $C: K \to \mathcal{P}(Y), x \mapsto C(x) \subseteq Y$ 在 x_0 处是上半连续的 (upper semi-continuous), 当且仅当

$$\forall \varepsilon > 0, \quad \exists B(x_0, \delta), \quad \text{当} \ x \in B(x_0, \delta) \ \text{时} \quad C(x) \subseteq C(x_0) + B(\theta, \varepsilon)$$

称 C 是上半连续的, 当且仅当 C 在所有 $x \in K$ 处都是上半连续的.

命题 5.3.5 任意上半连续函数都是弱上半连续的.

证明 设 C 在 x_0 处上半连续, 则

$$\forall \varepsilon > 0, \quad \exists B(x_0, \delta), \quad \text{当} \ x \in B(x_0, \delta) \ \text{时} \quad C(x) \subseteq C(x_0) + B(\theta, \varepsilon)$$

故

$$\forall \varepsilon > 0, \quad \exists B(x_0, \delta), \quad \text{当} \ x \in B(x_0, \delta) \ \text{时}$$

$$\sigma(C(x),p) = \sup_{y \in C(x)} \langle p,x \rangle \leqslant \sup_{y \in C(x_0)+B(\theta,\varepsilon)} \langle p,x \rangle \leqslant \sup_{y \in C(x_0)} \langle p,x \rangle + \sup_{y \in B(\theta,\varepsilon)} \langle p,x \rangle$$

$$\leqslant \sigma(C(x_0),p) + \sup_{y \in B(\theta,\varepsilon)} |\langle p,x \rangle|$$

$$= \sigma(C(x_0),p) + \varepsilon \|p\|$$

所以函数 $\forall p \in Y^*, \varphi_C(x) = \sigma(C(x),p)$ 是在 x_0 处上半连续的, 故 C 在 x_0 处弱上半连续. 证毕!

由定理 1.4.2 知, 局部 Lipschitz 函数的广义次梯度映射 $\partial f(\cdot)$ 是弱上半连续的. 较一般地, 有如下定理.

定理 5.3.6 设 X 为 Hilbert 空间, $f: X \to \mathbf{R} \cup \{+\infty\}$. 若 f 在其定义域内部 IntDom f 是局部 Lipschitz 的, 则 $\partial f: \text{IntDom} f \to \mathcal{P}(X^*), x \mapsto \partial f(x)$ 是弱上半连续的.

定义 5.3.4 设 X, Y 为 Hilbert 空间, $K \subseteq X$ 为紧凸集, 称一个 K 上的集值映射 $C: K \to \mathcal{P}(Y), x \mapsto C(x) \subseteq Y$ 在 x_0 处是下半连续的 (lower semi-continuous), 当且仅当

$$\forall \{x_n\}_{n=1}^{\infty} \subseteq X, \quad x_n \to x_0 (n \to \infty), \quad \forall y_0 \in C(x_0) \Rightarrow \exists \{y_n\}_{n=1}^{\infty} \subseteq Y$$

$$y_n \in C(x_n), \quad y_n \to y_0 \quad (n \to \infty)$$

称 C 是下半连续的, 当且仅当 C 在所有 $x \in K$ 处都是下半连续的. 若集值映射 C 在 x_0 处是上半连续且下半连续的, 则称 C 在 x_0 处是连续的. 称集值映射 C 是连续的, 当且仅当 C 在所有 $x \in K$ 处都是连续的.

例 5.3.1 集值函数

$$C_1(x) = \begin{cases} \{0\}, & x \neq 0, \\ \{-1,1\}, & x = 0, \end{cases} \quad C_2(x) = \begin{cases} \{-1,1\}, & x \neq 0, \\ \{0\}, & x = 0 \end{cases}$$

那么, 在 $x = 0$ 处, C_1 上半连续但非下半连续, C_2 下半连续但非上半连续.

命题 5.3.6 设 X, Y 为 Hilbert 空间, $f: X \times Y \to \mathbf{R}$, $C: X \to \mathcal{P}(Y)$, $x \mapsto C(x) \subseteq Y$ 为集值映射, 如果

(1) $f: X \times Y \to \mathbf{R}$ 是下半连续的;

(2) C 是下半连续的,

那么, 函数 $F: X \to \mathbf{R}, x \mapsto F(x) := \sup_{y \in C(x)} f(x,y)$ 是下半连续的.

证明 设 $x_n \to x_0 (n \to \infty)$. 往证 $F(x_0) \leqslant \liminf_{n \to \infty} F(x)$. 由 $F(x_0) := \sup_{y \in C(x_0)} f(x_0,y)$ 知, 存在 $y \in C(x_0)$ 使 $F(x_0) < f(x_0,y) + \varepsilon/2$. 由于 C 是下半连续的, 故存在

$$y_n \in C(x_n) \quad (n = 1,2,\cdots), \quad y_n \to y \quad (n \to \infty)$$

由于 $f: X \times Y \to \mathbf{R}$ 是下半连续的, 故存在正整数 N_ε, 当 $n > N_\varepsilon$ 时

$$f(x_0,y) \leqslant f(x_n,y_n) + \varepsilon/2$$

因为 $y_n \in C(x_n)$，所以 $f(x_n, y_n) \leqslant F(x_n)$．故 $F(x_0) \leqslant F(x_n) + \varepsilon, \forall n > N_\varepsilon$．证毕！

定理 5.3.7（Debreu-Gale-Nikaido 定理）　设 C 是 M^n 到 $\mathbf{R}^n$ 的非空集值映射．若 C 满足：

(1) C 是弱上半连续的；

(2) $\forall x \in M^n, C(x) - \mathbf{R}_+^n$ 是闭凸集；

(3) $\forall x \in M^n, \sigma(C(x), x) \geqslant 0$（Walras 律），

则存在 $\bar{x} \in M^n$ 使 $C(\bar{x}) \bigcap \mathbf{R}_+^n \neq \varnothing$．

证明　定义

$$\varphi : M^n \times M^n \to \mathbf{R} \bigcup \{+\infty\}, \quad (x, y) \mapsto \varphi(x, y) := -\sigma(C(x), y)$$

则

(i) $\varphi_x : M^n \to \mathbf{R} \bigcup \{+\infty\}, y \mapsto \varphi_x(y) := -\sigma(C(x), y)$ 是凹函数；

(ii) $\varphi_y : M^n \to \mathbf{R} \bigcup \{+\infty\}, y \mapsto \varphi_y(x) := -\sigma(C(x), y)$ 是下半连续的．

由 Ky Fan 不等式知，存在 $\bar{x} \in M^n$ 使 $\sup\limits_{y \in M^n} \varphi(\bar{x}, y) \leqslant \sup\limits_{y \in M^n} \varphi(y, y) \leqslant 0$．

换言之，$\sigma(C(\bar{x}), y) \geqslant 0, \forall y \in M^n$．由于 $0 \leqslant \sigma(-\mathbf{R}_+^n, y) = \sup\limits_{p \in -\mathbf{R}_+^n} \langle p, y \rangle = \begin{cases} 0, & y \in \mathbf{R}_+^n, \\ +\infty, & y \notin \mathbf{R}_+^n, \end{cases}$

$$\sigma(C(\bar{x}) - \mathbf{R}_+^n, y) \geqslant 0, \quad \forall y \in M^n$$

所以，$\forall \theta \neq y \in \mathbf{R}_+^n$，令 $y' = y \Big/ \sum\limits_{i=1}^n y_i, y = (y_1, y_2, \cdots, y_n)^{\mathrm{T}}$，有 $y' \in M^n$，故

$$\sigma(C(\bar{x}) - \mathbf{R}_+^n, y) = \sigma(C(\bar{x}) - \mathbf{R}_+^n, y') \sum_{i=1}^n y_i \geqslant 0, \quad \forall \theta \neq y \in \mathbf{R}_+^n$$

由 $C(\bar{x}) - \mathbf{R}_+^n$ 是闭凸集知，$\theta \in C(\bar{x}) - \mathbf{R}_+^n$，即 $C(\bar{x}) \bigcap \mathbf{R}_+^n \neq \varnothing$．证毕！

定义 5.3.5　设 X, Y 为 Hilbert 空间，$K \subseteq X$ 为紧凸子集，$A \in L(X, Y), C : K \to \mathcal{P}(Y)$ 是 K 上的弱上半连续的非空闭凸集值映射，称 $C : K \to \mathcal{P}(Y)$ 满足正交条件，当且仅当

$$\forall x \in K, \quad C(x) \bigcap \mathrm{cl}(AT_K(x)) \neq \varnothing \tag{5.3.12}$$

此处 $T_K(x)$ 为切锥，即 $T_K(x) := \mathrm{cl}\left[\bigcup\limits_{h>0} \frac{1}{h}(K - x) \right]$．

命题 5.3.7　设 X, Y 为 Hilbert 空间，$K \subseteq X$ 为紧凸子集，$A \in L(X, Y)$，$C : K \to \mathcal{P}(Y)$ 是 K 上的弱上半连续的非空闭凸紧集值映射．那么，C 满足正交条件当且仅当 C 满足对偶正交条件：

$$\forall x \in K, \quad \forall p \in (A^*)^{-1} N_K(x), \quad \sigma(C(x), -p) \geqslant 0 \tag{5.3.13}$$

证明　(a) 假设 $x \in K, y \in C(x) \bigcap \mathrm{cl}(AT_K(x))$，则 $\exists \{x_n\}_{n=1}^\infty \subseteq T_K(x), y = \lim\limits_{n \to \infty} Ax_n$．

取 $p \in Y^*$ 使 $A^*p \in N_K(x) := \partial \psi_K(x) = \left\{ p \in X^* \big| \langle p, x \rangle = \sigma(K, p) \right\}$.

由于对 $x_n \in T_K(x) = N_K(x)^-(n = 1, 2, \cdots)$，$\langle A^*p, x_n \rangle \leqslant 0$，故

$$\sigma(C(x), -p) \geqslant \langle -p, y \rangle = \lim_{n \to \infty} \langle -p, Ay_n \rangle = \lim_{n \to \infty} \langle -A^*p, x_n \rangle \geqslant 0$$

显然，在此证明中，没有用到 C 的取值的紧性.

(b) 假设 C 是 K 上的弱上半连续的非空闭凸紧集值映射，且满足对偶正交条件

$$\forall x \in K, \quad \forall p \in (A^*)^{-1} N_K(x), \quad \sigma(C(x), -p) \geqslant 0$$

倘若存在 $x_0 \in K, C(x_0) \bigcap \mathrm{cl}(AT_K(x_0)) = \varnothing$，即 $\theta \notin C(x_0) - \mathrm{cl}(AT_K(x_0))$，那么由分离定理知，存在连续线性泛函 $p \in Y^*$ 及 $\varepsilon > 0$，使

$$\begin{aligned}
\sigma(C(x_0), -p) &= \sup_{y \in C(x_0)} \langle -p, y \rangle \leqslant \inf_{u \in T_K(x_0)} \langle -p, Au \rangle - \varepsilon \\
&= \inf_{u \in T_K(x_0)} \langle -A^*p, u \rangle - \varepsilon \\
&\leqslant 0
\end{aligned} \tag{5.3.14}$$

由于 $T_K(x_0)$ 是切锥，故由不等式 (5.3.14)，知 $A^*p \in T_K(x_0)^- = N_K(x_0)$ 且 $\inf\limits_{u \in T_K(x_0)} \langle -A^*p, u \rangle = \inf\limits_{u \in T_K(x_0)} \langle -p, Au \rangle = 0$. 所以 $\sigma(C(x_0), -p) < -\varepsilon < 0$. 证毕!

根据定义，很容易得到下列关于正交条件(对偶正交条件)的性质.

命题 5.3.8 若 C_1 和 C_2 满足正交条件(对偶正交条件)，且 $\alpha_1, \alpha_2 > 0$，则 $\alpha_1 C_1 + \alpha_2 C_2$ 也满足正交条件(对偶正交条件).

推论 5.3.2 设 $C: K \to \mathcal{P}(Y)$ 满足正交条件(对偶正交条件)，$A \in L(X, Y)$ 且 $y \in A(K)$，则 $C': K \to \mathcal{P}(Y)$，$x \mapsto C'(x) := C(x) - A(x) + y$ 也满足正交条件(对偶正交条件).

定理 5.3.8(零点存在性定理) 设 X, Y 为 Hilbert 空间，$K \subseteq X$ 为紧凸子集，$A \in L(X, Y)$，$C: K \to \mathcal{P}(Y)$ 是 K 上的弱上半连续的非空闭凸紧集值映射. 如果 $C: K \to \mathcal{P}(Y)$ 满足正交条件，即

$$\forall x \in K, \quad C(x) \bigcap \mathrm{cl}(AT_K(x)) \neq \varnothing$$

那么 (a) 存在 $\bar{x} \in K$，使 $\theta \in C(\bar{x})$；

(b) $\forall y \in A(K), \exists \hat{x} \in K$，使 $y \in A\hat{x} - C(\hat{x})$.

证明 在假设条件下，倘若 $\forall x \in K, \theta \notin C(x)$，由于 $C(x)$ 是闭凸集，由凸集分离定理知，

$$\forall x \in K, \quad \exists p \in Y^*, \quad 使 \quad \sigma(C(x), -p) < 0$$

定义 $\Delta_p := \left\{ x \in K \big| \sigma(C(x), -p) < 0 \right\}$，由于 C 是弱上半连续，故 $\sigma(C(x), -p)$ 是下半连续函数，所以 Δ_p 为开集，且有 $K \subseteq \bigcup\limits_{p \in Y^*} \Delta_p$. 由于 K 是紧集，因此 $\{\Delta_p\}_{p \in Y^*}$ 有有限子覆

盖, 设为 $\{\Delta_{p_i}\}_{i=1}^n$. 设 $\{g_i\}_{i=1}^n$ 是 $\{\Delta_{p_i}\}_{i=1}^n$ 的单位分解, 定义二元函数:

$$\varphi : K \times K \to \mathbf{R}, \quad (x,u) \mapsto \varphi(x,u) := -\sum_{i=1}^n g_i(x)\langle A^* p_i, x-u\rangle$$

显然, $\varphi(x,u)$ 是 x 的连续函数, 对 x 是凹函数, 且 $\varphi(u,u)=0(\forall u \in K)$. 由 Ky Fan 不等式知, 存在 $\bar{x} \in K$, 使

$$\forall u \in K, \quad \varphi(\bar{x},u) = \left\langle -A^*\bar{p}, \bar{x}-u \right\rangle \leqslant 0, \quad \text{即} \quad A^*\bar{p} \in N_K(\bar{x})$$

其中 $\bar{p} := \sum_{i=1}^n g_i(x)p_i$. 另一方面, 由于 $C : K \to \mathcal{P}(Y)$ 满足对偶正交条件, 故

$$\sigma\left(C(\bar{x}), -\bar{p}\right) \geqslant 0$$

下面证明此不等式是不成立的. 令 $I = \left\{i \big| g_i(\bar{x}) > 0\right\}$, 则 $I \neq \varnothing \left(\text{因为} \sum_{i=1}^n g_i(\bar{x}) = 1\right)$. 如果 $i \in I$, 则 $\bar{x} \in \Delta_{p_i}$, 即

$$\sigma\left(C(\bar{x}), -\bar{p}\right) = \sigma\left(C(\bar{x}), -\sum_{i=1}^n g_i(\bar{x})p_i\right) \leqslant \sum_{i \in I} g_i(\bar{x})\sigma\left(C(\bar{x}), -p_i\right) < 0$$

第二个结论只需根据推论 5.3.2, 对 $C' : K \to \mathcal{P}(Y)$, $x \mapsto C'(x) := C(x) - A(x) + y$ 应用上述证明即可. 证毕!

当 $X = Y$ 时, 可以得出很多重要推论.

定理 5.3.9 设 X 为 Hilbert 空间, $K \subseteq X$ 为紧凸子集, $C : K \to \mathcal{P}(Y)$ 是 K 上的弱上半连续的非空闭凸紧集值映射. 如果 $C : K \to \mathcal{P}(X)$ 满足正交条件, 即

$$\forall x \in K, \quad C(x) \bigcap T_K(x) \neq \varnothing$$

那么 (a) 存在 $\bar{x} \in K$, 使 $\theta \in C(\bar{x})$;

(b) $\forall y \in K, \exists \hat{x} \in K$, 使 $y \in \hat{x} - C(\hat{x})$.

定理 5.3.10 (Kakutani) 设 X 为 Hilbert 空间, $K \subseteq X$ 为紧凸子集, $D : K \to \mathcal{P}(K)$ 是 K 上的弱上半连续的非空闭凸集值映射, 则 D 具有不动点 $x_* \in D(x_*)$.

证明 由于 $D(x) - x \subseteq K - x \subseteq T_K(x)$, 我们注意到集值映射 $C : K \to \mathcal{P}(X)$, $x \mapsto C(x) := D(x) - x$ 满足定理 5.3.9 的条件, 故 x_* 使 $\theta \in C(x_*)$, 即 $\theta \in D(x_*) - x_*$, 亦即 $x_* \in D(x_*)$. 证毕!

第 6 章　复杂网络理论及应用

6.1　复杂网络的研究背景及发展

　　复杂网络理论将系统的个体以及个体间的相互关系抽象为节点和边, 建立网络模型来研究系统的整体行为, 已被广泛用于研究各种真实的复杂系统. 例如, 神经系统可以看作是大量神经细胞通过神经纤维相互连接形成的网络; 计算机网络可以看作是自主工作的计算机通过通信介质, 如光缆、双绞线、同轴电缆或无线通信频道等相互连接形成的网络; 物联网可以看作是交换机、路由器、基站、卫星、终端设备、传感网之间的物理连接形成的信息传输网络. 类似的还有电力网络、社交网络、物流网络、交通网络、细胞网络等. 人类生产和社会生活的日益网络化需要科学界对各种复杂网络的行为有更深入的认知. 上述各类网络分别来自生命科学、计算机科学、能源科学以及社会科学等不同学科的研究领域. 复杂网络理论是从对现实中不同的具体网络研究中发现网络的共性, 并寻找研究和处理它们的普适方法.

　　20 世纪 80 年代, 科学界兴起了复杂性科学的研究. 复杂性是在物质世界和人类社会演化中所呈现出来的一种重要特征, 现实世界中的许多系统具有显著的复杂性. 复杂网络理论作为复杂性科学研究的一种方法, 现已成为复杂系统的有力工具. 研究表明, 网络的复杂性源于以下五个方面: ①网络结构的复杂性, 即网络的节点数目巨多, 连接错综复杂; ②网络节点的复杂性, 即网络的节点可能包含多种不同的类型, 可能会将具有分岔和混沌等复杂的非线性动力学行为的对象作为节点, 同时节点之间可能存在权重差异; ③网络连接的复杂性, 即网络中连接的产生或消失, 具有随机性, 连接也可能会有权重, 并且可能存在方向性; ④网络演化的复杂性, 即网络中的节点和边会随着时间的演化而发生变化; ⑤各种环境因素与复杂网络之间存在相互作用.

　　网络的起源得益于图论(graph theory)的发展, 而图论最初的表示方法可追溯到 18 世纪的著名数学家欧拉对 "哥尼斯堡七桥问题" 的研究. 哥尼斯堡城中有一条横贯城区的河流, 两岸和河中间的两个岛之间一共有七座桥, 如何一次走过所有七座桥且不重复经过, 最后能返回原地, 这成为当地居民经常讨论的问题. 1736年, 欧拉利用数学抽象法仔细分析研究了这个问题. 他首先将河流分隔开的陆地抽象为四个点, 而将连接着四个陆地的七座桥抽象为分别连接这四个点的七条边, 这样就得到了一个由四个点和七条边组成的图, 将一个实际存在的问题转化为数学中的图的问题. 经过这种简化过程, 欧拉证明了一次遍历七座桥且不重复经过的路径不存在, 解决了哥尼斯堡七桥问题. 欧拉对于七桥问题的抽象方法以及论证思想, 使他打开了数学中的一个分支——图论的研究大门, 成为图论的创始人. 图论与复杂网络的研究密切相关, 是复杂网络研究的数学基础, 反映了网络的结构与网络的性质之间存在某种关系.

我们将网络的不依赖于节点的具体位置和边的具体形态就能展现出来的性质称为网络的拓扑性质, 相应的结构称为网络的拓扑结构. 真实的系统应当用什么样的网络拓扑结构描述才合适呢? 对这个问题的研究经历了三个阶段. 图论在开创后并未获得足够的发展, 在最初一百多年里, 人们认为真实系统的各个因素之间的相互关系可以用一些规则的结构来表示, 例如, 二维平面上的欧几里得网格、最近邻环网及星形网络等. 这些网络是由节点按照某种简单且确定的规则相互连接而构成的, 因此被称为规则网络.

20 世纪 50 年代末期, 两位匈牙利的数学家 Ersos 和 Renyi 提出的随机图理论, 在数学上开创了复杂网络理论的系统性研究. 他们提出的 ER 随机网络模型是由在 N 个节点构成的图中, 以确定的概率 p 随机选择两个节点连接一条边演化而形成的. 同时, Ersos 和 Renyi 获得了 ER 随机网络模型的许多重要的拓扑性质. 对 ER 随机网络模型的研究结果代表了这一时期图论研究的最高成就, 通过这种构造网络的方法, 两个节点之间是否存在连边不再是一件确定的事情, 而是由一个概率 p 决定的, 因此数学家将这种方法生成的网络定义为随机网络. 在 20 世纪的后 40 年中, 随机网络理论成为图论研究的主要潮流, 而随机网络也一直被很多科学家认为是最适宜用来描述真实系统的网络. 这是网络拓扑结构研究的第二阶段.

最近十几年中, 由于计算机技术和电子技术的飞速发展, 数据处理、存储、传输能力和计算能力的飞速提升, 科学家们对大量真实世界中的网络的数据进行分析后, 发现大量的真实网络既不是完全规则的网络, 也不是完全随机的网络, 而是具有与这两者皆不相同的统计特征的网络. 这样的网络被称为复杂网络, 对复杂网络的研究标志着网络拓扑结构研究第三阶段的到来. 首先, 美国康奈尔 (Cornell) 大学理论和应用力学系的博士生 Watts 及其导师 Strogatz 教授于 1998 年 6 月在 *Nature* 杂志上发表了题为 "'小世界网络'的集体动力学" 的论文, 提出了他们的小世界网络模型 (简称 WS). WS 小世界网络刻画了现实世界中各种具有小的平均路径长度和较大的聚集系数网络的特点, 即小世界特性. 紧随其后的是, 美国圣母 (Notre Name) 大学物理系的 Barabasi 教授及其博士生 Albert 于 1999 年 10 月在 *Science* 杂志上发表了题为 "随机网络中标度的涌现" 的论文, 揭示了现实世界中的许多大型网络的节点度分布呈现幂律函数形式, 具有 "无标度性", 并提出了 BA 无标度网络模型, 解释了网络中普遍存在的 "富者愈富" 现象. 小世界网络和无标度网络的构建首先将统计物理学的思想、方法和工具引入到网络的研究中, 开创了网络研究的新时代. 随后, 来自不同领域、学科的研究人员又提出了多种复杂网络模型, 并系统研究了网络中的统计特性、网络演化、物理过程、动力学性质及传播机理等, 掀起了复杂网络研究的热潮.

6.2 复杂网络的基础知识

6.2.1 网络的基本概念

一般意义下的网络是由一定数量的节点以及节点之间相互连接的边构成的集合, 将网络抽象为图, 即用抽象的点表示具体网络中的节点, 并用节点之间的连线来表示具体网络中节点之间的连接关系. 对于复杂网络来说, 节点通常代表真实复杂系统中的个体, 而个体之间的相互作用则表示为节点之间的连边. 简言之, 复杂系统中的个体与相互作用表示为节点和边的形式, 就称网络.

我们用图的概念描述一个网络, 刻画出元素之间的二元关系, 用图的顶点代表网络中的节点元素, 顶点之间的连线则代表元素之间的关系.

定义 6.2.1 一个静态网络 $G = (V, E)$ 是指由一个节点集合 V 和一个边集合 E 构成的图, 且 E 中的每条边 e_{ij} 有 V 中的一对点 (v_i, v_j) 与之对应, 节点数记为 $N = |V|$, 边数记为 $M = |E|$. 如果任意一对节点 (v_i, v_j) 与 (v_j, v_i) 之间对应同一条边, 即连线是无方向的, 则称为无向网络; 否则为有向网络. 如果任意一对节点之间最多只有一条连边 (通常假设权值为 1), 则称为无权网络; 否则, 网络中的每条边都赋予相应的权值, 则为加权网络. 若 $G = (V, E)$ 中, 可以将节点集合 V 分割为两个互补的子集 S 和 T, 其中, $S \cup T = V$, $S \cap T = \varnothing$, 它们之间按某种规则连接, 则称 G 为二分网络. 如推荐系统就是二分复杂网络.

从统计物理学的角度来看, 网络是一个包含了大量个体以及个体间的相互作用的系统, 复杂网络理论利用图论提供的静态几何量及其分析方法研究复杂网络的几何性质、稳定性、网络重构和可控性等, 揭示网络形成的机制. 复杂网络的理论研究使人们逐步开始注意到网络拓扑结构本身的复杂性, 并着重研究这种复杂性与网络动力学行为之间所存在的密切关系.

复杂网络理论的发展为人们研究真实的复杂系统提供了理论工具, 与常见的一些简单规则网络相比, 复杂网络所表现出来的拓扑性质常常比较复杂. 如果考虑到网络节点之间连边是否具有方向性, 复杂网络可分为无向网络和有向网络; 如果考虑网络每一条边都被赋予一定的权值, 人们又把复杂网络分为加权网络和无权网络. 由于复杂网络分类情况表现出来的多样性, 因此很难采用任何一种统一的统计参考量来刻画它们. 为了刻画复杂网络的各种特性, 学者们已经提出了大量概念、特征量和度量方法, 用于描述复杂网络的拓扑结构特性和动力学性质, 图 6.2.1

中列出的是常用的网络基本概念和主要特征量.

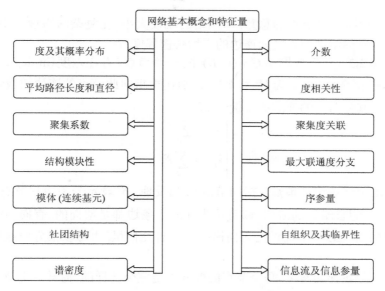

图 6.2.1　网络的基本概念和主要特征量

网络结构的宏观性质通常由给定网络 $G = (V, E)$ 的微观量的统计分布或者统计平均值来刻画, 网络的统计性质又被称为网络静态几何量, 用于描述复杂网络的拓扑结构特性和动力学性质. 下面介绍几种重要的网络统计性质.

6.2.1.1　度与度分布

定义 6.2.2　无向网络 $G = (V, E)$ 中, 一个节点 i 的度 (degree) k_i 定义为该节点与网络中其他节点之间相互连接的边的数目:

$$k_i = \sum_{l \in E} \delta_l \tag{6.2.1}$$

其中, 当路径 l 包含节点 i, 即有边相连接时, δ_l 为 1; 否则, 当路径 l 没有包含节点 i, 即无边相连接时, δ_l 为 0:

$$\delta_l = \begin{cases} 1, & \text{当 } l \text{ 包含节点 } i, \\ 0, & \text{当 } l \text{ 不包含节点 } i \end{cases} \tag{6.2.2}$$

这里, 并没有考虑网络中节点的自连接或重连的现象, 这样做的目的是让节点的度与该节点的邻居节点数量相等.

一般情况下, 度值越大的节点在整个网络中所起的作用就越大, 该节点就越重要. 因此节点 i 的度 k_i 反映了节点 i 在网络中的重要程度.

网络中所有节点度的平均值称为网络的平均度, 记为 $\langle k \rangle$:

$$\langle k \rangle = \frac{1}{N} \sum_{i=1}^{N} k_i \qquad (6.2.3)$$

这里, N 表示网络中节点的总数, 即网络的规模大小. 在复杂网络理论中, 网络平均度刻画的是网络中节点之间连边的平均疏密程度.

定义 6.2.3 在有向网络 $G = (V, E)$ 中, 一个节点 i 存在入度(in-degree)与出度(out-degree)两个度值, 记为 k_i^{in} 和 k_i^{out}, 分别代表指向此节点的连边的数量以及从此节点指向其他节点的连边的数量:

$$\begin{cases} k_i^{\mathrm{in}} = \sum_{j \in V} \delta_{ji} \\ k_i^{\mathrm{out}} = \sum_{j \in V} \delta_{ij} \end{cases} \qquad (6.2.4)$$

其中, δ_{ji} 表示一条边从节点 j 指向节点 i; 相反地, δ_{ij} 表示一条边从节点 i 指向节点 j. 如果我们忽略边的方向, 或者认为任何一条边都是双向的, 有向网络就退化成为无向网络. 因此, 下面讨论无向网络的所有几何量, 也可以很方便地推广至有向网络.

对于各种各样的网络, 每个节点的度并不是完全一样的, 通常定义节点的度分布来区分不同种类的网络.

定义 6.2.4 无向网络 $G = (V, E)$ 的度分布用分布 $P(k)$ ($k = 0, 1, 2, \cdots, n-1$)是指从网络中随机抽出一个节点, 其度为 k 的概率, 即

$$P(k) = P\{k_i = k\}$$

度平均值是指节点的度的数学期望, 即

$$\langle k \rangle = \sum_{k=0}^{N-1} k P(k)$$

注 在固定的网络中度为 k 的节点占总节点数的比率, 即

$$P(k) = P\{k_i = k\} = \frac{n_k}{N}, \quad \langle k \rangle = \frac{1}{N} \sum_{i=1}^{N} k_i$$

其中, n_k 表示网络中度为 k 的节点个数.

有向网络 $G = (V, E)$ 的度分布用联合分布

$$P(k, f) = P\{k_i^{\mathrm{in}} = k, k_i^{\mathrm{out}} = f\} \quad (k, f = 0, 1, 2, \cdots, n-1)$$

在复杂网络的统计刻画过程中, 度分布是一个重要的工具, 度分布的不同特征能体现出各种复杂网络不同的几何性质.

例如, 把一维链和二维正方晶格等一类的网络, 称为规则网络, 这些规则网络中的任何一个节点的邻近数目都相同, 因此具有简单的度序列, 网络中各个节点的度值都相同, 度分布则符合 Delta 分布.

定义 6.2.5 一个完全随机网络(complete random network) $G = (V, E, p)$ 是指:

给定 N 个节点, 每对节点由一定的概率 p 相互连接.

定理 6.2.1　完全随机网络 (complete random network) $G = (V, E, p)$ 的度分布为二项分布

$$P(k) = P\{\xi = k\} = C_{N-1}^k p^k (1-p)^{(N-1)-k}$$

证明　随机抽取一个节点, 它的度用随机变量 ξ 表示, 因为在剩余的 $N-1$ 节点中选取 k 个节点相连, 其余的为 $(N-1)-k$ 节点断开, 所以, ξ 服从二项分布, 即 $\xi \sim B(N-1, p)$, 即

$$P(k) = P\{\xi = k\} = C_{N-1}^k p^k (1-p)^{(N-1)-k}$$

ξ 的期望值为

$$E\xi = \sum_{k=0}^{N-1} kP\{\zeta = k\} = \sum_{k=0}^{N-1} k\, C_{N-1}^n p^k (1-p)^{(N-1)-k} = (N-1)p = \lambda = \langle k \rangle$$

证毕!

N 很大, p 很小的时候, $\lambda = (N-1)p$, 随机网络的度分布符合近似于泊松 (Poisson) 分布:

$$P(k) \simeq \mathrm{e}^{-\lambda} \frac{\lambda^k}{k!} \tag{6.2.5}$$

由此可以看出, 尽管随机网络中各节点之间的连接是随机的, 但是网络具有一个平均度 $\lambda = p(N-1) = \langle k \rangle$. 泊松分布峰值点两边呈指数下降, 这种分布情况说明网络的特点是大多数节点的度值接近于网络的平均节点度, 而远离峰值的具有很高连接数目的节点 (即节点度 $k \gg \langle k \rangle$ 的节点) 或者具有很低连接数目的节点 (即节点度 $k \ll \langle k \rangle$ 的节点) 基本上是不存在的. 由于几乎找不到偏离节点平均度被当作是节点度的一个特征标度. 这种分布情况体现出网络的统计上的同质性, 因此随机网络也被称为均匀网络.

然而, 通过对各种各样真实系统的复杂网络的度分布情况进行统计分析, 大量实证研究的结果表明, 实际网络的度分布既不符合规则网络的 Delta 分布, 同时也不符合随机网络的泊松分布, 而是一种幂律分布:

$$P(k) = Ak^{-\gamma} \tag{6.2.6}$$

这里 γ 为度分布指数. 幂函数具有标度不变性, 幂律分布具有重尾特性, 由于其缺乏一个描述问题的特征尺度, 因此人们通常把度分布具有无标度特性的网络称为无标度网络. 对于大部分真实网络, 度分布指数的范围是 $2 < \gamma < 3$. 无标度网络中的大部分节点度值相对较小, 只有少量的连接; 而少数枢纽节点的度值相对较大, 具有大量的连接. 由于节点之间的度相差较大, 这种分布将导致网络的异质性, 因此, 无标度网络又被称为非均匀网络. 后面将讨论它的度分布.

6.2.1.2 度相关性

大多数真实世界的网络具有幂律度分布, 其中极少数的枢纽节点具有较高的节点度, 而大多数节点的度值都很低. 6.2.2.1 节定义的度分布函数 $P(k)$ 只能用于说明网络中度为 k 的节点所占的比例, 却不能刻画不同的节点度之间是否存在一定的关联性, 而关联性在研究网络的拓扑结构和动力学之间的关系中起着重要的作用. 节点度相关性 (degree correlation) 被用来描述不同度值的节点之间的连接模式, 即反映网络中度值高的节点是偏向与其他度值高的节点相关联, 还是偏向与度值低的节点相关联. 如果一个网络中的高度值节点偏向与高度值节点连接, 则这个网络为同配混合 (assortative mixing) 网络; 反之, 若网络中的高度值节点偏向与低度值节点相连接, 则网络为异配 (非同配) 混合 (disassortative mixing) 网络.

节点的度相关性对网络行为有重要的影响, 通常采用条件概率 $P(k'|k)$ 来刻画不同节点度之间的相关性:

$$P(k'|k) = \frac{\langle k \rangle P(k,k')}{kP(k)} \tag{6.2.7}$$

表明度为 k' 的节点与度为 k 的节点的任一邻居节点相连接的概率.

虽然 $P(k'|k)$ 能够刻画网络中节点的相关程度, 但都很难从实验角度测量. 因此, Newman 提出用两端的节点度的同配系数 (assortativity coefficient) r 来量化网络的混合模式. 该系数定义为边两端节点度数之间的皮尔森相关系数 (Pearson correlation coefficient), 对于一个无向网络, 其同配系数定义为

$$r = \frac{M^{-1}\sum_i x_i y_i - \left[M^{-1}\sum_i \frac{1}{2}(x_i+y_i)\right]^2}{M^{-1}\sum_i \frac{1}{2}(x_i^2+y_i^2) - \left[M^{-1}\sum_i \frac{1}{2}(x_i+y_i)\right]^2} \tag{6.2.8}$$

其中, x_i, y_i 分别是第 i 条边两端节点的度数, $i=1,2,\cdots,M$, M 是总边数. 推广到有向网络, 其同配系数定义为

$$r = \frac{\sum_i x_i y_i - M^{-1}\sum_i x_i \sum_i y_i}{\sqrt{\left[\sum_i x_i^2 - M^{-1}\left(\sum_i x_i\right)^2\right]\left[\sum_i y_i^2 - M^{-1}\left(\sum_i y_i\right)^2\right]}} \tag{6.2.9}$$

其中 x_i, y_i 分别为第 i 条弧的入端和出端节点的入度和出度值减 1, 即节点的剩余入度和出度, M 为弧的总数. 根据定义可以得到一个唯一数 r, r 为正则为同配混合网络; 反之, r 为负则为异配混合网络.

6.2.1.3　平均路径长度与直径

如果一个网络中任意一对节点 i,j 被一系列相邻的节点连接, 则称这两个节点之间存在一条路径. 两个节点间可能存在许多不同的路径, 其中具有边的数量最少的路径称为最短路径(测地线). 一般情况下, 我们用路径长度刻画网络中节点间的距离, 即从一节点到另一节点所需要经历的边的数目(在有向图中为有向弧的数目). 任意两个节点 i 和 j 之间的距离 d_{ij} 定义为连接它们的最短路径的长度, 描述了任意两个节点之间最少要经过的边数. 网络中任意两个节点之间的距离的最大值称为网络的直径(diameter), 记为 D :

$$D = \max\{d_{ij}\} \tag{6.2.10}$$

网络中另一个重要的特征度量是平均路径长度(average path length), 记为 L, 是指网络中所有节点对的平均距离, 定义为

$$L = \frac{1}{N(N-1)}\sum_{i\neq j}d_{ij} \tag{6.2.11}$$

这里, N 表示网络中的节点数. 平均路径长度 L 和直径 D 是刻画整个网络的节点间信息交流速度的度量, 其中, 平均路径长度也被称为特征路径长度(characteristic path length), 是对网络传输性能及其效率的一种衡量标准.

从现实世界中复杂网络的实证结果可以看出, 网络的平均路径长度相对较小, 一般情况下, 它的长度与网络的尺寸 N 的对数成正比, 即 $L \sim \log N$. 许多大尺度网络的平均路径长度特别小, 基本遵循 $L \sim \log\log N$, 平均路径长度较小的特点通常被称为小世界特性.

6.2.1.4　聚集系数

真实系统的网络中, 不同节点之间由于某种需要或利益, 常常会趋于相互合作, 从而形成一个一个的小集团. 例如, 在一个友谊网络中, 如果 A 是 B 的朋友, B 是 C 的朋友, 那么有很高的概率 A 直接是 C 的朋友, 同时, 朋友圈内的成员之间的联系往往社会比较紧密, 而各个朋友圈之间的联系则相对较少, 这种抱团现象称为网络的集团化程度, 上述这种抱团现象也被称为聚集现象. 可以通过定义节点的聚集系数, 来描述网络中与同一节点直接相连的节点之间的连接关系. 在一个无向图中, 假定一个节点 i 有 k_i 条边, 即节点 i 有 k_i 个邻接节点, 如果节点 i 的所有邻接节点都相互连接, 则存在 $k_i(k_i-1)/2$ 条边. 节点 i 的聚集系数 c_i 定义为与该节点直接相邻的 k_i 个节点间实际存在的边数目 e_i 占最大可能存在的边数 $k_i(k_i-1)/2$ 的比例, 数学定义为

$$c_i = \frac{2e_i}{k_i(k_i-1)} \quad (k_i \geq 2) \tag{6.2.12}$$

而从几个角度研究, 节点 i 的聚集系数 c_i 还可以被等价地定义为

$$c_i = \frac{与节点 i 相连的三角形数目}{与节点 i 相连的三元组数目} \tag{6.2.13}$$

这里三元组是指同时包含节点 i 及其两个邻居节点. 节点的聚集系数描述了其相邻节点之间的连接程度, 可以用来反映网络中节点的聚集情况.

　　网络的聚集系数 C 定义为所有节点聚集系数 c_i 的平均值, 描述网络的局部集团化程度, 即网络的紧密程度:

$$C = \frac{1}{N} \sum_{i=1}^{N} c_i \tag{6.2.14}$$

很明显, $C \leqslant 1$. 如果一个网络是完全连通的, 即其中每个节点都与其他节点相互连接, 则 $C = 1$; 相反地, 如果网络是孤立的, 即没有任何节点相连, 网络中的节点全是孤立节点, 则 $C = 0$.

　　一个随机网络中, 聚集系数相对于网络的规模来说非常小, $C \sim N^{-1}$, 而对于许多真实网络的实证数据观察所得, 尽管其聚集系数小于 1, 但一般会比与其相同节点数和边数的随机网络的聚集系数大很多, 即远远大于 $O(N^{-1})$.

6.2.1.5　中心性指标

1) 度中心性

　　复杂网络中, 并不是所有的节点都是平等的, 从网络中删除不同的节点, 对网络所产生的影响也会不同. 衡量一个节点在网络中的中心地位的最简单度量指标就是度值. 人们认为网络中占重要地位的节点是那些与网络中的其他节点有大量联系的节点, 因此, 最简单的观点认为节点在网络中的中心性可以用节点的度值来衡量.

　　节点 i 的度中心性指标为节点 i 的度值与网络中其他节点个数的比值, 即节点 i 的度值与网络中最大可能度值的比值. 在一个无向图中, 节点 i 的度中心性指标定义为

$$C_d(i) = \frac{k_i}{N-1} \tag{6.2.15}$$

这里, k_i 是节点 i 的度值, 即与节点 i 直接相连的节点的个数, N 是网络中的全部节点个数, 而 $N-1$ 是网络的最大可能度值. 利用度中心性指标可以找到网络中的关键节点, 以更好地抗击网络攻击和免疫病毒.

　　2) 介数中心性

　　前面介绍的 $C_d(i)$ 是基于度的节点中心性结构指标, 度指标是最简单且直观的中心性量度之一, 但节点的中心性仅用度中心性来衡量并不全面. 这是因为度值衡量的是一个节点的局部特征, 不能完全表示节点在整个网络中的重要性. 更好地衡

量节点中心性的方法就是要结合更多的全局信息考虑, 例如, 考虑节点在网络中任意两个给定节点之间的路径中起到的作用, 为此人们使用介数指标来衡量节点的中心性.

介数 (betweenness) 是网络中一个重要的全局几何量. 节点 i 的介数的含义为整个网络中所有节点对的最短路径之中, 经过节点 i 的最短路径的数量. 它反映了节点 i 的影响力, 通常用来考虑通过网络节点的数量流通量. 因此, 当研究有关网络数据通信管理控制的问题时, 节点介数所起的作用将比节点度的作用更为重要. 但是, 与节点度相比, 介数的计算难度也较高. 设网络具有 N 个节点, 节点 i 的介数中心性指标定义为

$$C_b(i) = \sum_{j(<k)}^{N} \sum_{k}^{N} \frac{g_{jk}(i)}{g_{jk}} \tag{6.2.16}$$

其中 g_{jk} 为连接节点 j 与节点 k 之间的最短路径 (测地线) 的数目, $g_{jk}(i)$ 为节点 j 与节点 k 之间经过节点 i 的最短路径的数目.

节点的介数中心性指标是刻画网络中经过该节点的最短路径数的一个度量. 一个节点的介数中心性指标越大, 说明整个网络中任意两节点之间的最短路径经过该节点的数目越多, 该节点在网络中就越重要. 而整个网络的介数定义为所有节点介数的平均值:

$$B = \frac{1}{N} \sum_{i=1}^{N} c_b(i) \tag{6.2.17}$$

另外, 边介数的基本思想是选择包含不同集团的网络中所有最短路径经过次数最多的边, 也就是介数最大的边, 这必然是连接两个集团之间的边, 可以用于分析节点的聚集情况.

3) 紧密度中心性

在拓扑学和相关数学领域中, 紧密度是拓扑空间的一个基本概念. 当两个节点很近时, 就说它们是紧密的. 在图论中, 紧密度可以用来作图中一个节点的中心性度量. 一个观点认为中心节点应该是所有其他节点到此节点的总距离最小 (总边数最少) 的节点, 即网络的拓扑中心, 它的度并不一定最大. 在网络分析中, 紧密度倾向于用最短路径长度表示, 是中心性的一种复杂度量. 设网络具有 N 个节点, 则节点 i 的紧密度中心性定义为

$$C_c(i) = (L_i)^{-1} = \frac{N-1}{\sum_{j=1}^{N} d_{ij}} \tag{6.2.18}$$

其中, L_i 为从节点 i 到网络中所有其他节点的平均距离, d_{ij} 为节点 i 与节点 j 之间的距离 (最短路径上的边数).

6.3　复杂网络模型

人们通过网络实证研究发现, 尽管现实世界中不同类型的网络各有差异, 但却展现出许多相似的网络结构特性. 实证研究的若干有趣结果激发了学术界对复杂网络理论模型的研究. 研究者重点关注了现实中抽象出来的复杂网络的各种结构特性和产生机制. 其中最为著名的就是 Watt 的 1998 年在 *Nature* 杂志上发表的 WS 小世界网络模型和 Barabasi 的 1999 年发表在 *Science* 杂志上的 BA 无标度网络模型.

6.3.1　规则网络

规则网络的特征包括: ①每个节点的连接都是一致的; ②网络的平均路径长度与网络规模成正比; ③整个网络可以看成由结构相同的许多子网络组合而成, 即网络具有无穷自相似. 典型的规则网络有全局耦合网络、最邻近耦合网络和规则格子.

例 6.3.1　全局耦合网络 (6.3.1). 全局耦合网络是一种图论中的完全图, 即网络中任意两个节点之间都存在一条链路. 在具有相同节点数的所有网络中, 全局耦合网络具有最小平均路径长度和最大成团系数, 即平均路径长度和聚集系数都为 1. 虽然全局耦合网络模型刻画了许多实际网络具有小世界性和聚集性, 但该模型作为很多现实中的复杂网络模型是有局限的, 包括全局耦合网络的密度远远高于很多现实网络的密度.

例 6.3.2　最邻近耦合网络 (图 6.3.2).

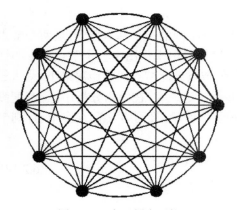
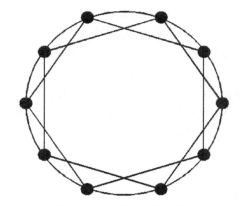

图 6.3.1　全局耦合网络　　　　　　　图 6.3.2　最邻近耦合网络

例 6.3.3　规则格子 (图 6.3.3). 规则格子的特征是网络中节点的位置形成了与

某种格子的形状且相邻节点之间的欧几里得距离保持一致. 在网络合作行为研究中, 规则格子最早用来描述个体之间交互作用. 1992 年, Nowak 和 May 在 *Nature* 杂志上发表的论文就是作为研究网络博弈的网络模型, 后续的很多研究详细地分析了各种规则格子上的博弈合作行为. 在规则格子模型中使用最为普遍的是方格网 (square lattice), 即每个节点周围有四个邻居, 其位子形成方格状, 且相邻节点之间的距离相同. 跟方格网相近的另一种规则格子称为 Kagome 格子, 它的每个节点也有 4 个邻居节点, 且邻居节点之间的距离也相同, 但节点所处的位置不同. 容易计算得到, 方格网的聚集系数是 0, 而 Kagome 格子的聚集系数是 1/3.

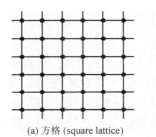 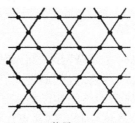

(a) 方格 (square lattice)　　　　　(b) Kagome格子 (Kagome lattice)

图 6.3.3　规则格子

6.3.2　随机网络

1959 年, 匈牙利数学家 Erdos 和 Renyi 首次将随机性的概念引入到网络研究中, 提出了著名的 ER 随机网络模型 (图 6.3.4), 开创了研究复杂网络的新纪元. 经典的随机网络的产生机制有两种.

方法一　给定网络规模为 N (网络中有 N 个节点), 那么在这 N 个节点之间可能的连接 (边) 数是 $C_N^2 = N(N-1)/2$. 以概率 p 去选择这些连接, 网络中有 k 个连接的概率为 $C_{N(N-1)/2}^k p^k (1-p)^{N(N-1)/2-k}$, 即边数 ζ 服从二项分布 $B(N(N-1)/2, p)$, 其均值为

$$E\zeta = \frac{1}{2}N(N-1)p$$

这些边等可能地以每个节点为端点, 故节点的度平均值为 $\frac{1}{N} \cdot 2 \cdot \frac{1}{2}N(N-1)p = (N-1)p$.

方法二　如定理 6.2.1 证明所描述, 在随机网络中, 每个顶点的实际连接数是一个随机变量 ξ, 即任选一个节点, 在其余节点中随机选取 k 个节点与之连接.

对于同样规模的网络, 随机网络具有较短的平均路径长度和较低的平均聚集系数. 规则网络的性质则恰恰与随机网络相反, 一般情况下具有较大的聚集系数和较长的平均路径长度.

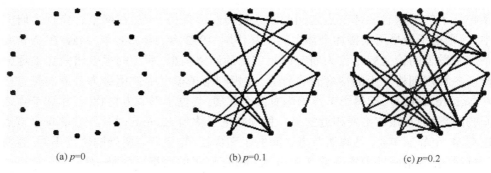

(a) $p=0$ (b) $p=0.1$ (c) $p=0.2$

图 6.3.4　随机网络

6.3.3　小世界网络

随机图论的思想在复杂网络的研究中长达 40 年之久, 一直被很多科学家认为是真实系统最适宜的网络. 直到最近十几年, 由于计算机处理和运算能力的飞速发展, 科学家们对于显示网络的实际数据进行大量的统计分析后, 才发现得到的结果常常与随机图论不一致. 因此, 需要更加合理的复杂网络模型来描述这些实际网络中所表现出来的特性. 是否存在一个同时具有高聚集程度以及最短路径的网络呢? 1998 年, 两位物理学家 Watts 和 Strogatz 在 *Nature* 杂志上发表了开创性的论文, 提出一种介于规则网络和随机网络之间的网络, 通常被称为 WS 小世界网络. 这种模型可以较好地刻画现实世界中复杂网络所表现出来的较小的平均路径长度和较大的集聚系数, 即小世界性, 如图 6.3.5 和图 6.3.6 所示.

WS 小世界网络是在规则网络的基础上加入随机性, 作随机改动后产生的. WS 小世界网络的形成机制(随机重连)如下: 从 N 个节点的最邻近耦合网络开始, 每个节点与它的 K 个邻居相连. 顺时针选择节点和它的最邻近的节点之间的一条边, 以概率 p 从整个网络中随机地选择另一个节点, 并且重新连接这条边所选择的节点. 顺时针遍历这个网络的所有节点, 同时重复这个过程. 接着考虑节点与它的次邻近的节点之间的边, 规则如前, 以概率 p 随机重连这些边, 然后继续这一过程. 在每一圈结束后都向外考虑更远一些的邻居, 直到原来点阵中的每一条边都被考虑过了. 整个图有 $NK/2$ 条边, 所以重连过程将在环绕这个环 $K/2$ 圈后结束. 重新连接的过程中不能出现自我连接和重复连接, 即从某一个点出发的连线不能再回到它自身, 已经有连接的两个顶点不能再进行第二次连接. 在此模型中, $p=0$ 对应于最邻近耦合网络, $p=1$ 则对应于随机网络. 通过调控 p 的值就可以控制从规则网络到随机网络的过渡.

在 WS 小世界网络模型中, 随机重连机制的边叫做捷径去除(short-cut)与长程连接(long-rangelink). 其中长程连接对网络的平均最短路径长度的影响是非线性的, 因为每条捷径不仅影响到被此条边连接的两个节点, 还影响到了这两个节点的最邻近、次邻近及次次邻近(图 6.3.5).

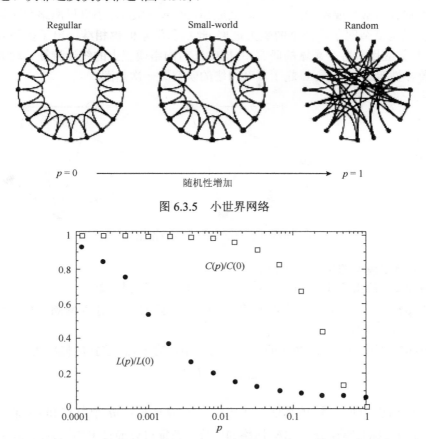

图 6.3.5　小世界网络

图 6.3.6　WS 模型产生的小世界网络的平均路径长度和聚集系数

6.3.4　无标度网络

　　尽管 WS 小世界网络模型能很好地刻画某些现实复杂网络的小世界性, 即小平均路径长度小、集聚系数大, 但是对小世界网络的理论分析表明其度分布为指数分布. 然而, 在现实世界中许多复杂网络的度分布服从所谓的幂律分布.

　　1999 年, Barabasi 和 Albert 发现许多复杂网络, 包括 Internet、WWW 以及新陈代谢网络等, 这些网络的节点度数并不均匀, 度分布函数具有幂律形式, 由于这类网络的节点的连接度没有明显的特征长度, 故称为无标度网络, 也称为 BA 网络 (图 6.3.7). 同时, 他们提出了无标度网络产生的两种主要机制: ①网络增长 (growth), 是指现实网络是由节点不断持续加入和边不断演化而来的, 它描述了复杂网络的开放性, 如互联网、万维网、学术论文的引用网等; ②择优连接(preferential attachment)，是指新的节点更加倾向于连接那些具有较高度值的节点，即现实生活中的"富者愈富"现象，也称作马太效应（Matthew effect）. 小世界网络和无标度网络的发现是复杂网络研究上的重大进展，此后科学家们也相继提出了多种复杂网络模型，并应用于各个领域的研究中，同时还对网络模型上的统计特征、动力学性质和鲁棒性等进行分析，掀起了复杂网络的研究又一次热潮.

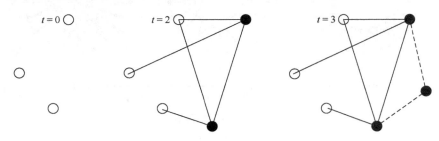

图 6.3.7　BA 网络的演化图示

BA 网络模型的生成算法如下.

Step 1　初始条件（$t=0$）：网络由 m_0 个孤立的节点构成；

Step2　增长：每一个时间步骤 t 增加一个新的节点进入网络，该节点带有 $m_0(m \leqslant m_0)$ 条边；

Step3　择优连接：新加入的节点与网络中原有节点 i 连接的概率为

$$\pi(k_i) = k_i \bigg/ \sum_{j=1}^{N_0} k_j$$

经过 t 时间间隔后，该算法产生一个具有 $N = m_0 + mt$ 个节点和 mt 条边的网络，其分布被称为幂律分布. BA 网络的度分布特征可以通过平均场方法（mean-field theory）、主方程方法（master equation approach）和率方程方法（rate-equation method）获得. 下面我们以平均场方法为例，简单介绍 BA 网络的度分布计算过程.

假设节点 i 的度 $k_i = k_i(t)$ 是随时间连续变化的，则 $\pi(k_i) = k_i \bigg/ \sum_{j=1}^{N_0} k_j$ 可以看作是 $k_i(t)$ 的变化率. 因此，对于每个节点 i，度 $k_i(t)$ 满足动力学方程

$$\frac{\partial k_i}{\partial t} = A\pi(k_i) = A k_i \bigg/ \sum_{j=1}^{N_0} k_j$$

由于网络的总度数为 $\sum_{j=1}^{N_0} k_j = 2mt$，每个时间步骤网络的总度数变化为 $\Delta k = m$，故 $A = m_0$，方程化为

$$\frac{\partial k_i}{\partial t} = \frac{k_i}{2t}, \quad \text{初始条件为 } k_i(t_i) = m$$

（其中，t_i 为第 i 个节点加入系统的时间），解之得

$$k_i(t) = m\left(\frac{t}{t_i}\right)^{0.5}$$

那么，对任意节点 i，其度数 $k_i(t)$ 小于 k 的概率为

$$P\{k_i(t) < k\} = P\left\{t_i > \frac{m^2 t}{k^2}\right\}$$

由于是在相同的时间间隔内加入点，因此节点 i 在 t 时刻加入的概率为 $P(t_i) = \dfrac{1}{m_0 + t}$，

所以

$$F(k) = P\{k_i(t) < k\} = P\left\{t_i > \frac{m^2 t}{k^2}\right\} = 1 - \frac{m^2 t}{k^2(m_0 + t)}$$

因此，度分布密度为

$$P(k) = \frac{\partial F(k)}{\partial k} = \frac{\partial}{\partial k}\left[1 - \frac{m^2 t}{k^2(m_0 + t)}\right] = \frac{2m^2 t}{m_0 + t}k^{-3} \tag{6.3.1}$$

令 $t \to \infty$，知 $P(k) \sim 2m^2 k^{-3}$.

　　由此可以看出，BA 无标度网络的度分布与网络的规模 N 和初始节点数 m_0 无关，遵从负指数幂律（power-law）分布，即 $P(k) \sim Ak^{-\gamma}$. 这里指数 $\gamma = 3$. 由于一般 BA 无标度中，$P(k)$ 的值都很小，而 k 的值很大，因此分布密度曲线特征不明显. 但是，这样的度分布特性在双对数坐标下表现为斜率为 –3 的直线.

　　另外，有学者给出了 BA 无标度网络的集聚系数的公式：

$$C = \frac{m^2(m+1)^2}{4(m-1)}\left[\ln\left(\frac{m+1}{m}\right) - \frac{1}{m+1}\right]\frac{(\ln t)^2}{t} \tag{6.3.2}$$

令 $t \to \infty$，得 $C \to 0$. 因此 BA 无标度网络没有明显的聚类特征（图 6.3.8）.

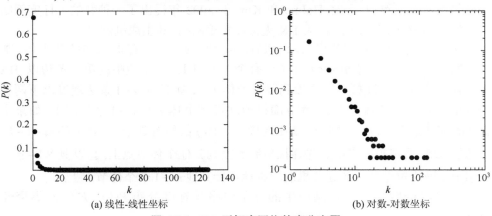

(a) 线性-线性坐标　　　　　　　　　　　　　　(b) 对数-对数坐标

图 6.3.8　BA 无标度网络的度分布图

6.3.5　其他复杂网络模型

1）NW 小世界网络

在 WS 小世界网络基础上, 为了避免"随机断边重连"网络生成机制可能产生孤立集团, Newman 和 Watt 于 1999 年提出了"随机加边"机制, 建立了 NW 小世界网络模型(图 6.3.9). 网络生成方法如下.

选定一个具有周期边界条件的二维方格网络, 每个参与博弈的个体占据这个方格网络的一个节点, 对每一个节点, 以概率 p 增加一条长程作用边, 即从网络中再随机选择一个节点与当前节点建立连接(不允许重复连接和自连接). 当原来方格网络中的每个节点都考虑过一次以后, 得到参数为 p 的 NW 小世界网络.

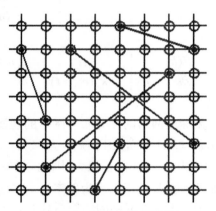

图 6.3.9　NW 小世界网络

2）无标度集聚网络

BA 无标度网络模型生成的复杂网络表现出非常低的集聚系数, 这与很多现实的网络性质不一致. 鉴于此, Holme 和 Kim 于 2002 年提出了一种新的无标度网络生成机制, 获得的复杂网络称为 HK 无标度集聚网络. 其生成机制如下.

网络由 m_0 个孤立的节点构成; 然后, 每个时刻一个带有 m 条边的新个体 i 加入到网络中, 并连接到 $m(m < m_0)$ 个现有个体节点上. m 条边中的第一条边以 BA 网络模型中的优先连接机制连接到现有个体 j 上, 剩下的 $m-1$ 条边通过以下两种不同的方式进行连接: ①以概率 q 随机地连接到个体 j 的 $m-1$ 个邻居上, 如果个体 j 的邻居数 $k_j < m-1$, 则个体 i 在连接了个体 j 的所有邻居后, 剩下的 $m-1-k_j$ 条边以 BA 网络模型中的优先连接机制连接到其他个体节点上; ②以概率 $1-q$ 并按照 BA 网络模型的优先连接机制随机地连接其他 $m-1$ 个个体节点上.

按这样的网络生成机制产生的复杂网络具有度分布 $P(k) \sim k^{-3}$, 而集聚性可变.

3）无标度同配网络

BA 无标度网络表现出节点度的异配性，而现实中许多社会网络具有节点度的同配性. Xulvi-Brunet 和 Sokolov 等率先研究了具有同配性的无标度网络，网络的生成机制如下.

网络由 m_0 个孤立的节点构成；每个时刻一个带有 m 条边的新个体 i 加入到网络中，以 BA 网络中的优先连接机制连接到现有网络上，即新节点以概率 $\pi(k_j) = k_j \Big/ \sum\limits_{h=1}^{N_0} k_h$ 优先连接到节点 j，产生标准的 BA 无标度网络；基于此 BA 无标度网络进行边的重连机制，从现有网络中随机选择 2 条边，将这 2 条边的 4 个顶点按度值排序，然后删除此 2 条边，将度值较高的 2 个顶点连接起来，也将度值较低的 2 个顶点连接起来，这个重连过程中考虑过的边不再考虑，而且不允许自连.

由于重连次数不同，以上网络生成机制产生的复杂网络的度分布 $P(k) \sim k^{-3}$，其同配水平因重连次数增加而提高.

4）无标度社区网络

BA 无标度网络没有明显的社区结构，而现实中有些网络具有明显的社区划分特点. Li 和 Maini 在 2005 年率先发表了无标度社区网络模型. 其生成机制如下.

(a) 初始网络中有 M 个社区，每个初始社区有 m_0 个节点，它们之间形成完全连接. 每个社区中选择一个代表节点，共产生 M 个代表节点，代表之间再形成完全连接，使得每两个社区之间都具有一条初始连接.

(b) 在每个时间步骤，有一个新节点 i 加入，并随机地加入代表节点 j 所在社区，并与该社区中的 $m(m < m_0)$ 个节点建立连接. 新节点 i 还以概率 $a(0 < a < 1)$ 与社区以外的 $n(n < m)$ 个节点建立连接.

(c) 社区内连接规则是，新节点以概率 $p(s_{j_h}) = s_{j_h} \Big/ \sum\limits_{l=1}^{m_0} s_{j_l}$ 连接到社区内节点 j_h，其中 s_{j_h} 为社区内节点 j_h 与社区内其他节点的连接度（社区内部连接度）.

(d) 与社区外部的连接规则是，新节点以概率 $p(t_{i,l_r}) = t_{i,l_r} \Big/ \sum\limits_{k=1}^{m_0} t_{i,l_k}$ 与社区 $l(l \neq j)$ 的节点 l_r 相连，其中 t_{i,l_r} 为外部社区 l 中节点（个体）l_r 与该社区外节点连接的度值，即个体 l_r 的外部连接度. 那么，经过 t 时间步骤后，网络中共有 $Mm_0 + t$ 个节点，而网络中的边数为

$$\left[Mm_0(m_0 - 1) + M(M - 1) \right] / 2 + mt + nt$$

当 t 足够大时，网络平均连接度为

$$\frac{2\left\{ \left[Mm_0(m_0 - 1) + M(M - 1) \right] / 2 + mt + nt \right\}}{Mm_0 + t} \rightarrow 2(m + n)$$

$\dfrac{m}{n}$ 和 a 表示网络中的社区显示度: $\dfrac{m}{n}$ 越大且 a 越小, 则网络的社区结构越显著.

6.4　无标度网络上的演化博弈

演化博弈理论最早源于 Fisher, Hamilton 等遗传生态学家对动物和植物的冲突与合作行为的博弈分析, 他们研究发现, 动植物演化结果在多数情况下都可以在不依赖任何理性假设的前提下用博弈论方法来解释, 但直到 Smith 和 Price(1973) 在他们发表的创造性论文中首次提出演化稳定策略 (evolutionary stable strategy) 概念以后, 才标志着演化博弈理论的正式诞生.

按演化博弈理论的观点, 不再将局中人视为超级理性的博弈方达到博弈均衡, 而是通过试错的方法达到博弈均衡的, 与生物演化具有共性, 所选择的均衡是达到均衡的整个过程的函数. 历史、制度和心理因素等, 乃至趋向均衡过程中的某些细节都会对博弈的多重均衡的选择产生影响. 演化博弈论摒弃了完全理性的假设, 以达尔文生物进化论和拉马克的遗传基因理论为思想基础, 从系统论出发, 把群体行为的调整过程看作为一个动态系统, 将演化过程中的个人行为和群体行为的形成机制都纳入到演化博弈模型中去, 构成一个具微观基础的宏观模型. 因此, 演化博弈模型能够更真实地反映行为主体的多样性和复杂性, 并且可以为宏观调控群体行为提供理论依据.

许多实验研究表明, 种群的结构关系不一定均匀, 即个体倾向于选择具有优势适应度的个体作为邻居, 这样的种群行为导致种群的度分布具有明显的差异性, 这是种群多样性的表现. 在自然界和人类社会, 自私的个体之间产生合作是一个常见的现象. 为了研究合作的涌现, 参与博弈的个体 (局中人) 的数目必须巨大, 并且个体之间的相互关系形成一个复杂网络, 博弈的演化过程构成多阶段的博弈的战略.

复杂网络上的演化博弈可定义为扩展式.

(1) 个体数量 N 足够大, 所有个体位于一个复杂网络上.

(2) 在每个时间演化步骤 (阶段博弈) 中, 按法则选取一部分个体按一定概率匹配进行博弈.

(3) 各阶段中个体的策略按一定的法则更新, 每一类个体 (未必属于同一个社区) 的策略更新法则相同; 这种更新法则是 "策略的策略", 法则更新的要比策略的更新慢得多, 使得个体总是可以有足够的时间根据上一阶段邻居的策略的后果进行评估, 以便调整下一阶段策略的更新.

(4) 个体可以感知环境、获取信息, 然后根据自己的经验和信念, 按法则更新策略.

(5) 各类个体的策略更新法则可能受到个体节点所在的网络的拓扑结构的影响.

Nowak 和 May 率先研究了规则网络上的演化博弈, 获得了二维格子上的"囚徒困境"合作博弈的行为的涌现.

6.4.1　度相关无标度网络上的演化博弈

Santos 等研究了 BA 网络上的两人策略博弈行为. 基本的博弈为

$$
\begin{array}{ccc}
 & C & D \\
C & (R,R) & (S,T) \\
D & (T,S) & (P,P)
\end{array}
$$

其中 C 代表"合作", D 代表"背叛", R 代表双方都选择"合作"时双方各得的收益 (payoff), S 代表一方选择"合作"而另一方"背叛"时选择"合作"一方的收益, T 代表一方选择"合作"而另一方选择"背叛"时选择"背叛"一方的收益, P 代表双方都选择"背叛"时双方各得的支付, 且满足 $S<P<R<T$.

在每一阶段博弈中, 个体 i 与所有邻居进行一次博弈, 累计收益为 u_i, 作为该个体的适应度. 在策略演化时采用的复制动力学规则是: 如果 $u_i \geqslant u_j$, 则下一阶段个体 i 与近邻 j 的博弈中继续采用当前的策略; 否则在下一阶段它与个体 j 的博弈中, 它将以概率 $P(s_i \leftarrow s_j)$ 采用当前阶段个体 j 的策略 s_j, 其中

$$
P(s_i \leftarrow s_j) = \frac{u_j - u_i}{\max\{k_i, k_j\}[\max\{T, R\} - \min\{S, P\}]} \tag{6.4.1}
$$

其中 s_i 和 s_j 分别是个体 i 和 j 的当前的策略, k_i 和 k_j 分别是个体 i 和 j 的度值.

可以将 BA 无标度网络模型抽象为一个哑铃状的子图. 该网络具有两个中心节点 x 和 y, 它们直接连接. 其他小度节点随机地与这两个中心节点中的一个连接. 为了讨论节点对合作的扩散作用, 初始时刻设定 x 为合作者和 y 为背叛者; 在中心节点的邻居中, 节点 x 的邻居和 y 的邻居各占一半, 而且 x 的邻居都为合作者和 y 的邻居都为背叛者. 在每一个阶段的博弈中, 所有节点都与它的邻居进行一次囚徒困境博弈, 收益进行累积. 在策略演化过程中, 每个节点随机选取一个邻居进行策略比较: 如果邻居的本轮收益高于自己的收益, 则它以一定概率模仿邻居的本轮策略, 这意味着本轮中收益较高的个体的策略会被它的邻居学习. 由于初始阶段两个中心节点都围绕着较多采取合作策略的邻居, 所以中心节点的累积收益高于小度节点的收益, 小度节点会模仿与它相连的中心节点的行为. 由于节点随机选择邻居进行策略比较, 虽然初始阶段合作中心节点 x 的收益低于背叛中心节点 y 的收益, 但高于绝大多数小度邻居的收益, 所以 x 能够在一段时间内坚持合作策略. 随着时间演化, 合作节点 x 周围小度邻居倾向于模仿 x 的合作行为, 所以 x 周围合作邻居的比例是增加的, 这反过来也意味着 x 的收益随时间演化而增加. 与之相反, 由于 y 周围的邻居倾向于模仿中心节点的背叛行为, 所以 y 的收益随时间递

减, 逐渐低于它的合作邻居 x 的收益. 在某一时刻, y 会模仿 x 的行为而转变为合作者, 此后 y 的邻居也模仿中心节点的行为. 这样, 合作策略会在网络中扩散开来, 最终所有节点会一致选择合作策略. 这意味着个体采取积累收益时, 中心节点在无标度网络中倾向于采取合作策略, 并影响它周围的邻居.

此外, 可以通过分析背叛行为在 BA 网络上的扩散过程, 来阐述中心节点能够有效抵抗背叛者入侵的机理. 假设初始时刻只有一个最大度节点 x 为背叛者, 其余节点都为合作者. 然后观察背叛的中心节点 x 对网络中合作行为的入侵性. 可以发现, 由于 x 在短期内从合作邻居中获得较高收益, 所以它的小度邻居会模仿其行为, 经过一段暂态时间后大约会有 80% 的邻居转变为背叛者. 随着 x 周围合作邻居比例的下降, 其收益会低于 x 的大度合作邻居的收益, 最终 x 会认识到合作策略的收益高于背叛行为, 转变为合作者. x 再次成为合作者之后它周围大多数邻居也再次选择合作策略. 通过上述微扰分析, 表明在 BA 无标度网络中, 中心节点能够有效抵抗背叛者的入侵, 并且中心节点之间具有较好的合作相持特性. 研究显示, 在具有 1000 个节点的 BA 无标度网络中, 初始时刻策略各个节点上接近均匀分布, 一些中心节点初始时刻会采取背叛策略. 到了稳定状态, BA 无标度网络中的中心节点都会转变为合作者, 背叛者主要集中在小度节点上. 说明无标度网络上的合作行为具有相当强的鲁棒性. 因此, 异质网络中的中心节点对合作涌现具有重要作用.

从稳定状态个体之间的动态组织出发, 可以进一步将处于稳定状态的节点分为三类: 始终保持合作/背叛策略不变的个体称为纯合作者/背叛者 (pure cooperators/defectors), 不断改变自己策略的个体称为骑墙者 (fluctuating individuals). ER 随机网络的纯合作簇零散地分布在网络中, 提高诱惑会使纯合作者数目快速下降, 这导致 ER 随机网络中合作者很容易湮灭. 而对于 BA 无标度网络, 中心节点以纯合作者形式存在, 这些纯合作者通过组成一个相互连通簇, 有效抵抗背叛者的攻击. 随着诱惑的提高, BA 无标度网络的纯合作者数目缓慢下降, 即使面对非常高的诱惑, 网络中的合作者仍很难湮灭.

6.4.2 度相关无标度网络上的演化博弈

实际网络常常表现出不同程度的度相关性, 而经典的 BA 网络并不具有度相关性. 下面介绍具有度相关性的无标度网络上的两人两策略演化博弈行为. 为了在保持原始网络度列不变的前提下产生具有不同度相关性的网络, 我们采用一种有目的的随机重连算法, 即 XS 算法.

(1) 每次随机选择原网络中的两条边, 它们连接四个不同的端点.

(2) 有目的地重连被选中的两条边: 为了得到同配网络, 一条边连接度最大的两个节点, 而另一条边连接度最小的两个节点. 如果为了得到异配网络, 那么就用一条边连接度最大和最小的两个节点, 另一条边连接其他两个节点.

重复上述过程充分多次, 可以保持度序列不变的情况下, 使网络变得同配或者异配, 对应于网络的同配系数为正或者为负. 下面讨论度相关性对网络演化博弈行为的影响. 基于 BA 无标度网络, 可根据 XS 算法调节网络的同配系数 RK 介于 $[-0.3, 0.3]$——许多实际网络的度相关系数也属于这个区间. 初始时, 每个个体以相同概率选择合作或者背叛策略. 然后, 网络根据公式 (6.4.1) 的复制动力学规则进行策略演化. 通过考察具有不同度相关性的无标度网络上的合作频率 FC, 以及纯合作/背叛策略个体的频率 PPC/ppd, 我们来观察囚徒困境博弈的个体在同配网络中的行为, 可以看出随着同配系数 RK 由 0 增加到 0.3, 网络中的合作频率 FC 随背叛的诱惑 B 的变化情况. 当网络变得同配时, 一方面, 面对相同的诱惑, 同配网络中会有更多的个体选择背叛行为, 其合作频率要低于不相关网络中的合作频率; 另一方面, 网络中合作湮灭的阈值也随 RK 的增加而递减, 同配网络中的合作者更容易消失.

Apiclla, Marlowe 和 Fowler 等用实证的方法研究了公共产品博弈 (public goods game, PGG), 作为囚徒困境博弈的多人扩展模型. 在公共产品博弈中引入奖励机制可以提供更丰富的动力学行为. 作为一个有趣的实证, Apiclla 等研究了坦桑尼亚北部的 Hadza 部落人之间的合作行为. Hadza 部落人至今仍然基本以狩猎为生, 是人类学研究的绝佳样本. 他们平均 12 名成年人在一起生活 4—6 周, 然后更换营地和住宿伙伴. 研究人员访问了 17 个营地的 205 名成年 Hadza 人 (男性 103 人, 女性 102 名), 在每个营地与他们玩一轮公共产品博弈: 每名获得 4 个蜂蜜棒, 他们可以选择留给自己, 另外一部分投入公共产品箱与其他宿营伙伴共享. 每个人的决策都是不公开的, 并且每个人都被事前告知, 他们每捐献出一份公共产品, 研究者就会额外投入 3 倍数量的蜂蜜棒到公共产品箱. 在所有参与者都作出决策之后, 箱中的公共产品会被平均分配给每个人. 在此公共产品博弈中, 捐献公共产品的合作者会冒收益下降的风险, 而搭便车的人没有任何损失即可分享公共产品, 其收益高于合作者. 然而, 研究人员发现, Hadza 人平均会捐献一半的蜂蜜棒. 这说明 Hadza 人之间存在合作利他行为. 经过比较, 还发现 Hadza 人之间的社会关系网络的结构具有一些与现代社会网络结构相似的特征, 如高聚集度、同质性和互惠性等. 这表明社会网络的一些结构特征以及合作涌现可能在人类早期就已经形成. 近年来, Nowak 等尝试建立演化博弈的新的理论框架, 以进一步理解从自然界到人类社会中随处可见的合作利他行为.

参 考 文 献

[1] 清华大学运筹学编写组. 运筹学(修订版)[M]. 北京: 清华大学出版社, 1990
[2] 陈珽. 决策分析[M]. 北京: 科学出版社, 1987
[3] 袁亚湘, 孙文瑜. 最优化理论与方法[M]. 北京: 科学出版社, 1999
[4] Lucien Le Cam. Asymptotic Methods in Statistical Decision Theory[M]. New York: Springer-verlag, 1988
[5] Jean-Pierre A. Optima and Equilibria[M]. New York: Spinger-Verlag, 1998
[6] 刘文奇. 模糊集的表现理论及应用[M]. 昆明: 云南科技出版社, 1999
[7] 朱·弗登伯格, 让·梯若尔. 博弈论[M]. 北京: 中国人民大学, 2010
[8] 刘德铭. 对策论及其应用[M]. 长沙: 国防科技大学, 1995
[9] 张维迎. 博弈论与信息经济学[M]. 上海: 上海人民出版社, 2004
[10] 谢政. 对策论[M]. 北京: 科学出版社, 2010
[11] 许力, 陈志德, 黄川, 等. 博弈理论在无线传感网络中的应用[M]. 北京: 科学出版社, 2012
[12] 刘彦奎, 陈艳菊, 刘颖, 等. 模糊优化方法与应用[M]. 北京: 科学出版社, 2013
[13] 岳超源. 决策理论与方法[M]. 北京: 科学出版社, 2012
[14] 刘文奇. 均衡函数及其在变权综合中的应用[J]. 系统工程理论与实践, 1997, 17(4): 58—74
[15] 刘文奇. 一般变权原理与多目标决策[J]. 系统工程理论与实践, 2000, 20(3): 1—11
[16] 刘文奇. 多目标规划问题的强均衡解[J]. 运筹与管理, 2000, 9(1): 11—16
[17] 刘文奇, 余高锋, 胥楚贵. 多目标决策的激励策略可行解[J]. 控制与决策, 2013, 28(6): 957—960
[18] 余高锋, 刘文奇. 局部变权模型及其在企业质量信用评估中的应用[J]. 管理科学学报, 2015, 18(2): 85—94
[19] 刘文奇. 中国公共数据库数据质量控制模型体系及实证[J]. 中国科学 F 辑, 2014, 44(7): 836—856
[20] 付立东, 高琳, 马小科. 基于社团检测的复杂网络中心性方法[J]. 中国科学 F 辑, 2012, 42(5): 550—560
[21] 刘亚峰. 无线通信中最优资源分配——复杂性分析与算法设计[J]. 中国科学 F 辑, 2013, 43(10): 953—964
[22] 汪小帆, 李翔, 陈关荣. 网络科学导论[M]. 北京: 高等教育出版社, 2012
[23] Watts D J, Strogatz S H. Collective dynamics of 'small word' networks[J]. Nature, 1998, 393(6684): 440—442
[24] Barabasi A L, Albert R. Emergence of scaling in random networks[J]. Science, 1999, 286(5439): 509—512
[25] Smith J M, Price G R. The logic of animal conflict[J]. Nature, 1973, 246(5427): 15—18
[26] Nowak M A, May R. Evolutionary games and spatial[J]. Nature, 1992, 359: 826—829

[27] Nowak M A. Five rules for the evolution of cooperation[J]. Science, 2006, 314(5850): 1560—1563

[28] Santos F C, Pacheco J M. Scale-free networks provide a unifying framework for the emergence of cooperation[J]. Phys. Rev. Lett. , 2005, 95(9): 098—104

[29] Apicella C L, Marlowe F W, Fowler J H, et al. Social networks and cooperation in hunter-gatherers[J]. Nature, 2012, 481(7382): 497—501